T0253631

Le Stelle
Collana a cura di Corrado Lamberti

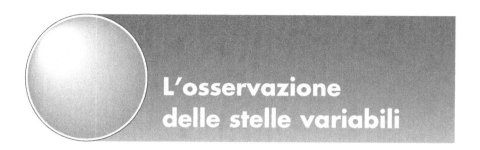

L'osservazione delle stelle variabili

Gerry A. Good

Con 55 figure

Tradotto dall'edizione originale inglese:
Observing variable stars di Gerry A. Good
Copyright © Springer-Verlag London Limited 2003
Springer is a part of Springer Science+Business Media
All Rights Reserved

Versione in lingua italiana: © Springer-Verlag Italia 2008

Traduzione di:
Ester Giannuzzo ed Emiliano Ricci

Edizione italiana a cura di:

Springer-Verlag Italia
Via Decembrio, 28
20137 Milano
springer.com

Gruppo B Editore
Via Tasso, 7
20123 Milano
www.lestelle-astronomia.it

Springer fa parte di
Springer Science+Business Media

ISBN-978-88-470-0748-2 Springer-Verlag Italia
e-ISBN 978-88-470-0748-2

Foto nel logo: rotazione della volta celeste; l'autore è il romano Danilo Pivato, astrofotografo italiano di grande tecnica ed esperienza
Progetto grafico della copertina: Simona Colombo, Milano
Impaginazione: Erminio Consonni, Lenno (CO)
Stampa: Grafiche Porpora S.r.l., Segrate, Milano

Stampato in Italia

Ringraziamenti

Ho iniziato questo libro come un semplice progetto per formalizzare gran parte delle informazioni e delle tecniche che volevo avere a portata di mano durante l'osservazione delle stelle variabili. Poco dopo mi è stato suggerito di divulgare queste indicazioni. Avrei potuto scrivere un libro tre volte più ampio, ma poi nessuno lo avrebbe pubblicato.

Nessun libro viene mai scritto da una sola persona, e questo non fa eccezione, quindi vorrei ringraziare le molte persone da cui ho ricevuto assistenza, incoraggiamento e consiglio: John Percy, dell'Università di Toronto, un convinto sostenitore della cooperazione tra astrofili e professionisti all'interno della comunità astronomica, per avermi indirizzato nella giusta direzione riguardo alle collaborazioni di questo tipo; Robert Stebbins, dell'Università di Calgary, per avermi fornito le sue eccellenti ricerche sulle collaborazioni tra astrofili e astronomi; Joe Patterson, della Columbia University, guida e mentore del progetto CBA (Center for Backyard Astrophysics), per avermi consentito di usare materiale del CBA; Taichi Kato, dell'Università di Kyoto, per la sua assistenza e gentilezza durante la campagna di osservazione di WZ Sagittae e per il permesso di utilizzare dati e mappe VSNET; Tim Brown, dello High Altitude Observatory/National Center for Atmospheric Research, per avermi consentito di usare dati e mappe; Michel Breger per avermi permesso di utilizzare dati e informazioni del Progetto Delta Scuti; Douglas Hall per avermi consentito di usare dati IAPPP; Janet Mattei, dell'American Association of Variable Star Observers (AAVSO), che ora non c'è più, per avermi permesso di utilizzare dati e mappe AAVSO; Arne Henden, della sede di Flagstaff (Arizona) dello United States Naval Observatory, attuale direttore dell'AAVSO, per avere risposto a molte domande nel corso degli anni e fornito molti consigli sul pubblico dominio dei dati; Gary Poyner, astronomo di Birmingham, in Inghilterra, e famoso osservatore di variabili cataclismiche, per avermi suggerito alcuni argomenti sulla materia; Emile Schweitzer, ex-presidente dell'Association Française des Observateurs d'étoiles Variables (AFOEV), per avermi consentito di usare dati stellari dell'organizzazione; Roger Pickard, presidente della British Astronomical Association-Variable Star Section (BAA VSS), per avermi permesso di utilizzare dati dell'associazione; il finlandese Kari Tikkanen per avermi consentito di usare dati e mappe di sua proprietà; Olga V. Durlevich, del gruppo di ricerca del *General Catalog of Variable Stars* (*GCVS*) presso lo Sternberg Astronomical Institute di Mosca, per il permesso di utilizzare dati e cifre *GCVS*; John Watson, il mio editore, per avermi consentito di procedere con parole incoraggianti e cortesi consigli; Thomas Williamson, buon amico e compagno di osservazioni, il cui contagioso entusiasmo per l'astronomia mi ha convinto a credere che dormire è davvero un lusso; Lisa Wood, altra buona amica e compagna di osservazioni, che ha letto e riletto molte bozze di questo libro, fornito una miriade di suggerimenti e permesso di impiegare centinaia di ore osservando con lei e condividendo le sue sfide e i suoi successi, cosicché possiamo tutti imparare qualcosa dalla sua esperienza; e mia moglie Jillian, che ha tollerato mesi di rumori provenienti dagli strumenti e dal motore di inseguimento durante molte sessioni osservative notturne, oltre a fine settimana spesi ad analizzare curve di luce, leggere bozze e ascoltarmi pazientemente parlare di stelle variabili. Grazie a tutti voi.

Indice

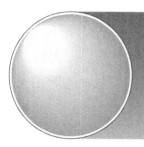

CAPITOLO 1

Osservare
le stelle variabili

Noi non cesseremo mai di esplorare
e la fine di tutto il nostro esplorare
sarà giungere dove siamo partiti
e conoscere il posto per la prima volta.

T.S. Eliot

Liberate la vostra immaginazione e prendete in conside-razione una delle più stimolanti curiosità della natura.

Una stella situata a 600 anni luce dalla Terra sta per subire un fenomeno cataclismico. In realtà questo è avvenuto 600 anni fa, ma potete vederlo accadere stanotte, come se guardaste attraverso una macchina del tempo. Il segnale luminoso di questo incredibile evento ha impiegato 600 anni per raggiungerci, pur viaggiando a 300.000 chilometri al secondo. Osservando attentamente questo oggetto scoprirete che si tratta in realtà di due stelle, un *sistema binario*, ma a occhio nudo appare come una stella singola a causa della sua immensa distanza. Per pura coincidenza, uno degli astri di questo sistema è molto simile al nostro Sole, una stella gialla relativamente piccola. La seconda stella è invece una molto più compatta *nana bianca*, grande solo quanto la Terra e di un azzurro brillante. Un milione di pianeti di dimensioni terrestri entrerebbero nel nostro Sole; quindi, confrontata con la sua compagna più estesa, questa nana di taglia planetaria è come una pulce paragonata a un cane.

Sorprendentemente, le due stelle orbitano l'una intorno all'altra in solo poche ore. Esse sono molto vicine, il che rappresenta il secondo motivo per cui a occhio

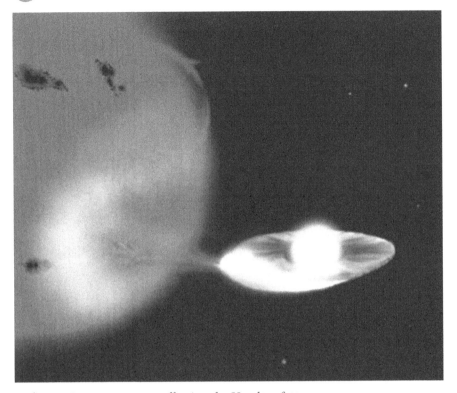

nudo appaiono come una stella singola. Un altro fatto straordinario è che, per quanto l'astro più piccolo sia soltanto di dimensioni terrestri, è massiccio quanto il nostro Sole. Se poteste portarne sulla Terra un pezzetto grande quanto una zolletta di zucchero, peserebbe 16 tonnellate. Ancora più impressionante è il fatto che, poiché la gravità è molto più intensa sulla superficie della nana bianca, questa stessa zolletta di materia stellare pesa 470.000 volte di più sulla superficie di questa stella rispetto a quella terrestre: un incredibile valore di 7,5 milioni di tonnellate!

A causa dell'estrema vicinanza dei due oggetti e della natura massiccia della stella nana, la gravità permette a quest'ultima di sottrarre idrogeno alla compagna a un tasso impressionante. Un'enorme quantità di idrogeno viene continuamente estratta dalla stella maggiore formando una gigantesca spirale di gas caldo, che fluisce verso un disco che adesso circonda la stella minore come un'immensa ciambella (Figura 1.1). L'idrogeno è il combustibile delle stelle e rappresenta la principale fonte di energia che alimenta gran parte di esse. In questa situazione alimenterà una catastrofica esplosione e la "tendenza al furto" della stella più compatta sarà infine responsabile della morte di questo sistema binario! Ma questo accadrà in un futuro lontano.

Stanotte, in una spettacolare dimostrazione di queste caotiche condizioni e ogni due settimane da oggi, dopo che il disco di idrogeno gassoso è nuovamente cresciuto fino a una dimensione sufficiente, l'astro minore del sistema rivelerà il suo furto producendo all'interno del disco un'esplosione che ha la stessa potenza di milioni di bombe nucleari. In seguito a questo gigantesco cataclisma il sistema binario diventerà per alcune ore cento volte più luminoso.

Forse per un dono della natura, o come premio per l'opportuna preparazione, pianificazione e pazienza, questa drammatica sequenza di eventi verrà vista da un osservatore di stelle variabili in qualche luogo della Terra. Forse quell'osservatore siete voi. Per assistervi nel preparare e pianificare l'osservazione di fenomeni come quello appena descritto, questo libro vi illustrerà la natura fondamentale dei vari tipi di stelle variabili e vi suggerirà come osservarle in modo ottimale.

Perché gli astrofili osservano le stelle variabili?

Come tutti gli astrofili, volete iniziare a vedere alcuni risultati dei vostri sforzi il prima possibile. Potreste avere appena speso una cifra considerevole per il vostro nuovo strumento e volete cominciare immediatamente a osservare cose interessanti. O potreste avere un cannocchiale e chiedervi se stia accadendo qualcosa lassù, nel cielo notturno, che meriti la vostra attenzione. Se non sapete dove guardare, l'Universo può sembrarvi un luogo piuttosto noioso. Ironicamente, molti potenziali astrofili rinunciano molto presto perché non riescono a trovare niente di interessante da osservare in un cielo pieno di stelle. Un paio di notti sotto un cielo stellato in cui pare non accadere nulla, e potreste convincervi che sia ora di trovare un nuovo *hobby*.

L'Universo indubbiamente *è* dinamico e costantemente mutevole, ma gran parte delle variazioni che avvengono accade su tempi tipici che superano la durata della vita degli esseri umani e persino della storia dell'umanità. Osservare l'espansione di una nebulosa o l'evoluzione di una stella richiederebbe millenni. D'altra parte, provare a "catturare" bellissime nebulose planetarie, galassie distanti, pianeti del nostro Sistema Solare o dettagli superficiali della Luna mediante l'astrofotografia richiede mesi, se non anni, di impegno per sviluppare le capacità necessarie a produrre risultati accettabili. È difficile guardare all'Universo in una certa notte e vedere accadere qualcosa. Senza un aiuto potreste rinunciare, ritenendo che non ci sia niente da osservare o che non avete il tempo e le competenze necessarie perché i vostri sforzi abbiano qualche esito.

Questo è il momento in cui le stelle variabili giungono in vostro soccorso. Come astrofilo osservatore di variabili vedrete immediatamente i risultati del vostro impegno. Le variabili cataclismiche esplodono in poche ore, le binarie possono eclissarsi a vicenda varie volte per notte e le variabili di breve periodo hanno una luminosità diversa ogni sera. Questi sono fenomeni che come astrofili potete osservare con un binocolo o un telescopio. Più importante è il fatto che si tratta di oggetti che variano tanto rapidamente da darvi qualche gratificazione immediata. Il vostro binocolo vi mostrerà davvero qualcosa che sta accadendo lassù, o l'acquisto di un nuovo telescopio sembrerà giustificato dopo che sarete realmente stati testimoni con i vostri occhi dei cambiamenti dell'Universo. Ogni notte starà accadendo qualcosa di nuovo che potrete vedere. In alcuni casi vedrete le variazioni manifestarsi nell'arco di varie ore, oppure, costruendo le curve di luce di queste stelle variabili, inizierete a osservare i cambiamenti quotidiani che state registrando attentamentemagari già da diverse settimane.

Perciò, per quale motivo gli astrofili osservano le stelle variabili? Perché ogni notte possono vedere manifestarsi qualcosa di nuovo!

Breve storia dell'osservazione di stelle variabili

Si dice che l'astronomia sia una delle due scienze in cui un dilettante può fornire apporti seri; l'altra disciplina è la paleontologia. Per esempio, appare subito evidente che un fisico nucleare o un biologo genetico dilettante avrebbero grandi difficoltà nel contribuire al progresso delle loro rispettive discipline, a prescindere dal loro talento. Non è così per un astrofilo: ogni notte fornisce un'opportunità di dare importanti e seri contributi alla scienza dell'astronomia. Ciò che conta maggiormente è che, poiché si tratta di un *hobby*, può essere estremamente divertente.

L'osservazione e lo studio delle stelle variabili sono antichi quanto l'umanità e attuali quanto la supernova più recente. Qualche riflessione sulle osservazioni di variabili del passato servirà da inizio per il nostro viaggio. Consideriamo per alcuni momenti una supernova vicina che abbia prodotto una stella brillante nel cielo dell'antichità, e pensiamo a come quell'evento debba avere attratto l'attenzione degli uomini. Un tale fenomeno non avrebbe potuto essere ignorato poiché le supernovae vicine sono molto luminose. Sappiamo che gli antichi osservavano questi eventi, perché ne sono stati rinvenuti dei resoconti, per esempio in antichi documenti cinesi o dei nativi americani. In relazione all'improvviso aumento di luminosità di questi fenomeni cataclismici, la storia registra l'inizio o la fine di guerre. In concomitanza con i cambiamenti visti nelle stelle sono stati incoronati gli imperatori di grandi regni, e alcuni sventurati sono stati giustiziati. Non potremo mai sapere fino in fondo come la storia dell'umanità sia stata determinata e alterata in seguito alla variabile luminosità delle stelle, ma certamente possiamo fare qualche considerazione. Per esempio, un evento stellare abbastanza recente è avvenuto nel 1572, quando Tycho Brahe notò una supernova brillante nella costellazione di Cassiopea. Pur trattandosi di un'epoca così tarda nella storia dell'umanità, è stata la prima volta che la civiltà occidentale si è resa consapevole della variabilità delle stelle. Di conseguenza, la storia ha seguito un nuovo cammino.

Si è dovuto aspettare alcuni altri secoli, fino all' '800, perché un astronomo tedesco, Friedrich Wilhelm August Argelander (Figura 1.2), iniziasse il primo serio studio delle stelle variabili. In virtù del suo lavoro, F.W.A. Argelander è considerato da alcuni il padre dell'osservazione di variabili.

Nel 1843 egli pubblicò un catalogo stellare come parte del suo studio delle variabili visibili a occhio nudo, ed elaborò anche un metodo unico per stimare la luminosità delle stelle l'una in relazione all'altra. Tale tecnica è denominata *metodo di stima a gradini di Argelander*.[1] Utilizzando il catalogo e il metodo di confronto da lui creati, in 11 anni Argelander misurò la posizione e la luminosità di 324.198 stelle di declinazione compresa tra +90° e −2° con i suoi assistenti Eduard Schönfeld e Aldalbert Krüger.

---

[1]Questo metodo di stima della luminosità per le stelle variabili sarà descritto più avanti.

Figura 1.2.
F.W.A. Argelander
(1799-1875).

Successivamente, nel 1863 egli pubblicò il catalogo noto come *Bonner Durchmusterung*, abbreviato con BD. Nello stesso anno divenne il fondatore della Astronomical Society e insieme a Wilhelm Foerster e altri iniziò a completare una rassegna del cielo. Nel 1887 la società pubblicò indipendentemente un catalogo contenente circa 200.000 stelle di declinazione compresa tra +80° e –23°, l'*Astronomische Gesellschaft Katalog* (AGK). Argelander morì il 17 febbraio 1875, ma il suo assistente Eduard Schönfeld arricchì il catalogo di 133.659 stelle osservate nella regione di cielo tra le declinazioni –2° e –22°.

Anche il cielo meridionale fu scandagliato e, a partire dal 1892, sotto la direzione di J.M. Thome dell'Osservatorio di Cordoba, in Argentina, 578.802 stelle di declinazione compresa tra –22° e –90° furono osservate e riunite nel catalogo *Cordoba Durchmusterung* (CD), pubblicato nel 1914. Insieme al *Bonner Durchmusterung*, questa raccolta costituisce un compendio di oltre un milione di stelle fino alla decima magnitudine, una misura della luminosità stellare che verrà spiegata più avanti.

Nel corso dei secoli, a partire dal lavoro di Argelander, lo studio delle stelle variabili ha suscitato l'interesse di molti astronomi. Oggi migliaia di astrofili di tutto il mondo osservano e studiano le variabili, alcuni privatamente, per soddisfazione personale e curiosità intellettuale, mentre altri fanno parte di associazioni o gruppi organizzati e conducono campagne osservative programmate che hanno per obiettivo centinaia di stelle e raccolgono migliaia di misure. Con l'avvento di Internet, è diventato possibile per gli astrofili condividere le osservazioni tra loro e in alcuni casi con astronomi professionisti di tutto il mondo.

Molti astronomi concorderebbero sul fatto che lo studio delle variabili è una componente fondamentale del tentativo globale di comprendere l'Universo. Le varie categorie di variabili rappresentano stelle in diversi stadi evolutivi. Per esempio, le giovani variabili eruttive T Tauri ci consentono di osservare la nascita delle stelle nel momento in cui si evolvono dalla fase protostellare ed entrano nell'"adolescenza". Le esplosioni di supernova testimoniano la morte violenta di stelle gigantesche, poiché producono in pochi brevi istanti tanta energia quanta ne produrrà il nostro Sole in tutti i suoi 10 miliardi di anni di vita. Le stelle binarie, legate gravitazionalmente nelle orbite predette da Giovanni Keplero, forniscono un metodo per misurare le masse stellari e ci permettono di stimare le dimensioni di stelle troppo distanti da esplorare. Le stelle pulsanti a lungo periodo che prendono il nome dalla gigante rossa osservata per la prima volta dall'astronomo tedesco David Fabricius nel 1594, Mira, in latino "la Meravigliosa", danno agli astrofisici l'opportunità di analizzare il funzionamento interno di stelle antiche. Le intense esplosioni provenienti dalle novae nane rappresentano alcune delle opportunità migliori per studiare i dischi di accrescimento e i processi che possono avere contribuito alla formazione del nostro Sistema Solare e persino delle galassie.

Se trovate affascinante l'idea di partecipare personalmente a un tale viaggio, difficilmente potete intraprendere un'attività più gratificante dell'osservazione e dello studio delle stelle variabili. Venite e unitevi ad astronomi quali Tycho Brahe, David Fabricius, F.W.A. Argelander e a migliaia di astrofili di tutto il mondo. Questo viaggio è un'esplorazione alla ricerca di indizi che aiutino a spiegare il funzionamento del Cosmo. Venite a esplorare l'Universo con i vostri occhi. Questo è un invito perché diveniate partecipi di questa grande esplorazione e assumiate un ruolo importante nella storia dell'osservazione delle stelle variabili.

Evoluzione stellare

Poiché le variabili sono stelle, la comprensione dei principi fondamentali del funzionamento stellare vi aiuterà a capire il motivo per cui variano in luminosità, dato che non per tutte è lo stesso. Sapendo perché e come le stelle sono variabili potrete scegliere più facilmente il tipo di variabile che volete osservare o studiare. La scelta dovrà essere vostra e una decisione informata può permettervi di evitare alcune serie frustrazioni.

Consideriamo la variabile di tipo Mira R Leonis, che ha un periodo di poco superiore ai 300 giorni. Oppure, la variabile di tipo *delta* Scuti AZ Canis Majoris, che ha un periodo di sole 2h 17m, mentre sulla nova nana cataclismica X Leonis si verifica un'esplosione ogni 17 giorni circa. Interessante o complicato? Prima di spendere un anno a guardare una stella cambiare lentamente luminosità, o mancare l'opportunità di cogliere in azione una stella molto più rapida, un po' di tempo impiegato a capire perché le variabili si comportano in un certo modo potrà farvi risparmiare tempo prezioso in futuro.

Le stelle producono energia convertendo elementi leggeri in elementi pesanti mediante le reazioni termonucleari; in gran parte delle stelle l'idrogeno viene convertito in elio. L'idrogeno è infatti l'elemento più abbondante nell'Universo e, comprensibilmente, il principale costituente delle stelle. Quasi tutti i cosmologi ritengono che all'inizio dell'Universo tutto ciò che esisteva, oltre all'energia, era una grande quantità di idrogeno, un po' di elio e un pizzico di deuterio e litio. Non è sorprendente che le stelle siano composte di idrogeno ed elio se l'Universo primordiale era costituito principalmente da questi due elementi. Le stelle convertono l'idrogeno in elio per produrre energia dall'inizio dei tempi, ma non fanno solo questo: convertono l'elio in carbonio, producendo poi ossigeno, azoto e infine anche elementi più pesanti. Con l'eccezione dell'idrogeno e dell'elio presenti nell'Universo fin dall'inizio, tutto il resto è composto dagli elementi più pesanti che si sono formati nel corso di miliardi di anni nei nuclei di innumerevoli stelle. Questo processo è chiamato *nucleosintesi*.

Nel tempo la gravità fa aggregare l'idrogeno in enormi nubi del diametro di vari anni luce. Potete uscire in una notte serena, guardare il cielo e individuare queste nubi di idrogeno. La Nebulosa di Orione, la Trifida e la zona intorno a *rho* Ophiuchi, la Nebulosa Aquila, la Tarantola, la Nebulosa Cono e la Laguna sono alcune delle regioni di cielo in cui potete facilmente osservare nubi di idrogeno con un binocolo o un telescopio. Il nostro Sistema Solare – i pianeti, il Sole, io e voi – è formato da materiale proveniente da queste enormi nebulose. Carl Sagan l'ha chiamato "materia stellare".

Alla fine, sempre per effetto della gravità, la nube di idrogeno collassa ulteriormente e dopo milioni di anni la temperatura e la densità del gas divengono sufficientemente elevate da indurre la combinazione di singoli atomi, composti da un protone e un elettrone, per formare atomi di elio. Questo processo non è semplice come sembra: ha luogo piuttosto una folle danza che strappa l'elettrone dal suo compagno e forza poi il protone a combinarsi con un elettrone libero per diventare un neutrone. Infine le coppie protone-neutrone si legano a un protone libero in rapido moto per formare nuclei di elio-3. Nel tempo, due nuclei di questo tipo si uniscono per formare elio-4 e liberano due protoni che tornano in pista per cercare nuovi partner. Si tratta di una danza "calda" che richiede temperature ben superiori al milione di gradi per concludersi. Con questo processo il nostro Sole converte in elio circa 4 milioni di tonnellate di idrogeno ogni secondo: lo fa da circa 4,5 miliardi di anni e continuerà a farlo per altri 3 o 4 miliardi di anni.

Solo quando Albert Einstein ha spiegato che la massa e l'energia sono equivalenti[2] gli astronomi hanno capito questo incredibile processo che dà energia alle stelle. Se vi capita di sfogliare un libro scientifico abbastanza antico, scoprirete che una volta la gente riteneva che il carbone potesse rappresentare la fonte dell'energia solare. Adesso ne sappiamo di più, in parte grazie al dottor Einstein!

Nel corso di questa folle danza che combina gli atomi di idrogeno per formare elio, si perde una piccola quantità di massa rispetto all'insieme degli originari atomi di idrogeno. Questa viene convertita in energia: e la forza che ha fatto inizialmente aggregare gli atomi di idrogeno, la gravità, farebbe collassare la nube di gas in un oggetto incredibilmente piccolo se non fosse per questa energia. Alla fine, infatti, l'energia prodotta dalla fusione nucleare dell'idrogeno esercita una pressione sufficiente a fermare il completo collasso gravitazionale della nube di idrogeno. Quando il collasso verso l'interno viene controbilanciato dalla pressione verso l'esterno derivante dalle reazioni nucleari, nasce una stella. Cosa ancora più importante, se la pressione prodotta dalla fusione nucleare eguaglia esattamente l'attrazione gravitazionale, è nata una stella stabile. Non tutte le stelle comunque sono stabili. Quelle instabili pulsano, contraendosi ed espan-

---

[2] La famosa equazione di Einstein, $E = mc^2$, che stabilisce l'equivalenza tra massa ed energia.

dendosi nel tentativo di trovare una situazione equilibrata. Durante le convulsioni esse variano in luminosità, talvolta drammaticamente!

La maggioranza delle stelle utilizza l'idrogeno come fonte di energia, e tutte le stelle che lo fanno sono in qualche modo legate. Una volta che iniziate a osservare il cielo vi risulterà ovvio che non tutte le stelle hanno le stesse dimensioni, la stessa temperatura o lo stesso colore. Alcune, come Betelgeuse nella costellazione di Orione e *mu* Cephei nella costellazione di Cefeo, sono così grandi che occuperebbero gran parte del nostro Sistema Solare, inghiottendo tutti i pianeti interni e la fascia degli asteroidi ed estendendosi fino all'orbita di Saturno. Altre, come la nana bianca compagna di Sirio, sono piccole quanto la Terra, mentre le stelle di neutroni hanno appena il diametro di una città. Ci sono stelle 100 volte più calde del nostro Sole e altre abbastanza fredde da contenere molecole d'acqua. Alcune sono di un blu intenso, altre gialle e altre rosso sangue. In contrasto con queste diversità, tutte le stelle che utilizzano l'idrogeno come fonte di energia fanno parte di un gruppo con questa unica caratteristica comune: le stelle che bruciano idrogeno[3] sono chiamate *stelle di Sequenza Principale*. Anche il nostro Sole fa parte di questa categoria.

Le stelle di Sequenza Principale sono solitamente stabili, benché molte varino in luminosità. C'è sempre un'eccezione per tutto, ma quando si parla di evoluzione stellare la Sequenza Principale è generalmente un buon punto di partenza, poiché molte delle sue stelle sono stabili, e gran parte delle stelle spende una notevole frazione della propria vita nella Sequenza Principale. Quest'ultima verrà usata nel seguito come punto di partenza quando analizzeremo differenti tipi di variabili. Sarà più semplice infatti capire la natura delle molte diverse categorie se possiamo iniziare da un punto di riferimento comune.

Torniamo adesso alla Sequenza Principale: mentre una stella consuma la propria scorta di idrogeno, si forma un nucleo composto da elementi più pesanti, la cui produzione comincia con la fusione dell'idrogeno. Alcune delle stelle più vecchie hanno convertito in elementi pesanti una frazione significativa dell'originaria quantità di idrogeno, e stanno adesso utilizzando questi come fonte di energia. Alla fine, se la nostra comprensione dell'Universo è approssimativamente corretta, non vi sarà più idrogeno, perché sarà stato tutto convertito in

---

[3] Il termine "bruciare" viene utilizzato per riferirsi alle reazioni termonucleari.

elementi più pesanti che a loro volta saranno stati trasformati in elementi ancora più pesanti.

Quando una stella passa dall'utilizzo dell'idrogeno a quello di elementi come l'elio come fonte principale di energia, al suo interno si verificano diversi cambiamenti. In primo luogo, l'astro si contrae e diventa più caldo.

Ricordate che è necessario che vi siano oltre un milione di gradi per forzare l'idrogeno a fondersi in elio, ma questa è una temperatura relativamente bassa per le stelle. A questo punto, con gran parte dell'idrogeno convertito in elio, la stella inizia a richiedere una nuova fonte di energia. Quella fornita dall'idrogeno sta scemando, ma l'astro non è caldo abbastanza da portare l'elio a fondere: questo processo ha bisogno infatti di una temperatura superiore a 20 milioni di gradi, e finché questa non viene raggiunta l'elio rimane inattivo nel nucleo di questa stella "affamata". All'inizio del suo "digiuno" essa comincia anche a contrarsi, senza comunque perdere peso. L'incessante forza gravitazionale stava aspettando pazientemente, forse da miliardi di anni, che tutto questo accadesse. Il tempo non ha alcuna importanza per la gravità, e sin dalla nascita di questa stella essa aspetta di indurre la contrazione dell'astro. Mentre la stella si raffredda, la pressione termonucleare diminuisce ed essa inizia a collassare e contrarsi.

La contrazione provoca però un nuovo aumento della temperatura, proprio come è avvenuto negli stadi iniziali della nascita dell'astro, quando per la prima volta la gravità ha fatto avvicinare gli atomi di idrogeno fino a farli fondere. Adesso la stessa forza sta agendo sul nucleo di elio, aumentandone densità e temperatura. Alla fine, mentre l'idrogeno residuo sta ancora bruciando in un guscio sottile che circonda la regione centrale, il nucleo raggiunge i 20 milioni di gradi. Avendo i valori necessari di densità e temperatura, l'elio diventa improvvisamente una fonte di energia molto più intensa per la stella. Il nucleo produce adesso nuovamente energia, ma a temperature molto più elevate rispetto all'epoca della fusione dell'idrogeno.

La pressione termonucleare originata dal nucleo di elio caldo non solo arresta la contrazione stellare, ma in effetti ne spinge verso l'esterno le parti più alte dell'atmosfera: la stella si espande! Adesso ha un diametro maggiore di quando stava solo bruciando idrogeno. La massa non è cambiata. Non è stato aggiunto nulla di nuovo. È più estesa semplicemente perché il nucleo molto più caldo ne ha spinto più lontano la "superficie" esterna, e di conseguenza quest'ultima è più fredda di prima. Adesso la stella ha cambiato colore: poiché la parte esterna dell'atmosfera è più fredda, appare più rossa. L'astro si sta ora *evolvendo*, allontanandosi cioè dalla Sequenza Principale, poiché non utilizza più l'idrogeno come principale fonte di energia. Durante questo complesso processo le stelle attraversano stadi evolutivi a cui sono stati dati nomi affascinanti, come "fascia di instabilità", "regione proibita" e "ramo delle giganti asintotiche". Momenti di pericolo attendono le stelle in evoluzione.

Il meccanismo descritto continua, con buona approssimazione, con l'astro che produce elementi via via più pesanti per poi iniziare a utilizzarli come fonte di energia. In molti casi le stelle in evoluzione sono instabili, e una miriade di variabili si trova in questa fase. L'evoluzione stellare è una parte importante della storia complessiva delle variabili.

Il diagramma di Hertzsprung-Russell

L'astronomia è interessante non solo come strumento per esplorare l'Universo, ma anche a causa degli uomini coinvolti in questa esplorazione. La storia del mondo non sarebbe neanche lontanamente così affascinante senza Giulio Cesare, Marco Polo, Cristoforo Colombo, Giulio Verne o Neil Armstrong. Gran parte della storia del mondo è una storia di esplorazione, come la storia dell'astronomia. Siete interessati all'astronomia essenzialmente perché anche voi siete degli esploratori.

Due antichi esploratori, in senso astronomico, hanno sviluppato quella che è considerata la pietra angolare per la comprensione dell'evoluzione stellare, il *diagramma di Hertzsprung-Russell* (Figura 1.3), talvolta chiamato più brevemente "diagramma HR". Ne parleremo qui perché l'evoluzione stellare è di vitale importanza nello studio delle variabili.

All'inizio del ventesimo secolo, Ejnar Hertzsprung era un astronomo danese che però non aveva alcuna formazione scolastica in ambito astronomico. Era infatti un astronomo dilettante, e professionalmente un ingegnere chimico. A causa della sua formazione era molto interessato alla chimica della fotografia, e a partire dal 1902 si dedicò all'astronomia iniziando a lavorare in piccoli Osservatori danesi. Con la propria padronanza delle tecniche fotografiche per misurare la luce stellare, egli fu in grado di dimostrare l'esistenza di una relazione tra il colore e la luminosità degli astri. In quel periodo, il lavoro

Figura 1.3.
Il diagramma di Hertzsprung-Russell mostra la Sequenza Principale come una fitta linea di stelle che va dall'estremità superiore sinistra a quella inferiore destra del grafico.

di Hertzsprung giunse infine all'attenzione di Karl Schwartzschild[4], all'epoca direttore dell'Osservatorio di Potsdam. Nel 1909 Schwartzschild trovò subito un posto per Hertzsprung nello *staff* dell'Osservatorio di Göttingen, dove divenne alla fine astronomo ordinario.

Approssimativamente nello stesso periodo in cui Ejnar Hertzsprung stava lavorando in Europa sulla classificazione spettrale delle stelle, Henry Norris Russell stava facendo lo stesso negli Stati Uniti. Si dice che gli fu mostrato il transito di Venere sul disco del Sole quando aveva 5 anni e che questo avesse probabilmente acceso il suo interesse per l'astronomia. In ogni caso, molti anni dopo, una volta conseguito il dottorato in astronomia a Princeton, andò a lavorare presso l'Osservatorio universitario di Cambridge. Russell era molto interessato sia alle binarie che agli spettri stellari, e concluse infine che esistevano due principali categorie di stelle, una contenente stelle molto più brillanti rispetto all'altra. Nel tempo arrivò a dimostrare una relazione tra la luminosità intrinseca di una stella e il suo spettro.

Tutto ciò è molto interessante, ma la cosa affascinante è che Hertzsprung e Russell giunsero indipendentemen-

---

[1]Karl Schwartzschild è noto come fondatore della teoria dei buchi neri, avendo dimostrato che i corpi di massa sufficientemente elevata hanno una velocità di fuga superiore a quella della luce. Tra le molte tragedie della Prima Guerra Mondiale vi fu anche la morte per malattia di Schwartzschild in trincea, mentre combatteva come soldato di fanteria.

te a dimostrare l'esistenza di una relazione tra temperatura e colore delle stelle. In altre parole, il colore di una stella indica con buona approssimazione la sua temperatura. È sul diagramma di Hertzsprung-Russell, chiamato così in loro onore, che le stelle di Sequenza Principale si trovano su una linea approssimativamente diagonale che si estende dall'angolo in alto a sinistra (alte temperature, alte luminosità) a quello in basso a destra (basse temperature, basse luminosità) del grafico. Tale diagramma permette agli astronomi di visualizzare le stelle in base ai loro valori di temperatura, colore, luminosità ed età.

Se siete a caccia di stelle variabili, ci sono regioni ben note del diagramma HR dove esse possono facilmente trovarsi. In altre zone, invece, le variabili si nascondono in una moltitudine di stelle stabili e sono difficili da individuare. Comprendere l'evoluzione stellare e il modo di utilizzare il diagramma HR per seguirla vi aiuterà a capire meglio le caratteristiche delle stelle. Tale diagramma, usato come punto di riferimento comune, verrà impiegato negli ultimi capitoli, insieme a una discussione più approfondita dell'evoluzione stellare, per assistervi nella preparazione all'osservazione e all'interpretazione delle variabili.

Un profilo delle stelle variabili

Cosa sono quindi le stelle variabili?

In poche parole, le variabili sono stelle che cambiano luminosità. Tale variabilità può avvenire nell'arco di tempo di alcuni secondi, come nel caso delle stelle ZZ Ceti, può richiedere anni, come per le variabili di tipo Mira, oppure può verificarsi in poche ore e solo una volta, come nel caso di una *supernova*. Ciascuna delle variabili appena citate varia in luminosità per motivi diversi.

Le stelle ZZ Ceti sono nane bianche pulsanti con periodi che vanno approssimativamente da 100 a 1000 secondi. Occasionalmente si verificano esplosioni che provocano il raddoppio della luminosità della stella.

Le variabili di tipo Mira sono stelle giganti o supergiganti, anch'esse pulsanti ma con periodi di centinaia o persino di migliaia di giorni, anziché di pochi secondi. Esse sono interessanti per gli astrofisici perché rappresentative di una fase molto breve dell'evoluzione stellare. Sono alla fine della loro vita, e alcune di esse diverranno presto nebulose planetarie. Poiché sono così estese, le loro atmosfere sono così lontane dal nucleo da risultare, nelle regioni più esterne, estremamente rarefatte, tanto che qui sulla Terra sarebbero considerate un eccellente esempio di vuoto.

Il raro evento di supernova altera drasticamente la struttura di una stella, in modo tale da cambiarla irreversibilmente. Il guscio esterno viene violentemente espulso e interagisce poi con il mezzo interstellare formando un *resto di supernova*. È possibile osservare in cielo molti di questi resti di supernova, che servono a ricordarci che l'Universo è in costante evoluzione. Potremmo considerare le supernovae come i meccanismi di riciclo del Cosmo. Quasi tutta la materia proviene da esse e quasi tutta tornerà a produrre nuove supernovae.

Questi esempi riguardano alcuni tipi di stelle variabili, ma ne esistono molti altri. Gli astronomi ne distinguono attualmente oltre 80, più 5 categorie di binarie a eclisse distinte in base alle caratteristiche fisiche della compagna, 9 categorie distinte dal grado di riempimento dei lobi di Roche[5] interni e 10 classi di binarie strette otticamente variabili che sono anche sorgenti di radiazione X intensa e variabile. Il numero di possibili combinazioni è stupefacente, e conseguentemente gli osservatori di variabili si specializzano di solito in un ristretto numero di categorie. Alcuni spendono qualche anno osservando una mezza dozzina di classi di variabili, per poi passare a studiare categorie diverse. Altri variabilisti osservano soltanto pochi tipi di stelle, senza mai spostarsi su altri: sono quindi molto competenti, dopo avere speso anni, o persino decenni, specializzandosi sulle stelle da loro scelte.

Individuare una stella variabile non è troppo difficile. Poiché tutte le stelle oscillano in una certa misura, sono tutte più o meno variabili, e queste oscillazioni danno luogo a cambiamenti di luminosità. L'ampiezza di questa oscillazione per una stella media è comunque normalmente molto piccola, cosicché i cambiamenti di luminosità associati sono esigui. Cosa non molto eccitante, dato che queste microvariazioni sono invisibili a occhio nudo.

Le stelle di tipo solare, subiscono, per esempio, variazioni dell'ordine di micromagnitudini, di gran lunga troppo piccole per essere osservate a occhio nudo. Potete però studiare queste micro-oscillazioni con strumenti come i fotometri stellari e i dispositivi ad accoppiamento di carica (CCD, *charge-coupled device*) accessibili agli astrofili. Lo studio delle oscillazioni stellari di piccola ampiezza è diventato un importante campo dell'astronomia, perché tali oscillazioni coinvolgono l'intero astro e quindi è possibile trarne informazioni sulle regioni più

---

[5]*I lobi di Roche* verranno spiegati nel capitolo 5.

interne. Un esempio eccellente di questo tipo di ricerca è lo studio delle stelle *delta* Scuti.

Alcune stelle variano in luminosità a causa di proprietà intrinseche, mentre per altre la variabilità è il risultato di caratteristiche esterne che non hanno alcuna relazione con l'effettiva struttura dell'astro. Per esempio, due stelle che individualmente non sarebbero considerate variabili possono essere classificate come tali se orbitano l'una intorno all'altra in modo tale da eclissarsi a vicenda, se osservate dalla Terra, e se questa eclisse si traduce in una riduzione di luminosità. In effetti, il sistema binario varia in luminosità, ma non come conseguenza delle proprietà intrinseche di ciascuna singola stella, quanto piuttosto in seguito alla loro interazione reciproca. Immaginate adesso due stelle appartenenti a classi diverse, ciascuna variabile per motivi intrinseci (per esempio, una è pulsante mentre l'altra ha un'attività esplosiva), che orbitano l'una intorno all'altra eclissandosi a vicenda se osservate dalla Terra.
Comprendere questo complesso tipo di configurazione può essere nella migliore delle ipotesi difficile, ma l'impegno necessario per farlo è solo una parte della sfida rappresentata dall'osservazione delle variabili. Descriveremo di seguito sei importanti categorie di stelle variabili, per evidenziare i diversi meccanismi che danno origine alla variabilità.

Le *variabili eruttive* sono stelle che mostrano un'improvvisa e intensa emissione di energia, che provoca un aumento di 200 volte o più nella luminosità ottica in pochi giorni. Questi fenomeni sono causati da processi violenti, come i brillamenti (*flare*), che si verificano sulla superficie della stella. In alcuni casi, materiale stellare viene espulso e interagisce con il mezzo interstellare circostante, dando origine a cambiamenti nella luminosità visuale.

Le *variabili pulsanti* mostrano una periodica espansione e contrazione degli strati superficiali, come se respirassero. In alcuni casi l'espansione avviene uniformemente nella stella, in altri casi essa "trema" a causa delle espansioni disomogenee che avvengono nei vari strati della sfera.

Le *variabili cataclismiche* mostrano esplosioni causate da processi termonucleari in prossimità degli strati superficiali oppure profondamente all'interno. Le novae e le novae nane sono membri di questa studiatissima classe di variabili, e una proprietà importante che le accomuna è il fatto che sono tutti sistemi binari molto stretti, con periodi orbitali quasi sempre inferiori a 12h. Anche le supernovae sono classificate come variabili cataclismiche. La prima di esse osservata con tecniche moderne è stata la variabile S Andromedae nella galassia di Andromeda, nota anche come M31. Quando fu vista per la prima volta nel 1885 si ritenne che fosse una comune nova, con una luminosità relativamente modesta. Questo condusse a stime per la distanza di M31 che si rivelarono fuorvianti per gli astronomi nella stima delle dimensioni dell'Universo. Nel 1924 Edwin Hubble scoprì in M31 un tipo di stella variabile noto come Cefeide, e fu in grado di effettuare una stima indipendente della distanza utilizzando la *relazione periodo-luminosità*. Divenne allora evidente che S Andromedae era oltre 10 mila volte più brillante di una nova ordinaria. Le supernovae sono eventi rari: una galassia tipica non ne produce più di 2 o 3 per secolo.

Le *variabili rotanti* possiedono una luminosità superficiale irregolare e/o una forma ellittica. La loro variabilità è causata dalla rotazione assiale rispetto all'osservatore. Le irregolarità nella luminosità superficiale possono essere causate dalla presenza di macchie, o da variazioni termiche o chimiche nell'atmosfera causate dai campi magnetici. Il nostro Sole presenta macchie delle dimensioni della Terra. Immaginate una stella con macchie delle dimensioni del Sole!

Le *binarie a eclisse* sono sistemi stellari binari il cui piano orbitale è orientato approssimativamente lungo la linea di vista dell'osservatore, cosicché periodicamente una stella può passare davanti all'altra intercettandone la radiazione. Lo studio delle curve di luce di questi sistemi non solo rivela la presenza di due oggetti, ma può anche fornire informazioni sui rapporti tra le temperature e tra i raggi delle componenti, in base all'entità della riduzione di luminosità e alla durata dell'eclisse. Recentemente, astronomi dilettanti hanno osservato il possibile transito di pianeti extrasolari su stelle lontane.

Le *sorgenti X otticamente variabili* sono una categoria di variabili in qualche modo ambigua. Alcuni astronomi considerano le binarie X una sorta di binarie strette interagenti in cui è presente un oggetto compatto degenere, quale una nana bianca, una stella di neutroni o un buco nero. Secondo la definizione che utilizzeremo noi, invece, le binarie X sono solo quei sistemi binari stretti interagenti che contengono una stella di neutroni o un buco nero. La differenza principale tra le variabili cataclismiche e le binarie X è l'intensità dell'emissione X. Molte binarie X producono fenomeni di variabilità ottica che possono essere osservati dagli astrofili. In un altro tipo di variabili di alta energia rientrano le sorgenti di "lampi gamma" (GRB – *gamma ray burst*). Questi enigmatici oggetti sono giunti solo recentemente all'attenzione degli astrofili. Presumibilmente si tratta di stelle così distanti che non abbiamo trovato traccia della loro esistenza su alcuna immagine profonda acquisita prima della loro esplosione. Esse poi scompaiono, e di nuovo non vediamo nulla nel punto in cui era apparso il GRB. Oggi per gli astrofili è possibile sapere, attraverso un sistema di allarme, quando i satelliti hanno rivelato un GRB, in modo da poter dare un'occhiata, se si è sufficientemente veloci, a questi interessanti oggetti.

Queste sei classi di variabili (eruttive, pulsanti, cataclismiche, rotanti, a eclisse e con emissione X) saranno discusse nei prossimi capitoli. Verranno dati suggerimenti su come osservare in modo ottimale ciascuna categoria di stelle, e indicati i metodi fondamentali per registrare e analizzare le osservazioni, in modo che possiate conservare ed esaminare in seguito i frutti del vostro impegno. Verrà anche fornita una descrizione dei principali tipi di telescopi e binocoli utilizzati dai variabilisti, come pure dei vari oculari, montature e altri accessori che userete comunemente per osservare le stelle variabili. Insieme alle tecniche di osservazione visuale, verranno brevemente illustrati i metodi fotoelettrici, l'utilizzo di filtri scientifici e dei rivelatori a semiconduttori (CCD).

CAPITOLO 2

Le stelle variabili

Il dubbio è all'origine della conoscenza.

Kahlil Gibran

Ricordando che le variabili sono stelle di tipo particolare, cominceremo col discutere delle stelle in generale per giungere infine al modo in cui si è deciso di denominare le varie categorie di variabili.

Sarà un po' più facile riuscire a conoscere le variabili se possiamo in qualche modo classificarle. Esistono attualmente più di 36.000 variabili nel *Combined General Catalog of Variable Stars* (GCVS), e se non si elabora un modo per riunire gran parte di queste stelle in piccoli gruppi non si sarà mai in grado di studiarle in modo sistematico. Il GCVS non è il solo archivio di stelle variabili. Se si considera anche la sezione sulle variabili del catalogo HIPPARCOS, la *All-Sky Survey*, la rassegna di variabili ROTSE e i progetti MACHO, MISAO e STARE, per citarne solo alcuni, il numero di variabili può superare di molto quello riportato nel GCVS. È dunque necessario un metodo sistematico di classificazione.

Rimandiamo di poco la nostra comprensione delle categorie di variabili: iniziamo invece con le stelle in generale, che sono enigmatiche e intriganti. Vi sono caratteristiche importanti di questi oggetti che agli occhi degli astronomi si rendono immediatamente evidenti. Una di queste è la luminosità.

Quando cominciate a osservare le stelle, notate subito che non tutte brillano con la stessa intensità. Alcune sono più brillanti di altre, alcune sono così deboli da non risultare visibili senza un telescopio. Per la maggior parte, sono così deboli che non potremo mai vederle. La brillantezza di una stella è chiamata *luminosità*, e quella intrinseca è una misura dell'energia totale emessa dall'astro ogni secondo, in gran parte invisibile per l'occhio umano. Ci riferiamo invece generalmente alla misura della luce che possiamo vedere utilizzando il termine *magnitudine*. Quando, come spesso accade nell'osservazione delle variabili, si vogliono confrontare stelle di luminosità diversa, si considera la differenza tra le loro magnitudini. Tali confronti sono fondamentali per i variabilisti, perché essi effettuano in continuazione stime della magnitudine della variabile paragonandola a quella di un astro di confronto.

Le stelle più brillanti del cielo sono dette di prima magnitudine, ma alcune tra esse, come Sirio e Rigel, hanno in realtà una magnitudine più vicina a zero, mentre le stelle più deboli hanno magnitudini espresse con numeri maggiori. In generale, gli oggetti di magnitudine 6 sono i più deboli visibili a occhio nudo quando si osserva con un cielo molto buio. Per vedere stelle di magnitudine 7 o 8, per esempio, avrete bisogno di un binocolo o di un telescopio.

Gli astronomi dell'antichità, che lavoravano senza l'ausilio di strumenti, hanno dato alle stelle più brillanti i nomi che usiamo ancora oggi. Se prendete un atlante celeste ed esaminate la lista delle stelle, troverete astri luminosi con nomi insoliti come Zubenelgenubi, Betelgeuse, Denebola, Vindemiatrix, Kornephoros, Menkalinan e Pherkab. Purtroppo non tutte le stelle hanno un nome proprio affascinante come questi. L'alfabeto greco è stato utilizzato per designare molte stelle, e anche questi nomi sono ancora in uso: la stella più brillante di una costellazione è solitamente chiamata *alfa*, seguita in ordine di luminosità decrescente dalle stelle *beta*, *gamma*, *delta* e così via. Betelgeuse è nota anche come *alfa* Orionis, poiché quando sono stati assegnati i nomi si riteneva che fosse la stella più brillante della costellazione di Orione. In seguito, si è scoperto che si tratta di una variabile un po' più debole di Rigel, o *beta* Orionis (anch'essa variabile). Tali inesattezze sono comuni e generalmente poco importanti.

Un'altra caratteristica che noterete delle stelle è il loro colore: quando si osserva con un binocolo o con un telescopio tali colori possono essere spettacolari. Le stelle molto calde sono blu, mentre quelle fredde sono rosse. Tra questi due estremi cromatici troverete stelle bianco-bluastre, bianche, gialle e arancione. Ricordate il modo in cui il diagramma HR mostra la relazione colore-temperatura? Adesso possiamo analizzarla più da vicino, poiché entrambe queste proprietà sono importanti per un variabilista.

La temperatura è una grandezza importante utilizzata per raggruppare le stelle, che oggi infatti vengono classificate sia per temperatura che per colore. Ma non è sempre stato così: la prima volta che le stelle sono state classificate scientificamente identificando le caratteristiche fisiche comuni da utilizzare per raggruppare insieme oggetti simili, sono stati scelti come riferimento gli spettri.

Lo spettro di una stella ne evidenzia la composizione chimica. Il nostro Sole ha un ricco spettro che ci permette di identificare i vari elementi presenti nella sua atmosfera. L'elio, il secondo elemento della tavola periodica e uno dei costituenti primordiali presenti alla nascita dell'Universo, fu scoperto per la prima volta nel Sole, quando ne fu analizzato attentamente lo spettro. In seguito, l'esistenza dell'elio fu confermata dalla sua scoperta sulla Terra. Come vedremo, lo spettro di una stella dipende anche dalla sua temperatura.

Questa antica classificazione basata sugli spettri stellari iniziava con le stelle di tipo A e proseguiva secondo l'alfabeto, raggruppando stelle con spettri simili. Comunque non passò molto tempo prima che gli astronomi notassero che questo schema di classificazione stellare era imperfetto. La progressione non procedeva come sperato: le stelle A non sfumavano nelle B, che a loro volta non sfumavano nelle C. C'era qualcosa di sbagliato (Figura 2.1).

Gli astronomi iniziarono a capire che se la classificazione veniva sistemata spostando alcune stelle in posizioni diverse lungo la sequenza, ogni gruppo si amalgamava perfettamente con il successivo. Invece di iniziare la classificazione con la lettera A e poi progredire lungo l'alfabeto, questa riorganizzazione pone al primo posto le stelle di tipo O, seguite dalle B, A, F, G, K e M.

Era ovvio che questo sistema permetteva di rappresentare una sequenza di temperature, con le stelle più calde elencate all'inizio e quelle via via più fredde a seguire. Nel diagramma HR le prime si trovano a sinistra, gli astri più freddi a destra. L'intero sistema è noto come *classificazione spettrale* e può essere ricordato con questa filastrocca: *Oh, Be A Fine Girl, Kiss Me* (Oh, sii una brava ragazza, baciami). Dall'epoca dello sviluppo di questa classificazione sono state aggiunte diverse altre classi di stelle, che discuteremo in seguito. Per adesso, i tipi spettrali da O a M saranno sufficienti per illustrare adeguatamente il diagramma HR.

Dopo avere adottato questo sistema, un altro problema catturò presto l'attenzione degli astronomi. L'uso di una sola lettera per classificare tutte le stelle dello stesso tipo spettrale si dimostrò restrittivo, e quindi venne aggiunta una numerazione (da 0 a 9, con poche eccezioni) all'interno di ciascun tipo. Questo sistema comincia approssimativamente con stelle O3 e prosegue fino a O9, per poi passare a B0 e continuare fino a B9; viene poi il tipo A0 e così

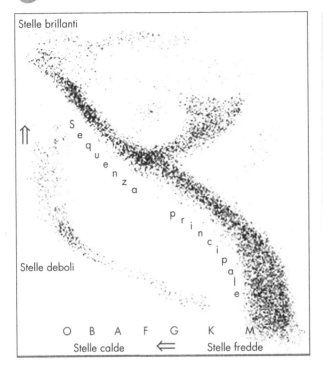

Stelle brillanti

⇑

S
e
q
u
e
n
z
a

P
r
i
n
c
i
p
a
l
e

Stelle deboli

O   B   A   F   G   K   M
Stelle calde ⇐ Stelle fredde

Figura 2.1.
Il diagramma di Hertzsprung-Russell, in cui oltre alla Sequenza Principale (sulla quale le stelle di maggiore temperatura sono più brillanti) sono indicati i versi in cui aumentano luminosità e temperatura.

via per gli altri tipi spettrali[1]. I tipi iniziali contengono stelle molto calde e giovani, e si parla per questo di *primi* tipi spettrali, mentre per le stelle da F a M si parla di *tardi* tipi spettrali. Inoltre, all'interno dello stesso tipo una stella 9 è considerata più tarda di una stella 0.

Congiuntamente alla classificazione spettrale appena descritta, esiste anche una classificazione in base alla luminosità. La maggiore scoperta di Hertzsprung e Russell, all'inizio del ventesimo secolo, fu il fatto che molte stelle non si trovano sulla Sequenza Principale. Oltre a questa, la caratteristica prevalente del diagramma HR è una banda centrale, che si estende verso l'alto e verso destra allontanandosi dalla Sequenza Principale, in cui la luminosità aumenta mentre la temperatura diminuisce. Affinché una stella sia fredda e brillante insieme, deve essere molto estesa. Queste stelle sono quindi naturalmente chiamate *giganti*; per distinguerle, quelle della Sequenza Principale sono dette *nane*, nonostante le grandi dimensioni delle più luminose che vi appartengono. Se si trovassero al posto del Sole, le giganti potrebbero facilmente includere in sé il Sistema Solare interno. Esistono stelle anche al di sotto della Sequenza Principale: questi oggetti sono simultaneamente caldi e piuttosto deboli; devono quindi essere incredibilmente piccoli, persino più piccoli della Terra. Le pri-

[1]Solo il tipo spettrale O non utilizza dieci numeri per le proprie sottoclassi: parte infatti da O3 e arriva a O9.

me stelle di questo tipo a essere scoperte erano bianche, per cui sono state denominate "nane bianche", un termine ancora utilizzato per quanto alcune di esse siano rosse e altre blu.

Le varie regioni del diagramma HR che sono popolate da stelle furono formalizzate negli anni '40 dagli astronomi W.W. Morgan, P.C. Keenan ed E. Kellman, che le inserirono in classi di luminosità identificate dai numeri romani da I a V, che rappresentano rispettivamente supergiganti, giganti brillanti, giganti, subgiganti e nane di Sequenza Principale. Keenan propose anche una classe per stelle più grandi e brillanti delle supergiganti, le "ipergiganti". A queste enormi stelle è stata assegnata la classe di luminosità "0", che può indurre a qualche confusione con i tipi spettrali denominati con i numeri interi e la lettera "O". La prima stella definita di classe zero in luminosità è stata S Doradus. Per esempio, la caotica stella *eta* Carinae è un'ipergigante, di classe spettrale B0 0, e possiede una massa pari a circa 100 Soli. La classificazione di luminosità descritta è chiamata sistema MKK o MK. Tutto ciò si rivela importante quando si inizia a studiare le variabili, perché essenzialmente il sistema di classi di luminosità indica le dimensioni delle stelle. Nel seguito faremo riferimento a tali classi, e iniziando a usare questa terminologia la capiremo meglio.

Torniamo adesso ai colori delle stelle, che talvolta hanno una relazione diretta con i loro nomi. Antares, la brillante supergigante rossa talvolta chiamata "cuore dello scorpione" a causa della sua posizione nella costellazione dello Scorpione, ha ricevuto il proprio nome perché si riteneva che avesse un colore simile a quello di Marte. Nella mitologia greca Marte, il dio romano della guerra, è chiamato Ares, e il nome Antares deriva da *anti-Ares*, il rivale di Ares. Aldebaran, la stella arancione di tipo K nella costellazione del Toro, è nota come "occhio del toro", probabilmente sia per il suo colore che per la sua posizione. Esistono anche altri esempi simili.

Tra tutte le caratteristiche stellari osservabili, quella che diverrà più importante per voi come variabilisti sarà ovviamente il fatto che alcune stelle variano in luminosità sufficientemente perché possiate misurare il fenomeno. Come abbiamo discusso in precedenza, la variabilità può essere una conseguenza della struttura fisica della stella, oppure del modo in cui due o più stelle bloccano la luce che riceviamo dal sistema. A una prima analisi potrebbe sembrare che classificare semplicemente le stelle variabili in base al meccanismo responsabile della loro variabilità sia il metodo migliore e più facile. Pare certamente sensato pensare che poche siano le possibili cause della variabilità, quindi esploreremo questa idea nel seguito di questo capitolo.

È interessante il fatto che alcune stelle possano persino essere state denominate in conseguenza della loro variabilità. Algol, la brillante stella bianco-bluastra nella costellazione del Perseo, prende il suo nome dall'arabo "testa del diavolo". Altre denominazioni della stella sono "testa della medusa", "occhio della medusa" e "stella Demonio". Probabilmente gli antichi hanno chiamato così questa stella perché le sue variazioni luminose suggerivano qualcosa di mostruoso o malefico. Qualunque ne sia la ragione, i nomi degli astri forniscono informazioni interessanti e dettagliate sul passato dell'umanità. In quelle notti in cui osservare è impossibile a causa di nubi o vento, potete ancora esplorare l'Universo con le osservazioni e le interpretazioni degli antichi astronomi.

Tutte le stelle, anche quelle con nomi propri o designate con lettere greche, sono indicate anche con codici numerici nei cataloghi moderni. Sembra che esistano tanti cataloghi quante sono le stelle da inserirvi; esaminandoli troverete nomi come SAO, HD, HR, HIP e GCVS, solo per citarne alcuni. Esse permettono agli astronomi di identificare un astro univocamente, benché si possa trovare la stessa stella in più cataloghi. Per esempio, la stella brillante di magnitudine 2,8 Zubenelgenubi, nella costellazione della Bilancia, è indicata come SAO 158840 nel catalogo dello Smithsonian Astrophysical Observatory; nell catalogo Henry Draper è identificata come HD 130841, in quello Hipparcos come HIP 72622: ci si riferisce sempre allo stesso oggetto.

Anche le variabili hanno il loro catalogo, chiamato *Combined General Catalog of Variable Stars* (GCVS). Per le stelle che sembrano variabili ma non sono state sufficientemente studiate, esiste il New Catalog of Suspected Variable Stars (NSV). Zubenelgenubi si trova in questo catalogo, designata come NSV 06827.

Percorrendo il cammino intrapreso da quelle anime tenaci note come variabilisti, acquisterete familiarità con i vari cataloghi stellari, specialmente GCVS e NSV. I nomi delle variabili, le loro posizioni e le loro affascinanti proprietà saranno per voi di primario interesse.

Quando si arriva a classificare le stelle variabili, quegli esperti sono ben consapevoli delle difficoltà incontrate nel costruire un catalogo preciso e coerente delle varie classi e tipologie. Già nel 1880 l'astronomo Edward Pickering fece uno dei primi tentativi di classificare le variabili. Nel suo schema originale distinse cinque categorie di variabili: 1) novae, 2) variabili di lungo periodo, 3) variabili irregolari, 4) variabili di breve periodo e 5) variabili a eclisse. Come il tempo ha infine rivelato, questo sistema aveva delle inesat-

tezze e che con l'aumentare del numero di variabili osservate diventarono sempre più evidenti. In seguito, all'inizio
del ventesimo secolo, Henry Norris Russell tentò una nuova classificazione. Anche nel suo sistema esistevano cinque
classi di variabili: 1) novae, 2) variabili di lungo periodo, 3)
variabili irregolari, 4) Cefeidi e 5) variabili a eclisse. Di
nuovo, lo schema si dimostrò imperfetto. Questi primi sistemi di classificazione erano destinati a fallire, in parte
perché non si sapeva che le pulsazioni stellari sono un
meccanismo di variabilità. Gli astronomi avevano bisogno
di una buona teoria che descrivesse l'origine dell'energia
stellare prima di poter iniziare a comprendere bene i fenomeni di variabilità.

Intorno al 1925, supportati dalle grandi scoperte nel
campo della fisica nucleare avvenute nei primi anni del secolo, gli scienziati cominciarono a capire il funzionamento
interno delle stelle. In particolare, due scoperte più recenti
li aiutarono a collocare le variabili nell'ambito delle loro
nuove teorie sull'evoluzione stellare: l'applicazione della fisica nucleare ai meccanismi di produzione dell'energia
stellare e lo sviluppo di sofisticate tecniche di calcolo. Con
quest'ultima espressione ci riferiamo qui alle avanzate me-
todologie matematiche usate dagli assistenti ai quali era solitamente richiesto di effettuare la complessa e lunga analisi matematica. Questi assistenti, generalmente donne con
elevata specializzazione in matematica, erano appunto
chiamati "calcolatori".

Con la diffusione della teoria atomica, gli astronomi ar-
rivarono a spiegare la fonte dell'energia stellare, e a sviluppare la classificazione delle variabili. Tuttavia si presenta-
rono ancora problemi via via che il numero e la varietà di
queste stelle continuava a crescere, e i ricercatori lottarono
per anni tentando di includerle in poche classi, univoche e
ben definite, che descrivessero adeguatamente le moltissime caratteristiche introdotte con l'aumento del numero di
oggetti.

Infine, nel 1960 fu pubblicato il primo schema di classificazione, stabilito rigidamente secondo le indicazioni
dell'Unione Astronomica Internazionale emerse a Mosca
due anni prima. Questo sistema è stato spesso rivisto ed
esteso nei quarant'anni successivi. Al suo centro vi sono i
dati del GCVS, che rappresentano anche una fondamentale e autorevole fonte di informazioni sulle classificazioni
più recenti, contenendo più di 36.000 stelle classificate. Il
supplemento del catalogo, la ben nota *Name List of
Variable Stars* (NL), viene pubblicato regolarmente
sull'*Information Bulletin on Variable Stars* (IBVS). Inoltre,
il *New Catalog of Suspected Variable Stars* (NSV) contiene
dati su oltre 15.000 nuovi oggetti variabili privi di designa-

zione. Gli astrofili che utilizzano questi due cataloghi devono comprendere che non si tratta di semplici elenchi di oggetti, ma che essi sono fondati su una valutazione critica dei dati. Presentano comunque delle inesattezze.

Se tutto ciò appare un po' complicato, considerate questi commenti presenti in un articolo scritto nel 1978 da Cecilia Payne-Gaposchin, del Center for Astrophysics, intitolato "Lo sviluppo della nostra conoscenza delle stelle variabili": "La classificazione delle stelle variabili ha subito un cambiamento che ricorda il superamento del sistema di Linneo da parte del moderno sistema di classificazione botanica". Persino gli astronomi professionisti possono trovare talvolta un po' complicati alcuni aspetti della classificazione delle variabili.

Durante la vostra esplorazione acquisterete certamente familiarità con questi archivi, e noterete presto che quasi ogni catalogo o articolo di rassegna appena pubblicato introduce nuove classi o sottoclassi di stelle variabili. Gli osservatori sono ben consapevoli di questi continui cambiamenti e capiscono che si tratta di un processo inevitabile che, pur contribuendo a fare chiarezza sulle molte classi di variabili, può anche generare confusione perché occasionalmente il sistema diventa anche meno coerente. Non è insolito trovare la stessa stella elencata in classi diverse di variabili, o assistere nel tempo al trasferimento di un oggetto da una classe a un'altra e poi nuovamente alla prima. Questi cambiamenti riflettono le dinamiche della ricerca: essi sono dovuti non solo alle tecniche di osservazione sempre più sofisticate, ma anche al sempre maggiore periodo di tempo durante il quale vengono acquisiti dati osservativi.

Un'altra caratteristica dei sistemi di classificazione pubblicati è la notevole imprecisione con cui vengono definite alcune classi. Il GCVS elenca varie sottoclassi in cui le variabili sono caratterizzate dalla nota "poco studiata". Alla fine, questo si tradurrà in un migliore raffinamento e alla definizione di nuove classi e sottoclassi, ma per ora può generare confusione. Per esempio, solo negli ultimi anni abbiamo visto evolvere diverse nuove classi di variabili, come le stelle Ap in rapida oscillazione, le stelle B che pulsano lentamente, quelle di tipo *gamma* Doradus, le RPHS e le EP. Queste categorie contengono variabili che solo recentemente sono state ufficialmente riconosciute, e stanno per essere stilate nuove classi di variabili, come le stelle di tipo *lambda* Bootis, le TOAD e le Maia. Alcune di queste potenziali nuove categorie falliranno probabilmente sul nascere, ma il processo continua.

In molti casi le effettive classi di variabili non hanno confini netti. La distinzione tra esse è insita nel criterio utilizzato per la classificazione stessa: se si tratta di qualcosa che può essere stimato empiricamente, come il tipo spettrale, allora si possono definire confini precisi, ma se il parametro è una quantità fisica, per esempio la massa, ne deriva una qualche incertezza: questo accade non solo perché la massa viene calcolata in base ad altre osservazioni, ciascuna con il proprio margine di errore, ma anche perché essa può assumere valori su una scala continua che non è suddivisa chiaramente o definita nettamente.

Tradizionalmente le stelle variabili sono distinte in due famiglie principali: variabili intrinseche ed estrinseche. Le prime variano in seguito a processi fisici interni, le seconde in conseguenza di processi esterni, come la rotazione. Le variabili a eclisse e quelle rotanti fanno parte di quest'ultima categoria. Tra le variabili intrinseche vi sono quelle pulsanti, quelle eruttive e quelle esplosive: queste ultime, insieme alle variabili simbiotiche, sono gli oggetti con meccanismi intrinseci più difficili da classificare.

Nei capitoli successivi una classe di variabili verrà sempre indicata con il nome esteso o abbreviato, per esempio oggetti di tipo W UMa o W Ursae Majoris. Per le singole stelle verrà utilizzata – ove presente – la notazione GCVS abbreviata, per esempio R And (una variabile a lungo periodo di tipo Mira); quando non è disponibile una designazione GCVS, verrà usato il nome della stella contenuto in un catalogo noto, come SAO o HD.

Nel resto di questo capitolo saranno discussi gli schemi di classificazione del GCVS e per ciascuno verrà indicato se questo libro segue tale sistema o meno. In quest'ultimo caso, non si tratta di un tentativo di suggerire cambiamenti nella classificazione, ma piuttosto di facilitare la comprensione di una certa categoria nel suo insieme, oppure di includere in un certo gruppo variabili non ancora riconosciute ufficialmente dal GCVS.

Attualmente l'Unione Astronomica Internazionale è responsabile dell'assegnazione della denominazione di tali astri. I nomi vengono attribuiti seguendo l'ordine in cui vengono scoperte le variabili di ciascuna costellazione. Se viene rivelata la variabilità di una stella che possiede già un nome (rappresentato da una lettera greca) all'interno della costellazione, non le viene attribuita altra denominazione: un esempio è rappresentato da *alfa* Scorpii, conosciuta anche come Antares. Altrimenti, alla prima variabile scoperta nella costellazione si assegna la lettera R, alla seconda S e così via fino alla lettera Z (la ragione di questa insolita sequenza verrà spiegata tra breve).

Dopo la Z si ritorna alla lettera R iniziando con denominazioni a lettera doppia, cosicché la variabile successiva viene chiamata RR, quella seguente RS e così via fino a RZ.

Poi si ricomincia passando da SS a SZ, e così via fino a ZZ. A questo punto si riparte dall'inizio dell'alfabeto con AA, AB e così via fino a QZ. Questo sistema, dove la lettera J viene sempre omessa, può attribuire 334 nomi. In alcune costellazioni tuttavia vi sono così tante variabili da rendere necessaria un'ulteriore nomenclatura: la variabile successiva a QZ viene quindi chiamata V335, la seguente V336 ecc. Tali codici vengono sempre combinati con il genitivo latino del nome della costellazione, come accade con le lettere greche, per identificare univocamente gli oggetti. Alcuni esempi sono SS Cygni (SS Cyg), AZ Ursae Majoris (AZ UMa) e V338 Cephei (V338 Cep).

Fu Friedrich Argelander a stabilire questo schema di nomenclatura, iniziando con la R maiuscola per due motivi: il primo è che le lettere minuscole e la prima parte dell'alfabeto in maiuscolo erano già stati usati per altre denominazioni, mentre le maiuscole verso la fine dell'alfabeto erano quasi inutilizzate. Egli riteneva inoltre che la variabilità stellare fosse un fenomeno raro e che quindi non sarebbero state scoperte più di 9 variabili in ciascuna costellazione. La lettera J viene sempre omessa: il motivo è talvolta considerato misterioso, perso negli annali polverosi della storia astronomica, ma in realtà ciò viene fatto semplicemente per evitare di confondere I e J.

L'American Association of Variable Star Observers (AAVSO) usa un secondo sistema, numerico, di designazione. Quest'ultimo, che prende il nome dell'Harvard College Observatory, dove è stato utilizzato per la prima volta, è costituito semplicemente dalle coordinate approssimate della stella per l'anno 1900, espresse con 6 numeri e un segno: le prime 4 cifre indicano l'ascensione retta in ore e minuti, le ultime 2 la declinazione in gradi, preceduta dal segno. La denominazione 0942+11 per R Leonis, per esempio, indica una posizione approssimata di 09h 42m di ascensione retta e +11° di declinazione per l'anno 1900.

La classificazione delle stelle variabili

Come state iniziando a capire, esiste una miriade di tipi di variabili, ma generalmente possono tutte essere incluse in poche classi ragionevolmente ben definite, cioè le sei categorie descritte nel Capitolo 1. Naturalmente in futuro verranno inevitabilmente suggerite nuove classi di oggetti, e alcune stelle cambieranno gruppo di appartenenza. Forse le vostre osservazioni saranno responsabili di alcuni di

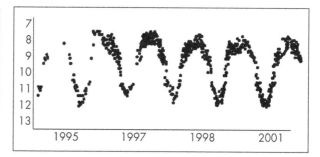

Figura 2.2.
La curva di luce della variabile di tipo Mira T Cas, che mostra una variazione periodica di luminosità. Dati forniti da VSNET. Utilizzati dietro autorizzazione.

questi cambiamenti. Sicuramente qualche variazione sarà avvenuta anche nel breve arco di tempo trascorso dalla pubblicazione di questo libro.

In questo contesto, mi rendo conto che alcuni astronomi riterrebbero che nello schema seguente una stella o due siano state classificate erroneamente, specialmente quelle non riconosciute ufficialmente nel GCVS. La mia umile intenzione è mantenere il più semplice possibile la nostra analisi delle categorie principali senza violare la nomenclatura attualmente accettata e tenendo in considerazione i criteri dinamici con cui le variabili sono valutate, denominate e classificate. Detto ciò, comprendo pienamente che un'interessante discussione, condotta altrove, sulla corretta classificazione di alcuni di questi oggetti potrebbe essere considerata divertente, forse persino necessaria.

Mantenendo il sistema di classificazione il più semplice possibile, dovrebbe essere un po' più facile imparare le caratteristiche delle numerose categorie di variabili; comunque, come precauzione nei confronti di aspettative poco realistiche, vi rimando alla citazione di Kahlil Gibran all'inizio del capitolo. Fortunatamente le sei categorie principali di variabili sono fondate su proprietà ovvie della stella o su caratteristiche come la forma (o *morfologia*) della curva di luce prodotta riportando in grafico la variazione temporale della magnitudine dell'astro. Nel seguito analizzeremo da vicino queste caratteristiche (Figure 2.2 e 2.3).

Figura 2.3.
La curva di luce della variabile di tipo RCB SV Sge, che non mostra una variazione strettamente periodica di luminosità. Dati forniti da VSNET. Utilizzati dietro autorizzazione.

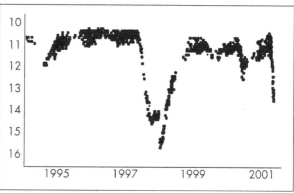

Voglio citare le *curve di luce* subito e spiegarle dopo[2] perché si tratta di un termine descrittivo che useremo nel corso del libro. La curva di luce è il grafico bidimensionale[3] della luminosità di una stella variabile che cambia nel tempo, analogo a quello delle variazioni di temperatura da una stagione all'altra o dell'aumento o diminuzione delle quotazioni in borsa. L'aspetto impressionante delle curve di luce è che possono essere diagnostiche. In altre parole, in alcuni casi la morfologia (forma) della curva di luce di una variabile è sufficiente per determinare il tipo di stella che l'ha prodotta. Siate consapevoli che questo non è il caso di ogni stella variabile e di ogni curva di luce. Queste ultime sono in gran parte ambigue e bisogna essere molto esperti per capire il tipo di stella o sistema stellare che può generarle. Nel seguito ne considereremo struttura, costruzione e analisi. Adesso è tempo di esaminare le sei categorie principali di stelle variabili.

Nei sei capitoli che seguono discuteremo le variabili eruttive, pulsanti, cataclismiche e rotanti, i sistemi binari a eclisse e le sorgenti X otticamente variabili, utilizzando come guida il *Combined General Catalog of Variable Stars*. All'inizio di ogni capitolo troverete la descrizione testuale di ciascuna classe tratta direttamente dal catalogo. Verrà poi fornita una breve introduzione a ciascun sottogruppo, seguita da una tabella che ne elenca i nomi (ufficiali o meno) e da una descrizione più dettagliata. Vengono anche spiegati nomi e definizioni antichi o usati raramente. Quando ci si riferisce al GCVS, a meno che non sia esplicitamente indicato il contrario, si intende il *Combined General Catalog of Variable Stars* che include le liste di nomi da 63 a 75.

Sul margine accanto alla discussione di ogni gruppo di variabili si trova una legenda ("Caratteristiche in breve") per le osservazioni, che per ciascuna classe indica genericamente i valori tipici di luminosità, ampiezza di variazione e periodo, oltre alla migliore tecnica osservativa. Quando in una classe sono presenti molte stelle più brillanti della magnitudine 10,0 l'indicazione sarà "Stelle brillanti". Quando le variazioni di luminosità sono solitamente inferiori alla magnitudine 1,0 l'indicazione sarà "Piccole ampiezze". Quando i periodi misurati sono tipicamente superiori a un giorno (24h) l'indicazione sarà "Lunghi periodi". Vale ovviamente il viceversa. Infine, il metodo migliore per osservare gli oggetti di una certa classe potrà essere visuale, CCD o fotometrico fotoelettrico FF (queste ultime due tecniche verranno illustrate nel Capitolo 12). In molti casi

---

[2]Le curve di luce verranno discusse estesamente nel Capitolo 13.
[3]Le curve di luce vengono tracciate con punti sparsi o linee. Nel seguito ne costruiremo alcune.

qualunque metodo andrà bene, in altri una tecnica può risultare migliore per un certo scopo, per esempio rivelare una supernova o un'esplosione su una nova nana, e un'altra per misurare per esempio piccole variazioni di luminosità. In ogni caso, le legende devono essere intese solo come guide rapide.

Quando si descrive la luminosità di una stella, ci si riferisce solitamente a una misura della luce visibile; essa può essere indicata con il simbolo "V". Per esempio, la stella variabile KU And ha un'ampiezza di variazione che va da 6,5 a 10,5 magnitudini V. Gli astronomi misurano la luminosità degli oggetti in diverse regioni dello spettro utilizzando varie bande di colori, tra cui quelle nell'ultravioletto (U), nel blu (B), nel visuale (V), nel rosso (R) e nell'infrarosso (I). Se non specificato altrimenti, si assume che la banda a cui le misure si riferiscono è la V.

CAPITOLO 3

Le variabili eruttive

> Le variabili eruttive sono stelle la cui luminosità cambia in seguito a brillamenti e fenomeni violenti che avvengono nelle loro cromosfere[1] e nelle loro corone[2]. Le variazioni sono solitamente associate a eventi che si verificano nel guscio esterno o a perdite di massa sotto forma di venti stellari di intensità variabile, e/o a interazioni con il mezzo interstellare circostante.
>
> *GCVS*

Il *General Catalog of Variable Stars* contiene oltre 3900 variabili eruttive, più di 550 delle quali sono classificate come "incerte" all'interno delle varie categorie. Queste ultime vengono identificate mediante il simbolo ":" che segue il codice della tipologia di variabile (per esempio, FU: o RCB:), a indicare che non esistono informazioni sufficienti per stabilirne con precisione la natura, e che per farlo è necessario acquisire e analizzare dati aggiuntivi.

Osservando le proprietà specifiche dei vari tipi di oggetti presenti in questa categoria di variabili, la singolare classificazione delle eruttive è probabilmente la più contorta. Non esiste infatti un unico meccanismo responsabile delle caratteristiche eruzioni che avvengono su queste stelle. A differenza delle variabili pulsanti, a eclisse o rotanti, per cui la variabilità mostrata da ogni gruppo è attribuibile a un unico meccanismo, per quanto genericamente definito e certamente complesso, la variabilità

---

[1] Lo strato di gas al di sopra del bordo visibile (fotosfera) di una stella, in cui si osservano brillamenti e protuberanze.
[2] La rarefatta atmosfera esterna di una stella.

delle eruttive ha origini poco definite e peculiari. Persino le variabili cataclismiche, in cui molti e diversi processi originano il comportamento osservato, sono perlomeno tutte… cataclismiche! Qui invece, tanto per fare un esempio, gli oggetti di tipo FU Orionis sono variabili perché rilasciano energia gravitazionale, quelli di tipo *gamma* Cassiopeiae a causa di un involucro caldo o di una nube che circonda la stella, quelli di tipo R Coronae Borealis sono sia eruttivi che pulsanti, in quelli di tipo RS Canum Venaticorum esiste attività cromosferica, quelli di tipo UV Ceti mostrano brillamenti e quelli di tipo Wolf-Rayet, forse lo stadio finale delle stelle S Dor, perdono enormi quantità di massa che viene espulsa nello spazio.

Per quanto le variabili eruttive, nel loro complesso, non ricevano dagli astrofili lo stesso livello di attenzione che è tipicamente dedicato alle pulsanti, alle cataclismiche e alle binarie a eclisse, troverete in questa classe molti oggetti interessanti. Per diversi di essi la sfida di osservare variabili con una piccola ampiezza di variazione è solitamente gratificante. Questo tipo di studio richiede naturalmente l'uso di tecniche fotometriche, come quelle CCD o FF (fotomoltiplicatore fotoelettrico), ma l'aspetto positivo è che in alcuni casi è possibile osservare uno o più cicli completi in una sola serata. L'interesse amatoriale nei confronti di varie categorie di oggetti di questo tipo è in crescita.

Le stelle B[e] sono state riconosciute ufficialmente nel 1989 (IBVS 3323) per distinguerle da quelle (a esse associate, e simili) di tipo *gamma* Cassiopeiae (GCAS). Le prime sono quasi universalmente considerate di tipo spettrale O6-B9, classe di luminosità III-V, con periodi di variazione molto inferiori a un giorno e solitamente ampiezze limitate a pochi punti percentuali. Normalmente, per osservarle bene si ritengono necessari strumenti come i CCD o i fotometri.

Le variabili di tipo *FU Orionis* (FU Ori) sono talvolta chiamate *variabili di Orione, variabili della popolazione di Orione* o *variabili nebulari*, perché molte di esse sono in qualche modo associate a nebulosità. Sono stelle di tipo T Tauri in un dato stadio della loro evoluzione, e si ritiene che le esplosioni siano causate da instabilità nel disco di accrescimento (si veda il Capitolo 5, "Le variabili cataclismiche", per una descrizione dei dischi di accrescimento). Questi oggetti sono in gran parte deboli, persino al picco di brillantezza, ma in molti casi gli improvvisi aumenti di luminosità (brillamenti) possono essere osservati visualmente.

Le stelle di tipo *gamma* Cassiopeiae sono talvolta state

denominate *gamma* Eridani. Esse ruotano rapidamente, sono di classe di luminosità III o IV e tipo spettrale B, con ampiezze che possono raggiungere 1,5 magnitudini nella banda V. Gli oggetti B[e] sono spesso definiti come *gamma* Cas se variano periodicamente. Le tecniche osservative ottimali sono analoghe a quelle per le B[e], ma distinguere tra questi due tipi simili di variabili può risultare difficile e richiede uno sforzo aggiuntivo.

Le *variabili irregolari* mostrano varie e interessanti caratteristiche, che però possono rapidamente portare a una certa confusione, per cui ho suddiviso questa estesa classe di oggetti (solo nell'ambito di questo libro) in tre sottoclassi separate, per poterle studiare più facilmente: variabili irregolari (I, IA e IB), variabili di Orione (IN, INA, INB, INT e IN (YY)) e variabili irregolari rapide (IS, ISA e ISB).

Il gruppo delle *variabili irregolari* nel suo complesso è generalmente poco studiato e include molte stelle che probabilmente sarebbero più propriamente classificate in una delle altre principali categorie di variabili se esistessero informazioni sufficienti per farlo. Questa sottoclasse di oggetti potrebbe diventare un'eccellente "arena" per gli astrofili che volessero condurre una vera ricerca fornendo un contributo effettivo e prezioso, dato che molti di essi sono classificati erroneamente. Programmi osservativi rigorosi, ben pianificati e a lungo termine possono rivelare scoperte interessanti nascoste in questo insieme di oggetti.

Le *variabili di Orione* sono in qualche modo associate alla nebulosità: sono infatti solitamente all'interno o vicino a una nebulosa. Il nome deriva dal fatto che molte si trovano nei pressi della nebulosa di Orione. Altre nebulose ben note che contengono oggetti di questo tipo sono le nebulose Cono (NGC 2264), Fiamma (NGC 2024), Pellicano (IC 5070) e Trifida (M20).

Le *variabili irregolari rapide* sono simili a quelle di Orione, ma non sono manifestamente associate a nebulose. Di crescente interesse per gli astrofili, devono essere identificate con attenzione poiché non esiste un confine netto tra questi oggetti e le variabili di Orione.

Le stelle di tipo *R Coronae Borealis* formano un piccolo gruppo di oggetti, forse di soli 30 membri effettivi attualmente noti. Essi rimangono vicini alla luminosità di picco per lunghi periodi, ma a intervalli irregolari subiscono spettacolari cali di brillantezza (fino a 9 magnitudini in V). Possono essere necessari da uno a tre anni perché la stella raggiunga nuovamente il massimo. Queste variabili sono sempre molto seguite e vanno considerate un eccellente gruppo di oggetti da studiare, a causa dell'evidente diminuzione di luminosità, delle grandi ampiezze e della relativa brillantezza.

Le stelle di tipo *RS Canum Venaticorum* possono generare confusione, perché la loro classificazione compare due volte nel *GCVS*, all'interno di due delle categorie principali.

La prima è quella delle variabili eruttive e la discuteremo adesso, per quanto possa essere fuorviante, dato che il meccanismo responsabile della variabilità è in effetti la modulazione rotazionale, con la luminosità superficiale che varia in seguito alla distribuzione disomogenea di zone fredde sulla superficie della stella. Gli oggetti di tipo RS CVn non sembrano tuttavia un sottogruppo di variabili rotanti.

La seconda è quella dei sistemi binari stretti a eclisse: la classificazione in questa categoria è basata sulle caratteristiche fisiche delle due stelle; ne parleremo durante la discussione di tali sistemi.

Gli oggetti di tipo *S Doradus*, talvolta chiamati *variabili di Hubble-Sandage*, fanno parte di un gruppo di stelle chiamate comunemente "variabili blu luminose" (LBV – *luminous blue variable*) benché non siano necessariamente blu, dato che il fenomeno non è limitato a stelle dei primi tipi spettrali. Questi oggetti massicci e luminosi subiscono enormi perdite di massa seguite da periodi di quiescenza.

Gli oggetti di tipo *UV Ceti*, chiamati anche *stelle a flare*, o *stelle a brillamento*, sono nane di tardo tipo spettrale che si illuminano improvvisamente a intervalli irregolari. Questi fenomeni sono simili ai brillamenti solari, ma le energie coinvolte sono molto maggiori.

Le stelle di *Wolf-Rayet* (WR) sono astri caldi molto luminosi di popolazione I con temperature fra 30 e 50 mila gradi, noti per il loro elevato tasso di perdita di massa, circa 10^{-5} M_S/anno (0,00001 masse solari all'anno). Le stelle WR rappresentano un'importante fase evolutiva attraverso cui passano tutte le stelle di massa superiore a un certo valore di soglia, quando si spostano dalla Sequenza Principale alle fasi conclusive della loro vita.

Nella Tabella 3.1 sono elencate le varie categorie di variabili eruttive, con la definizione ufficiale (o più utilizzata) e una breve descrizione.

Tabella 3.1. Le variabili eruttive elencate per tipo, in ordine alfabetico.

Tipo di variabile	Denominazione (e sottoclassi)		
Be	**Be**	Stelle a emissione di tipo B	
FU Orionis	**FU**	Stelle giovani di tipo T Tauri	
Gamma Cassiopeiae	**GCAS**	Stelle B[e] periodiche (talvolta chiamate stelle gamma Eri)	
Gamma Eridani		Vecchio nome usato per le stelle gamma Cas	
Variabili irregolari	**I** (quattro sottoclassi)		
	IA	Variabili I dei primi tipi spettrali	
	IB	Variabili I di tipo spettrale medio-tardo	
		IN	variabili di Orione (quattro sottoclassi)
		INA	variabili IN dei primi tipi spettrali
		INB	variabili IN di tipo spettrale medio-tardo
		INT	stelle di tipo T Tauri
		IN(YY)	variabili IN con accrescimento di materia
	IS	variabili irregolari rapide (due sottoclassi)	
		ISA	variabili IS dei primi tipi spettrali
		ISB	variabili IS di tipo spettrale medio-tardo
R Coronae Borealis	**RCB**	Variabili eruttive e pulsanti	
RS Canum Venaticorum	**RS**	Binarie strette con emissioni del Ca II (calcio ionizzato)	
S Doradus	**SDOR**	Variabili blu luminose (LBV),	
		o variabili di Hubble-Sandage	
UV Ceti	**UV** (due sottoclassi)		
		UV	stelle dei tipi spettrali KV–MV,
			con brillamenti dell'ordine dei minuti
		UVN	variabili di Orione a brillamenti di tipo UV
Wolf-Rayet	**WR**	Stelle molto calde che perdono enormi quantità di	
		materia	

Be (stelle B[e])

Caratteristiche in breve

 Stelle brillanti

 Piccole ampiezze

 Brevi periodi

 CCD o FF

– Diventa sempre più chiaro che, benché la maggioranza delle stelle B[e] sia variabile fotometricamente, non tutte possono essere chiamate propriamente variabili GCAS. Un certo numero di esse mostra variazioni su piccola scala non necessariamente correlate a eventi nel guscio; in alcuni casi le variazioni sono quasi-periodiche. Per ora non siamo in grado di presentare un sistema elaborato di classificazione per le variabili Be, ma stabiliamo che nei casi in cui una variabile Be non può essere certamente descritta come stella GCAS daremo un generico Be come tipo di variabile. **GCVS**

Le stelle B[e] sono spesso state chiamate *gamma* Cas[3] o persino *gamma* Eri[4], per quanto le variabili *gamma* Cas siano un gruppo distinto di variabili riconosciute nel GCVS e vadano considerate come una classe separata. La

[3]Variabili di tipo *gamma* Cassiopeiae, la brillante stella di tipo B0IV.
[4]Variabili di tipo *gamma* Eridani, la brillante stella di tipo M1IIIb.

distinzione precisa tra questi due simili gruppi di oggetti richiede pazienza e attenzione. Il nome *gamma* Eri non è più utilizzato.

Nel GCVS troverete più di 220 stelle B[e], insieme a circa 50 oggetti definiti come incerti (B[e]:). Alcuni di essi sono sotto monitoraggio da parte di vari progetti a lungo termine nei quali viene incoraggiata la partecipazione amatoriale (per esempio da John Percy della AAVSO).

Le stelle B[e] sono divenute interessanti dopo l'avvento dello spettrografo. Un interessante fenomeno che si verifica negli spettri di queste stelle è che sia le righe di emissione che quelle del guscio possono sparire completamente, e quando questo avviene, una stella B[e] è indistinguibile da una normale stella B. Per ragioni ignote, gli spettri possono tornare normali magari diversi anni dopo.

La variabilità a lungo termine di questi oggetti non è strettamente periodica, benché possa essere ciclica: questo significa che la variabilità si ripete, ma non in modo totalmente prevedibile. Per capire la natura dei cambiamenti di queste stelle è necessario osservarne pazientemente un gran numero nel corso di molti anni, ed è consigliata una buona strumentazione.

FU (stelle FU Orionis)

– Queste variabili sono caratterizzate da aumenti graduali della luminosità di circa 6 magnitudini in vari mesi, seguiti da un lento declino di 1 o 2 magnitudini, oppure dalla permanenza quasi costante al massimo per lunghi periodi di tempo. I tipi spettrali al massimo di luce sono nell'intervallo Aea-Gpea. Dopo un'esplosione si osserva lo sviluppo graduale di uno spettro di emissione e il tipo spettrale diventa più avanzato. Questi oggetti segnano probabilmente uno degli stadi evolutivi delle variabili di Orione di tipo T Tauri (INT), come evidenziato dall'eruzione di uno dei membri della famiglia, la V1057 Cyg, il cui declino (2,5 magnitudini in 11 anni) iniziò immediatamente dopo il raggiungimento del picco di luminosità. Tutte le variabili FU Ori note al momento sono associate a nebulose a riflessione. **GCVS**

Gli oggetti di tipo FU Orionis sono stelle di pre-Sequenza Principale, formatesi recentemente dal mezzo interstellare, che non hanno ancora raggiunto una temperatura centrale sufficientemente elevata da innescare le

Caratteristiche in breve

★ Stelle brillanti
▦ Grandi ampiezze
 Lunghi periodi
 Visuale

Figura 3.1.
Immagine di FU Ori tratta dalla *Digitized Sky Survey*.

reazioni nucleari nella regione centrale. In conseguenza della loro giovane età, tali stelle nel periodo della loro formazione rilasciano energia gravitazionale (Figura 3.1).

Gli astri di pre-Sequenza sono solitamente classificati come variabili eruttive, e nel GCVS vengono suddivisi in molti sottogruppi che includono le stelle FU Ori. Questa classificazione, basata esclusivamente sulle proprietà fotometriche morfologiche (curve di luce), è tuttavia ambigua e di valore limitato.

Nel GCVS si trovano solo una decina di questi oggetti, di cui sei classificati come incerti (FU:). Il prototipo della classe, FU Orionis, è una stella interessante con un intervallo di luminosità da 16,5 a 9,6 magnitudini. Al massimo, questa variabile è ben visibile con un binocolo o con un piccolo telescopio.

GCAS (stelle *gamma Cassiopeiae*)

Caratteristiche in breve

 Stelle brillanti
 Piccole ampiezze
 Brevi periodi
Ⓔ CCD o FF

– Questi oggetti sono stelle B III-IVe in rapida rotazione che perdono massa dalle regioni equatoriali. La formazione di anelli o di dischi equatoriali è spesso accompagnata da un temporaneo declino di luce. Le ampiezze delle variazioni possono raggiungere 1,5 magnitudini in V. **GCVS**

Gamma Cas è stata la prima stella in cui è stato osservato (nel 1866[5]) il fenomeno B[e], ossia l'apparizione a un certo momento di una riga di emissione nello spettro.

---

[5]Da Pietro Angelo Secchi (1818-78), gesuita e astrofisico italiano.

Figura 3.2.
Immagine artistica di una variabile GCAS che mostra il disco di materia intorno alla stella. *Copyright: Gerry A. Good.*

La riga ha origine dal gas caldo di un anello, di un guscio o di una nube equatoriale che circonda la stella. Gli oggetti B[e] non dovrebbero essere confusi o scambiati con le stelle *gamma* Cas, per cui si deve prestare attenzione nel discriminare tra le due tipologie, cosa non facile.

La differenza tra le stelle B[e] e le *gamma* Cas riguarda essenzialmente l'origine della variabilità, attribuita per le *gamma* Cas a eventi nel guscio o nel disco circostante (Figura 3.2) e non associata necessariamente a fenomeni simili per le B[e], le cui variazioni sono talvolta quasi-periodiche. L'involucro di materiale espulso produce nelle stelle *gamma* Cas una connotazione spettrale di tipo P Cygni che è la caratteristica tipica di un guscio circumstellare.

Tale caratteristica, una riga spettrale con una componente in emissione spostata verso il rosso e con una o più componenti in assorbimento spostate verso il blu, è originata da uno o più involucri di gas in espansione che circondano la stella, e prende il nome dal primo oggetto in cui questo particolare tratto spettrale è stato osservato. L'intensità dell'emissione P Cygni varia inversamente al tasso di perdita di massa della stella. Rivelarla per effettuare una distinzione tra le due tipologie di variabili è impossibile per gran parte degli astrofili: quindi nel compilare una lista di oggetti da osservare è necessaria una ricerca in letteratura. Siate avvertiti anticipatamente che non esiste un elaborato sistema di classificazione per le variabili B[e]: quando uno di tali oggetti non può essere immediatamente descritto come variabile *gamma* Cas, viene semplicemente classificato come B[e]. Ponete quindi particolare attenzione allo studio dei singoli oggetti, poiché la loro classificazione può cambiare al momento in cui si rendono disponibili nuovi dati.

Queste variabili possono essere interessanti da osservare, ma richiedono un paziente impegno a lungo termine se volete ricavarne dati di qualche valore. Come per le stelle B[e], le *gamma* Cas stanno ricevendo un interesse crescente da parte degli astrofili. Nel GCVS se ne trovano circa 160.

I (variabili irregolari)

Caratteristiche in breve

 Stelle di vario tipo
 Ampiezze varie
 Periodi vari
Visuale, CCD o FF

– Variabili irregolari poco studiate con proprietà ignote della variabilità luminosa e del tipo spettrale. Si tratta di un gruppo molto disomogeneo di oggetti. **IA** *(sottotipo) - Variabili irregolari poco studiate dei primi tipi spettrali (O-A).* **IB** *(sottotipo) – Variabili irregolari poco studiate di tipo spettrale medio (F-G) o tardo (K-M).* **GCVS**

Nel GCVS si trovano circa 1700 variabili irregolari, una grande miscellanea di oggetti con una varietà di classificazioni spettrali, classi di luminosità e proprietà fisiche. Come indicato nella descrizione ufficiale, si tratta di "un gruppo molto disomogeneo di oggetti". Per un astrofilo è un terreno eccellente in cui andare a cercare stelle interessanti. Gran parte degli oggetti richiederà una buona strumentazione, ma un certo numero è osservabile visualmente.

Questo è tipicamente un gruppo di stelle poco studiate. Pochi astronomi hanno trovato il tempo di farlo, quindi avete l'opportunità di realizzare scoperte interessanti. Per lo stesso motivo, comunque, incontrerete qualche difficoltà nel trovare notizie rilevanti in letteratura. Nella gran parte dei casi non esistono molti dati, e spesso la sola informazione disponibile è che la stella è stata identificata in un *Information Bulletin* o in una *Name List*. Sarete essenzialmente soli, ma può essere affascinante per un amatore avventuroso cercare le sfide che si svolgono lontano dai sentieri battuti. Se decidete di studiare questi oggetti, controllate attentamente il vostro lavoro e procedete con la dovuta cura per la precisione.

Un buon modo per cominciare a studiare una di queste stelle è determinarne in primo luogo la brillantezza. Accertatevi di poter effettivamente osservare l'oggetto con la vostra strumentazione, poiché molti di questi og-

getti sono deboli. Tra quelli classificati come "I", gran
parte non supera la magnitudine 13! La buona notizia è
che più di 20 non diventano più deboli di così, e risultano quindi alla portata di molti telescopi utilizzati dagli
astrofili. Sette di queste stelle hanno ampiezze pari o superiori a una magnitudine, e sono quindi osservabili visualmente. Naturalmente, può essere difficile individuare delle stelle di confronto.

In secondo luogo, cercate il tipo spettrale della stella a
cui siete interessati. In alcuni casi non è noto, ma spesso
potete trovarlo con una piccola ricerca. Esso può suggerire alcune caratteristiche fisiche che vi aiuteranno nella
vostra analisi. Per esempio, la variabile V398 Aur è stata
classificata come irregolare incerta (I:) nel catalogo *The
72nd Name List of Variable Stars*. Il suo tipo spettrale è
F0V (Sequenza Principale, tipo avanzato) e sulla base di
questo, come constaterete, la stella cade nella fascia di
instabilità delle Cefeidi[6] del diagramma HR. Essa rappre-
senterebbe certamente un buon candidato, almeno in
senso statistico, per una variabilità a pulsazione.

IN (variabili di Orione)

*– Variabili eruttive irregolari associate a nebulose diffuse
oscure o luminose, oppure osservate nei dintorni di tali nebulose. Alcune possono mostrare variazioni cicliche di luce
causate dalla rotazione assiale. Nel diagramma spettro-lu-
minosità si trovano nella zona della Sequenza Principale e
delle subgiganti. Si tratta probabilmente di oggetti giovani
che nel corso dell'evoluzione successiva diventeranno stelle
di luminosità stabile sulla Sequenza Principale di età zero
(ZAMS – Zero Age Main Sequence). Le ampiezze di variazione possono raggiungere diverse magnitudini. Nel caso in
cui vengano osservati cambiamenti rapidi (fino a una magnitudine in 1-10 giorni), al simbolo del tipo viene aggiunta
la lettera "S" (INS). Questa classe può essere suddivisa nelle
seguenti sottoclassi: INA (sottotipo) – Variabili di Orione
dei primi tipi spettrali (B-A o Ae), caratterizzate da sporadici e improvvisi declini di tipo Algol. INB (sottotipo)
–Variabili di Orione di tipo spettrale medio o tardo (F-M o
Fe-Me). Le stelle di tipo F possono mostrare declini di luce
di tipo Algol simili a quelli delle variabili INA; le stelle K-M
possono produrre brillamenti e variazioni irregolari. INT
(sottotipo) – Variabili di Orione di tipo T Tauri.*

**Caratteristiche
in breve**

★ Stelle deboli
 Ampiezze varie
 Brevi periodi
◉ Visuale, CCD o FF

---

[6]Si veda il Capitolo 4, "Variabili pulsanti", per una discussione sulla fascia di instabilità delle Cefeidi

Le stelle vengono assegnate a questa classe sulla base dei seguenti criteri, puramente spettroscopici: i tipi spettrali sono nell'intervallo Fe-Me; gli spettri sono tipicamente simili a quello della cromosfera solare. La caratteristica specifica della classe è la presenza delle righe di emissione per fluorescenza Fe II λ4046, 4132, delle emissioni [Si II] e [O I] e della riga di assorbimento Li I λ6707. Queste variabili sono solitamente osservate solo in nebulose diffuse. Se l'associazione con una nebulosa non è evidente, la lettera "N" nel simbolo del tipo può essere omessa. IN(YY) (sottotipo) – Alcune variabili di Orione mostrano la presenza di componenti di assorbimento nella zona verso il rosso delle righe di emissione, che indica la caduta di materia verso la superficie della stella. In tali casi, il simbolo per il tipo può essere accompagnato dal simbolo "YY". GCVS

Tra tutti quelli delle variabili irregolari, questo gruppo è probabilmente il più interessante da osservare visualmente, perché queste stelle si trovano all'interno o vicino a nebulose. Esplorare una nebulosa in cerca di stelle variabili può essere affascinante di per sé, dato che si tratta di oggetti spettacolari. Fermarsi per "ammirare il paesaggio" durante il vostro viaggio alla ricerca di variabili è qualcosa che non dovreste perdere.

L'approccio osservativo consigliato è simile a quello per le altre variabili irregolari: in altre parole, controllate attentamente l'eventuale comparsa di brillamenti irregolari e siate pronti a confrontare la stella con un gruppo di astri di paragone preselezionato.

IS (variabili irregolari rapide)

Caratteristiche in breve

 Stelle deboli

Ampiezze varie

 Brevi periodi

 Visuale, CCD o FF

– Variabili irregolari rapide senza un'evidente associazione a nebulose diffuse e con variazioni luminose di circa 0,5-1,0 magnitudini per diverse ore o giorni. Non esiste un confine netto tra le irregolari rapide e le variabili di Orione. Se una stella irregolare rapida viene osservata nella regione di una nebulosa diffusa, viene considerata una variabile di Orione e designata con il simbolo INS. Per attribuire una variabile alla classe IS è necessario essere sicuri che le variazioni luminose siano realmente non periodiche. Taluni oggetti assegnati a questa categoria nella terza edizione del GCVS si sono poi rivelati sistemi binari a eclisse, variabili RR Lyrae e persino oggetti extragalattici di tipo BL Lac. ISA (sottotipo) - Variabili irrego-

*lari rapide dei primi tipi spettrali (B-A o Ae). **ISB** (sottotipo) – Variabili irregolari rapide di tipo spettrale medio o
tardo (F-M o Fe-Me).* **GCVS**

In generale, si tratta di un altro gruppo di stelle con
duplici proprietà, costruite probabilmente dall'Universo
con l'intento di mettere alla prova le nostre capacità osservative. Nel GCVS si trovano circa 230 variabili irregolari rapide, tra quelle dei primi tipi spettrali (ISA) e quelle dei tipi medio-avanzati (ISB) (si veda la Figura 3.3).

Queste stelle sono in gran parte deboli, ma comunque
alla portata di telescopi medio-grandi. Alcune sono visibili anche con binocoli o piccoli telescopi. Come per il
gruppo nel suo insieme, sono disponibili poche informazioni sui singoli oggetti individuali, ma anziché vedere
questo fatto come un ostacolo, dovreste considerarlo
una possibilità eccellente per condurre qualche ricerca
originale, magari destinata a sfociare in una migliore
comprensione e opportuna classificazione di stelle poco
studiate.

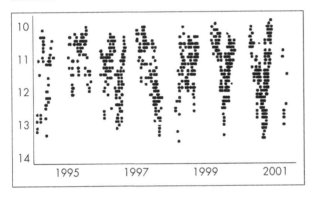

Figura 3.3.
Curva di luce della
variabile di tipo IN-
SA RR Tau. Dati
forniti da VSNET.
Utilizzati dietro au-
torizzazione.

Per esempio, la CV Dra è stata scoperta come variabile a breve periodo nel 1960, ma non sono stati dati ulteriori dettagli. Nel 1961 la stella è stata nuovamente osservata, ma senza alcuna evidente conferma della
periodicità delle variazioni, per cui è stata classificata come variabile irregolare rapida. Nella quarta edizione del
GCVS è elencata come una delle rapide irregolari più
brillanti. Nel 1988, tuttavia, dopo studi ulteriori, è stato
stabilito che si tratta probabilmente di una binaria a
eclisse di tipo W UMa.

RCB (stelle R Coronae Borealis)

Caratteristiche in breve

 Stelle brillanti

 Grandi ampiezze

Lunghi periodi

Visuale

– Si tratta di stelle molto luminose, povere di idrogeno e ricche di elio e carbonio, appartenenti ai tipi spettrali Bpe-R, che sono simultaneamente variabili eruttive e pulsanti. Esse mostrano declini lenti e non periodici nell'intervallo 1-9 magnitudini in V, che durano da uno o più mesi a diverse centinaia di giorni. Queste variazioni sono sovrapposte a pulsazioni cicliche con ampiezze che arrivano a diversi decimi di magnitudine e periodi compresi nell'intervallo 30-100 giorni. **GCVS**

Le variabili di tipo R Coronae Borealis sono stelle molto luminose, povere di idrogeno e ricche di elio e carbonio, appartenenti ai tipi spettrali Bpe-R, e si distinguono da altri oggetti poveri di idrogeno per i loro straordinari episodi di formazione di polveri. Queste stelle sono simultaneamente variabili eruttive e pulsanti, e presentano alcuni dei comportamenti più spettacolari tra le variabili.

Pur essendo apparentemente di piccola massa, hanno una luminosità elevata e sappiamo che a intervalli irregolari producono spesse nubi di polvere che possono oscurare completamente la fotosfera stellare. Questi cambiamenti sono sovrapposti a pulsazioni cicliche con ampiezze che arrivano a diversi decimi di magnitudine e periodi che sono compresi nell'intervallo 30-100 giorni (Figura 3.4).

È stato qui introdotto il tipo spettrale "R", quindi è necessaria una breve spiegazione. Nel sistema spettrale di Harvard questi oggetti sono noti come *stelle al carbonio*: si tratta di giganti di tardo tipo spettrale con intense

Figura 3.4.
Curva di luce della R CrB, prototipo delle variabili RCB. Dati forniti da VSNET. Utilizzati dietro autorizzazione.

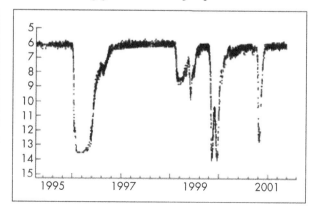

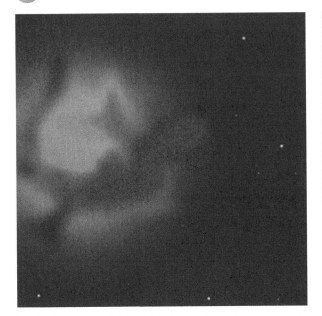

Figura 3.5.
Immagine artistica di una variabile RCB, che mostra la nube di materiale circostante responsabile dell'oscuramento della luce stellare. *Copyright: Gerry A. Good.*

bande di composti del carbonio e prive di bande di ossi-di metallici. Esistono in effetti due tipi spettrali di stelle al carbonio: il tipo R, simile a quello delle stelle G5-K0 con intense bande al carbonio, e il tipo N, in cui le bande sono ancora più intense. La principale differenza tra i due gruppi riguarda la presenza di carbonio e ossigeno. Le stelle R sono suddivise in sottotipi decimali, mentre quelle N includono i sottotipi *a*, *b* e *c*. Oggi le stelle al carbonio sono generalmente classificate come di tipo C, con le R definite come prime (più calde) stelle C e le N come tarde (più fredde) stelle C. La sequenza di temperature per le stelle al carbonio varia da circa G4 a M4 e molte sono notoriamente variabili.

Si ipotizza che gli oggetti RCB siano il prodotto di un "lampo dell'elio" finale in un guscio della stella, oppure della fusione di un sistema binario di nane bianche. Questi oggetti sono interessanti e importanti, in primo luogo perché rappresentano un raro o breve stadio dell'evoluzione stellare, e poi perché producono regolarmente grandi quantità di polveri e servono quindi da laboratorio per lo studio della formazione e dell'evoluzione di queste ultime (Figura 3.5).

Tra le stelle povere di idrogeno vi sono anche le co-siddette *extreme helium stars* (EHe) e le stelle al carbonio povere di idrogeno (HdC, da "*hydrogen-deficient carbon star*"): sono tutte supergiganti con pochissimo idrogeno nell'atmosfera, che variano dai tipi B a quelli G. Le stelle HdC si distinguono dalle RCB per l'assenza di variabilità su grande scala e di eccesso infrarosso. Quest'ultimo è un fenomeno per cui viene rivelata energia a grandi lunghezze d'onda, cioè radiazione infrarossa, a livelli maggiori di quanto possa essere spiegato semplicemente dall'emissione della stella. Generalmente si attribuisce l'eccesso di radiazione infrarossa al fatto che una certa quantità di energia a lunghezze d'onda brevi viene assorbita da qualche tipo di materiale e poi riemessa nell'infrarosso. Le stelle EHe sono invece più calde e, con l'eccezione di tre oggetti simili alle RCB, non mostrano variabilità su grande scala.

Nonostante le loro accattivanti curve di luce e il loro spettacolare comportamento, le variabili RCB sono poche: il GCVS ne elenca circa 40, con 14 incerte, ma varie altre fonti potrebbero portare il totale a 45.

RS (stelle RS Canum Venaticorum)

– Questa classe è associata a sistemi binari stretti con spettri che mostrano le righe di emissione H e K del Ca II, e intensa attività cromosferica nelle componenti che causa una variabilità quasi-periodica. Il periodo delle variazioni è vicino a quello orbitale e l'ampiezza è tipicamente dell'ordine di 0,2 magnitudini in V. Questi oggetti emettono radiazione X e sono anche variabili rotanti. RS CVn stessa è anche un sistema a eclisse. **GCVS**

Come si è detto in precedenza, la denominazione RS può generare confusione, perché appare nel GCVS due volte, in due delle categorie principali. Come gruppo sono relativamente "nuove", poiché solo nel 1976 Douglas Hall ha definito le binarie RS CVn. Esse erano note, almeno superficialmente, come una sottoclasse delle binarie a eclisse di tipo Algol, ma con insolite proprietà che le distinguevano dalle tipiche variabili Algol.

Esistono molte ipotesi sullo stato evolutivo di questi sistemi, e in particolare sul numero di stelle di pari massa nonché sulla possibilità che una sia una gigante rossa e l'altra invece vicina alla Sequenza Principale. Una tale situazione è abbastanza difficile da comprendere. Sono state suggerite varie teorie, alcune piuttosto esotiche, per spiegare la formazione di questi interessanti oggetti. Tra esse, la fissione di una stella di Sequenza Principale, la presenza di stelle ancora in uno stadio di contrazione pre-Sequenza, o di stelle singole evolute con la più massiccia che perde massa quando attraversa la cosiddetta "lacuna di Hertzsprung".

Le variabili RS, in conseguenza dei processi fisici sottostanti, possono generare confusione nelle osservazioni casuali; quindi quando si osservano questi oggetti si deve prestare molta attenzione. Queste stelle cromosfericamente attive variano in luminosità su diverse scale temporali: alcune sono periodiche, altre non lo sono strettamente, altre ancora possono essere descritte soltanto in termini di una periodicità molto lunga. Alcune binarie cromosfericamente attive, che non presentano eclissi, sono state classificate come variabili ellissoidali (si veda il Capitolo 6, "Variabili rotanti"). La variabile BH CVn è un sistema binario cromosfericamente attivo non a eclisse, che varia solo per effetti di riflessione. Questo fenomeno è descritto nel Capitolo 7, "Sistemi binari stretti a eclisse".

Poiché questi oggetti hanno "macchie" estese, la luminosità cambia mentre la stella ruota. Questa variazione è comunemente chiamata "onda" e può apparire nella curva di luce sovrapposta alla variabilità aggiuntiva che può derivare da eclissi, ellitticità o riflessione. Uno studio attento di queste stelle può produrre dati eccellenti, tra cui una misura notevolmente precisa dei periodi di rotazione. Dovreste aspettarvi curve di luce complesse, ma i periodi brevi di alcuni sistemi ne permettono l'analisi dettagliata.

SDOR (stelle S Doradus)

– Queste sono stelle eruttive molto luminose dei tipi Bpec-Fpec, che presentano variazioni irregolari, talvolta cicliche, con ampiezze nell'intervallo 1-7 magnitudini in V. Sono tra le stelle blu più brillanti delle galassie di appartenenza, e generalmente sono associate a nebulose diffuse e circondate da gusci in espansione. **GCVS**

Caratteristiche in breve

★ Stelle brillanti
▦ Grandi ampiezze
◭ Periodi vari
◉ Visuale, CCD o FF

Le stelle S Dor, talvolta chiamate *stelle di Hubble-Sandage* o *variabili blu luminose*, rappresentano un'aggiunta relativamente recente nel GCVS: sono state riconosciute ufficialmente il 31 marzo 2000, quando sono state descritte nell'*IBVS* 4870, *The 75th Name List of Variable Stars*, benché le loro eruzioni siano note e osservate da secoli. Probabilmente la più nota di esse è *eta* Carinae, visibile dall'emisfero meridionale.

Tra il 1600 e il 1800 gli astronomi hanno sporadicamente stimato *eta* Carinae come stella di seconda o quarta magnitudine. L'astro ha manifestamente variato la propria luminosità, oscillando tra questi due valori, fino alla fine degli anni '30 del XIX secolo, quando è divenuta una delle stelle più brillanti del cielo, ed è rimasta tale per quasi vent'anni. John Herschel l'ha definita "variabile in modo discontinuo" e ha descritto i suoi "aumenti e declini improvvisi" mentre la luminosità variava tra le magnitudini +1 e −1. La stella è infine scesa alla magnitudine 8 quando l'eruzione è finita e si è formata una nube di polvere circumstellare. Attualmente è sull'orlo di un collasso catastrofico ed è quindi controllata attentamente da astronomi di tutto il mondo.

UV (stelle UV Ceti)

Caratteristiche in breve

★ Stelle deboli
 Ampiezze varie
 Rapide esplosioni
👁 Visuale, CCD o FF

– Queste sono stelle dei tipi K Ve–M Ve, che presentano talvolta attività di brillamento con ampiezze che vanno da alcuni decimi di magnitudine fino a 6 magnitudini in V. L'ampiezza è notevolmente maggiore nella regione ultravioletta dello spettro. Il picco viene raggiunto alcuni secondi, o dozzine di secondi, dopo l'inizio del brillamento, e la stella torna alla luminosità normale in alcuni minuti o dozzine di minuti. **UVN** *(sottotipo) – Variabili di Orione a brillamento dei tipi spettrali Ke-Me. Fenomenologicamente esse sono quasi identiche alle variabili UV Cet osservate nelle vicinanze del Sole. Oltre a essere associate a nebulose, queste stelle sono normalmente caratterizzate dall'appartenenza a tipi spettrali anteriori e dalla maggiore luminosità, con uno sviluppo più lento dei brillamenti. Sono forse una sottoclasse specifica delle variabili INB, con variazioni irregolari sovrapposte a brillamenti.* **GCVS**

Le variabili UV Ceti, note anche come "stelle a brillamento", sono nane di tardo tipo spettrale che si illuminano improvvisamente a intervalli temporali irregolari. Il loro tipo spettrale è K o M, ma sono in gran parte stelle M[e], che presentano cioè righe di emissione nello spettro. Durante un brillamento l'aumento di luminosità dell'astro può superare le 6 magnitudini. È interessante il fatto che l'ampiezza dei brillamenti aumenta a lunghezze d'onda inferiori, che cioè è maggiore nella banda U rispetto a quella V.

Gli intervalli di tempo tra eventi consecutivi possono variare molto, ma solitamente vanno da alcune ore ad alcuni giorni. Naturalmente esistono delle eccezioni. Questi brillamenti sono in linea di principio fenomeni dello stesso tipo di quelli solari, ma con energie coinvolte molto superiori (Figura 3.6).

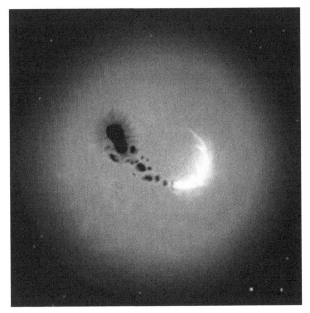

Figura 3.6.
Immagine artistica
di una variabile UV
Ceti, che mostra un
luminoso brillamen-
to in eruzione sulla
s u p e r f i c i e .
*Copyright: Gerry
A. Good.*

Gli studiosi di questa classe di oggetti devono essere preparati a condurre lunghe osservazioni con l'intenzione di catturare un breve brillamento, o forse più di uno, nel corso di una serata. Poiché tali eventi possono raggiungere il massimo in alcuni secondi, all'osservatore sono richieste attenzione e pazienza. Affinché i dati abbiano un certo valore, i tempi e la valutazione della luminosità del brillamento devono essere molto precisi.

WR
(stelle di Wolf-Rayet)

– Stelle con larghe bande di emissione di He I e H II, come pure di C II–C IV, O II–O IV e N II–N V. Esse presentano variazioni irregolari con ampiezze fino a 0,1 magnitudini in V, causate probabilmente da processi fisici quali l'espulsione instabile di massa dall'atmosfera. **GCVS**

Le stelle di Wolf-Rayet (WR), che prendono il nome dagli astronomi francesi che le hanno scoperte nel 1867, Charles Wolf e Georges Rayet, sono strane quanto le variabili blu luminose. Si tratta di supergiganti calde e brillanti con temperature confrontabili con quelle delle normali stelle O. Non possono tuttavia essere effettivamente inserite in questa classe spettrale, a causa dei loro spettri peculia-

**Caratteristiche
in breve**

★ Stelle brillanti
▦ Piccole ampiezze
 Periodi vari
◉ CCD o FF

ri che mostrano solo righe di emissione, e pochissima o nessuna evidenza del più comune degli elementi, l'idrogeno.

Le luminosità variano da circa 100 mila a un milione di volte quella solare, al limite o vicina a quelle delle LBV. Considerate rare – ne esistono probabilmente solo un migliaio circa nella nostra Galassia – sono perlomeno più comuni delle LBV. *Gamma-2* Velorum, uno degli astri più brillanti del cielo, che splende a 1,8 magnitudini, è una stella doppia che include una gigante O e una stella WR. Ancora come le LBV, le stelle di Wolf-Rayet perdono massa a ritmi elevati, da un decimillesimo a un centomillesimo circa di massa solare per anno, e l'elemento dominante non è l'idrogeno ma l'elio.

Nel GCVS si trovano attualmente circa 20 stelle WR, suddivise in due tipi: quelle ricche di azoto (WN) e quelle ricche di carbonio (WC). Le prime contengono piccole quantità di idrogeno, benché il rapporto tra idrogeno ed elio sia invertito rispetto allo standard: nelle stelle normali la quantità di idrogeno è dieci volte superiore a quella di elio, mentre nelle WN è tipicamente presente 3-10 volte più elio che idrogeno. Mentre il carbonio e l'ossigeno sono praticamente assenti, le stelle WN contengono fino a dieci volte più azoto rispetto all'elio, e ancora di più rispetto all'idrogeno.

CAPITOLO 4

Le variabili pulsanti

Le variabili pulsanti sono stelle che vanno soggette a espansioni e contrazioni periodiche degli strati superficiali. Le pulsazioni possono essere radiali o non radiali. Una stella che pulsa radialmente rimane di forma sferica, mentre nel caso di pulsazioni non radiali la forma dell'astro devia periodicamente dalla sfera, e persino zone che sono contigue in superficie possono avere fasi di pulsazione opposte.

GCVS

Tra tutte le variabili quelle pulsanti, e specialmente gli oggetti di tipo Mira (M) e semiregolari (SR), sono probabilmente le più osservate dagli astrofili. Questo fatto si spiega facilmente considerando che nel GCVS sono catalogate ben oltre 22 mila variabili pulsanti e che nella Via Lattea ne esistono probabilmente vari milioni. In ogni caso, anche solo quelle catalogate ci terrebbero occupati per molte vite. Oltre alla possibilità di scegliere tra molti oggetti, la notevole ampiezza delle variazioni di molte di queste variabili le rende obiettivi eccellenti per l'osservazione visuale.

Il fatto che si ritiene esistano solo alcuni milioni di stelle pulsanti su diverse centinaia di miliardi di stelle nella nostra Galassia ci fa capire che la pulsazione dovrebbe essere un fenomeno relativamente breve nella vita della maggioranza degli astri. Apparentemente, quindi, si tratta di un evento insolito e per questo affascinante. Un esame più attento mostra che le posizioni di molte variabili pulsanti sul diagramma HR sono certamente interessanti.

Come discusso in precedenza, la maggioranza delle stelle spende una consistente frazione della sua vita sulla Sequenza Principale. Le variabili pulsanti invece occupano in gran parte una stretta *fascia di instabilità*, quasi verticale, nella zona a destra del diagramma HR. Quando le stelle della Sequenza Principale iniziano a evolvere, uscendo verso destra dalla Sequenza, alcune entrano in questa fascia di instabilità e iniziano a pulsare. Ricordate che questa non è la sola zona di instabilità del diagramma, ma solo la più estesa. Ne discuteremo altre in seguito, quando parleremo dei vari tipi di variabili pulsanti. Naturalmente i tempi-scala dell'evoluzione stellare sono troppo lunghi perché si possano osservare l'inizio e la fine della fase pulsante di una singola stella; sono però stati osservati alcuni oggetti nella fase finale di questo interessante stadio evolutivo[1].

Esistono diversi tipi di pulsazione: la *pulsazione radiale*, che si verifica quando la stella si espande e si contrae ugualmente in ogni direzione, come se respirasse, e quella *non radiale*, di cui parleremo tra breve.

Le pulsazioni sono provocate da onde sonore interne alla stella. Potete stimarne la durata approssimativa determinando il tempo necessario a un'onda sonora per attraversare il diametro di una stella-modello. Tuttavia, una delle fonti di errore è il valore poco realistico dei parametri del modello. Solitamente la stella-modello viene immaginata con un dato raggio e con densità costante: sappiamo che quest'ultima ipotesi non è realistica, ma approssimazioni come questa sono necessarie e rappresentano gli strumenti di lavoro degli astrofisici. Se state cercando una matita e una calcolatrice, lasciate che vi avverta che la capacità di tenere conto delle innumerevoli condizioni dinamiche in continuo cambiamento, di piccola o grande entità, all'interno di una stella è al di là della potenza di calcolo dei più avanzati computer attuali. Si può tuttavia dimostrare che il periodo di pulsazione di una stella è inversamente proporzionale alla radice quadrata della sua *densità media*. La *relazione periodo-densità media* spiega la diminuzione del periodo di pulsazione quando si scende lungo la fascia di instabilità passando dalle rarefatte supergiganti alle densissime nane bianche[2]. Pensate a questo per un attimo: il suono viaggia più velocemente nell'atmosfera o, per esempio, sott'acqua? Quale mezzo è più denso? Ovviamente le onde sonore sono più rapide nell'acqua, più densa, proprio come lo sono nelle

---

[1]La Stella Polare (*alfa* UMi), una classica variabile Cefeide, ha mostrato una netta riduzione delle proprie oscillazioni negli ultimi anni.
[2]Le nane bianche pulsanti vanno soggette a oscillazioni non radiali, e i loro periodi sono maggiori di quanto predetto dalla relazione periodo-densità media.

stelle più dense che in quelle più rarefatte, e la maggiore velocità implica periodi più brevi.

Gran parte delle classiche stelle Cefeidi e W Virginis pulsano in quello che viene chiamato *modo fondamentale*, come pure fanno probabilmente le variabili a lungo periodo (LPV – *long period variables*). In questo caso, il gas della stella si muove nella stessa direzione, verso l'interno o verso l'esterno, in ogni punto dell'oggetto. Le variabili RR Lyrae, invece, pulsano o nel modo fondamentale o sulla *prima armonica*; taluni oggetti anche in ambedue i modi. Nel caso della prima armonica, esiste un singolo nodo tra il centro e la superficie della stella che definisce il punto in cui i gas si muovono in versi opposti di qua e di là del nodo stesso. Il reale modo di pulsazione delle LPV è oggetto di notevole dibattito.

Come spiegato brevemente nel primo capitolo, quando il nucleo di una stella viene compresso, la sua temperatura cresce, facendo aumentare il rilascio di energia termonucleare. Questo processo di produzione di energia, chiamato *meccanismo epsilon*, avviene nelle zone più interne di una stella. È forse qui che si originano le pulsazioni?

No, non è qui, come vedremo. Quando il fenomeno di pulsazione venne studiato per la prima volta, si riteneva che avesse origine nei vari strati della stella al di sopra del nucleo, e quindi il meccanismo epsilon non ne era considerato responsabile. Sir Arthur Eddington suggerì invece che le stelle pulsanti fossero sorgenti di calore termodinamiche. Egli sosteneva che il gas dei vari strati di una stella pulsante compiono lavoro durante l'espansione e la contrazione. Conseguentemente, il lavoro netto eseguito da ciascuno strato durante un ciclo è la differenza tra il calore che fluisce nel gas dello strato e quello che ne fuoriesce. Perché l'efficienza sia massima, il calore deve entrare nel gas durante la fase più calda del ciclo e uscirne nella fase più fredda; in altre parole, gli strati in movimento di una stella pulsante devono assorbire calore approssimativamente nei momenti di massima compressione.

Dopo molte riflessioni, Eddington suggerì un'insolita soluzione che coinvolge quello che chiamò *meccanismo a valvola*. A suo avviso, se uno strato interno della stella diventasse più opaco in seguito alla compressione, potrebbe "trattenere" l'energia che fluisce verso la superficie e tale energia spingerebbe quindi verso l'esterno gli strati superiori dell'astro. Questi diverrebbero allora più trasparenti consentendo al calore intrappolato di fuoriuscire, dopodiché si riabbasserebbero per ricominciare il ciclo. Con le parole di Eddington stesso, "affinché il meccanismo funzioni dobbiamo ipotizzare che la stella trattenga maggiormente il calore quando è compressa: l'opacità deve cioè aumentare con la compressione".

Il meccanismo a valvole di Eddington può funzionare bene solo in particolari strati della stella, in cui il gas è parzialmente ionizzato: in queste *regioni a ionizzazione parziale* una frazione del lavoro fatto sul gas quando viene compresso produce un'ulteriore ionizzazione invece di aumentarne la temperatura (la ionizzazione aumenta l'opacità, non la temperatura!). L'energia che fuoriesce viene intrappolata dalle zone di ionizzazione e la densità di queste ultime aumenta.

Quando questi strati di materia vengono spinti verso l'esterno dall'aumentata pressione, la loro densità inizia a diminuire e gli ioni cominciano a ricombinarsi liberando energia; per questo motivo, la temperatura non può calare di molto. L'aspetto importante è che l'opacità del gas diminuisce insieme alla densità durante l'espansione. Questi strati della stella assorbono calore durante la compressione, poi vengono spinti verso l'esterno per rilasciare il calore durante l'espansione e infine ricadono nuovamente in basso per iniziare un altro ciclo. Gli astronomi chiamano *meccanismo kappa* questo processo fondato sull'opacità.

In alcuni casi, gli strati superficiali delle stelle non si muovono uniformemente verso l'interno e l'esterno, e mostrano invece un più complesso tipo di *pulsazione non radiale*, in cui alcune regioni della superficie si espandono mentre altre si contraggono. In questo caso le onde sonore possono propagarsi anche orizzontalmente, e non solo radialmente; esistono cioè onde che viaggiano intorno alla stella. Ci si riferisce a queste particolari oscillazioni non radiali parlando di *modo p*, poiché la pressione è responsabile della compressione e dell'espansione.

Nelle stelle che presentano pulsazioni non radiali, il materiale dell'astro non si muove soltanto verso l'interno e l'esterno, come se la stella stesse respirando, ma è anche scosso avanti e indietro. Questo movimento (che non può avvenire nelle stelle con moti puramente radiali) produce anche un'altra classe di oscillazioni non radiali dette di *modo g* e generate da onde di gravità interne. Ovviamente queste ultime non hanno un analogo radiale, e si trovano solo negli oggetti con pulsazioni non radiali.

Come state iniziando a capire, il fenomeno della pulsazione è complesso e interessante e si può imparare molto dallo studio delle stelle pulsanti. Per esempio, i moti del *modo g* appena citato coinvolgono materiale stellare molto interno, mentre i moti del *modo p* sono confinati alle regioni superficiali. Per questo motivo, i primi consentono agli astronomi di esplorare il cuore della stella. Cosa altrettanto importante, i moti del *modo p* permettono invece di analizzare lo stato turbolento degli strati superficiali. Le pulsazioni possono naturalmente fare comprendere molto più di questo, ma siamo solo all'inizio. Con una comprensione di base del fenomeno, analizziamo adesso le stelle pulsanti.

Gli oggetti di tipo *53 Persei* sono stelle calde dei tipi O e B, solitamente classificate come pulsanti non radialmente, con periodi inferiori a un giorno. Non sono riconosciute ufficialmente nel GCVS.

Gli oggetti di tipo *alfa Cygni* sono supergiganti pulsanti che vanno dal tipo spettrale O al tipo F. Esse mostrano occasionalmente una variabilità tipica di altre classi di variabili, e possono quindi essere confuse con altri tipi.

Gli oggetti di tipo *beta Cephei* (chiamati in passato *beta Canis Majoris*) sono normali stelle giganti dei primi tipi B, con brevi periodi che vanno da 1 a 7 ore. Si trovano sulla *fascia di instabilità delle beta Cephei*, una piccola regione situata in alto a destra nel diagramma HR.

Gli oggetti di tipo *BL Boo* sono noti anche come *Cefeidi anomale*, perché non rispettano la relazione periodo-luminosità delle Cefeidi classiche o di quelle presenti negli ammassi globulari.

In passato è stata utilizzata per le Cefeidi una varietà di denominazioni, e dovete quindi fare attenzione nel consultare la vecchia letteratura. Troverete le Cefeidi dei caratteristici tipi spettrali F, G o K e classe di luminosità Ib–II, e le Cefeidi di tipo II, note come *stelle W Virginis* ma chiamate in passato stelle RRd. Sono generalmente riconosciute come analoghi di piccola massa delle Cefeidi classiche. Infine, scoprirete che le *delta Cefeidi* sono note anche come Cefeidi classiche o di tipo I.

Le variabili Cefeidi come gruppo sono interessanti, ma dovete stare attenti nello studiarle: la curva di luce di una stella pulsante dipende dalla massa, dalla struttura e dalla composizione chimica. Quando si tenta di classificarle può essere difficile distinguere le Cefeidi di tipo I (classiche), da quelle di tipo II (W Vir) o dalle anomale (BL Boo); per farlo avrete bisogno di pazienza e attenzione ai dettagli durante le osservazioni.

Gli oggetti di tipo *delta Scuti* sono stelle a rapida pulsazione e piccola ampiezza che vannodal tipo spettrale A ai primi tipi F; i periodi vanno da 30 minuti a 8 ore. Questi oggetti possono arrivare a pulsare in 23 modi diversi.

Gli oggetti di tipo *gamma Doradus* sono stelle nane

dei primi tipi F con periodi brevi che vanno da qualche ora a poco più di un giorno. Sono divenuti ufficialmente una classe di variabili del GCVS nel marzo 2000.

Le *variabili irregolari lente* sono tipicamente oggetti poco studiati: si ritiene che molti siano classificati erroneamente e possano in effetti essere variabili semiregolari. Ne troverete due sottoclassi basate sul tipo di luminosità (*giganti* e *supergiganti*).

Gli oggetti di tipo *gamma Bootis* non sono elencati nel GCVS, ma sono riconosciuti come stelle pulsanti povere di metalli, di popolazione I e tipo A.

Gli oggetti di tipo *Mira* sono un gruppo di variabili molto popolare tra gli astrofili; sono noti anche come *variabili a lungo periodo* (LPV) e identificati con giganti di tardo tipo spettrale. Hanno grandi ampiezze, fino a 11 magnitudini.

Gli oggetti di tipo *Maia* sono variabili previste teoricamente, ma mai osservate.

Le *variabili mid-B*, introdotte nel 1985, vengono tipicamente identificate con stelle B3-B8 di classe di luminosità III-V, con periodi approssimati da 1 a 3 giorni e ampiezze di pochi centesimi di magnitudine.

Gli oggetti di tipo *PV Telescopii* sono supergiganti all'elio con periodi inferiori a un giorno e ampiezze dell'ordine del decimo di magnitudine.

Le *variabili RPHS*, una nuova classe riconosciuta ufficialmente nel 2001, sono subnane calde pulsanti precedentemente note come stelle EC 14026.

Gli oggetti di tipo *RR Lyrae* sono stelle A-F con rapide pulsazioni radiali, le cui ampiezze vanno da 0,2 a 2 magnitudini. Anche questo gruppo è molto studiato dagli astrofili. Ne esistono tre sottotipi, identificati dalla forma delle curve di luce.

Gli oggetti di tipo *RV Tauri* sono supergiganti con pulsazioni radiali di classe spettrale F-M, caratterizzate da curve di luce con doppie onde che alternano minimi primari e secondari. Ne esistono due sottotipi, identificati dalla magnitudine media.

Le *variabili semiregolari* (SR) sono simili alle stelle Mira, ma hanno generalmente ampiezze inferiori e periodi più brevi. Non mancano però eccezioni: alcune variabili SR hanno periodi lunghi e grandi ampiezze. Ne esistono cinque sottotipi, identificati dal tipo spettrale e dalla classe di luminosità, che mostrano diverse ampiezze e periodicità.

Gli oggetti di tipo *SX Phoenicis* sono simili alle *delta* Scuti, ma con ampiezze maggiori.

Gli oggetti di tipo *UU Herculis, non* riconosciuti nel *GCVS*, rappresentano forse una fase di transizione tra le fasi evolutive di giganti asintotiche e nane bianche. UU Her, il prototipo, sembra alternare pulsazioni nel modo fondamentale e nella prima armonica.

Gli oggetti di tipo *ZZ Ceti* sono nane bianche con pulsazioni non radiali, periodi molto brevi e ampiezze che raggiungono le 0,2 magnitudini. Ne esistono tre sottotipi, identificati dagli spettri. Le classificazioni GCVS sono elencate nella Tabella 4.1.

53 PER (stelle 53 Persei)

Caratteristiche in breve

★ Stelle brillanti
 Piccole ampiezze
Brevi periodi
👁 CCD o FF

- Stelle pulsanti non radialmente nel modo g, di tipo spettrale O9-B5, che mostrano variazioni nel profilo delle righe con periodi che vanno da 0,16 a 2,1 giorni. **Non riconosciute nel GCVS**

Le stelle 53 Persei circondano la zona di instabilità delle *beta* Cephei sul diagramma HR, con tipi spettrali che variano da O9 a B5. È stato suggerito di aggiungere questo gruppo a quello delle variabili *mid*-B, ma alla fine è stato deciso di tenerle separate e di classificare queste ultime come "stelle B lentamente pulsanti".

La definizione di variabili 53 Persei è stata introdotta nel 1979 per le stelle O9-B5 che mostrano variabilità con periodi dell'ordine di 24 ore, troppo lunghi e troppo instabili per essere associati con la variabilità di tipo *beta* Cephei. Alla fine, questi oggetti sono stati classificati come stelle con pulsazioni non radiali, cosicché risulta impossibile associarle con le variabili *beta* Cephei, che pulsano radialmente (Figura 4.1).

Anche se si sospetta da molto tempo che si tratti di oggetti con pulsazioni non radiali, solo di recente si è iniziato a comprendere l'instabilità della pulsazione nelle stelle di tipo B. In particolare, gli ultimi studi stanno cominciando a mostrare come essa dipenda da dettagli fini associati con le opacità dei metalli (gli astronomi chiamano "metalli" tutti gli elementi più pesanti dell'elio).

È stato suggerito anche che le stelle B[e], variabili periodicamente, possano essere semplicemente oggetti 53 Per in rapida rotazione. Questa ipotesi è comunque generalmente considerata sbagliata, perché gli oggetti 53 Per e B[e] sono distinti dal punto di vista osservativo. Gran parte delle variabili B[e] ha inoltre tipi spettrali al di fuori del dominio di instabilità delle stelle 53 Per.

Tutto ciò suggerisce la presenza di due diversi meccanismi di variabilità per i due gruppi: nonostante le molte incertezze, sembra assai probabile che il meccanismo *kappa*, dovuto all'opacità dei metalli, sia responsabile di

Tabella 4.1. Le variabili pulsanti elencate per tipo in ordine alfabetico.

Tipo di variabile	Denominazione (e sottoclassi)		
53 Persei	***53 Per**	Stelle O9-B5 pulsanti non radialmente	
Alfa Cygni	**ACYG**	Supergiganti pulsanti Be-Ae (a emissione)	
Beta Cep	**BCEP**	Classiche stelle *beta* Cephei	
	BCEPS	Stelle *beta* Cephei con breve periodo	
BL Boo	***BLBOO**	Cefeidi anomale	
Cefeidi	**CEP**	Stelle F Ib-II pulsanti radialmente	
	CEP(B)	Stelle pulsanti a doppio modo	
W Virginis	**CW** (due sottoclassi)		
		CWA	Popolazione II, periodo > 8 gg
		CWA	Popolazione I, periodo < 8 gg
Delta Cefeidi	**DCEP**	Classiche Cefeidi, popolazione I	
	DCEP(S)	Classiche Cefeidi, con armonica superiore	
Delta Scuti	**DSCT**	Stelle pulsanti A0-F5III/V	
	DSCTC	Stelle *delta* Scuti con piccola ampiezza	
Gamma Doradus	**GDOR**	Nane dei primi tipi F con periodi multipli	
Variabili irregolari lente	**L** (due sottoclassi)		
		LB	Giganti tarde
		LC	Supergiganti tarde
Lambda Bootis	***LBOO**	Nane "p", non magnetiche, di popolazione I e tipo A-F	
Mira	**M**	Giganti tarde a lungo periodo	
Maia		Stelle previste, ma mai osservate	
Variabili *mid*-B	***Mid–B**	Stelle B3-B6, con periodi di 1-3 giorni e ampiezze fino a 0,12 magnitudini	
PV Telescopii	**PVTEL**	Supergiganti Bp all'elio	
RPHS	**RPHS**	Subnane B calde a pulsazione molto rapida (EC 14026)	
RR Lyrae	**RR** (tre sottoclassi)		
		RR(B)	RR Lyrae pulsanti con doppio modo
		RRAB	RR Lyrae con curve di luce asimmetriche
		RRC	RR Lyrae con curve di luce simmetriche
RV Tauri	**RV** (due sottoclassi)		
		RVa	Supergiganti radialmente pulsanti con magnitudine media costante
		RVb	Supergiganti radialmente pulsanti con magnitudine media variabile
Variabili semiregolari	**SR** (cinque sottoclassi)		
		SRA	Giganti M, C, S, Me, Ce, Se con piccole ampiezze
		SRB	Giganti M, C, S, Me, Ce, Se con periodi poco definiti
		SRC	Supergiganti M, C, S, Me, Ce, Se
		SRD	Giganti, supergiganti F, G e K
		SRS	Giganti rosse pulsanti semiregolari con brevi periodi
SX Phoenicis	**SXPHE**	Subnane pulsanti di popolazione II	
UU Herculis	***UUHer**	Supergiganti F di alta latitudine	
ZZ Ceti	**ZZ** (tre sottoclassi)		
		ZZA	Nane bianche pulsanti all'idrogeno
		ZZB	Nane bianche pulsanti all'elio
		ZZO	Righe di assorbimento di He II e C IV

* Denominazione trovata in letteratura, ma non riconosciuta nel GCVS.

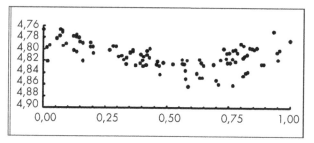

Figura 4.1. Curva di luce del prototipo delle stelle 53 Per. La fase del ciclo è indicata lungo l'asse orizzontale. Dati forniti dalla missione HIPPARCOS. Utilizzati dietro autorizzazione.

un insieme ristretto di modi g di ordine elevato e di basso grado nelle variabili 53 Persei. Non sappiamo perché vengano attivati solo modi in un limitato intervallo di periodi, né perché la rotazione li inibisca. È molto importante delimitare più precisamente la fascia degli oggetti 53 Persei cercando stelle di questo tipo negli ammassi aperti. Il semplice fatto che le stelle B[e] siano così comuni tra i sistemi a basso contenuto metallico, rispetto a quelli con un contenuto normale, è impossibile da spiegare se il meccanismo di base è lo stesso delle stelle 53 Per e *beta* Cep, a prescindere dal resto. In ogni caso, esiste ampia evidenza per giustificare l'ipotesi che le variazioni periodiche siano dovute a rotazione e pulsazione.

A causa delle loro piccole ampiezze, queste stelle sono studiate in modo ottimale con strumenti fotometrici quali CCD o fotometri.

ACYG (stelle *alfa* Cygni)

Caratteristiche in breve

 Stelle brillanti

 Piccole ampiezze

 Lunghi periodi

👁 CCD o FF

– Supergiganti con pulsazioni non radiali dei tipi spettrali Bep-AepIa. Le variazioni, con ampiezze dell'ordine di 0,1 magnitudini, sembrano spesso irregolari, essendo causate dalla sovrapposizione di molte oscillazioni con periodi vicini. Si osservano cicli che durano da alcuni giorni ad alcune settimane. **GCVS**

Le variabili *alfa* Cygni sono supergiganti luminose pulsanti dei tipi spettrali B e A. Noterete che queste stelle sono situate in alto a sinistra nel diagramma HR, dove si trovano gli oggetti caldi e relativamente giovani. La classificazione delle *alfa* Cygni adesso include anche stelle massicce O e dei tardi tipi F, poiché si è scoperto che anche questi oggetti fanno parte della stessa sequenza evolutiva stellare.

Il prototipo *alfa* Cyg (Deneb) è una stella di tipo A2Ib con ampiezza 1,21-1,29 magnitudini. Essa stessa è una supergigante calda (classe di luminosità Ib).

Poiché alcuni oggetti *alfa* Cyg presentano una variabi-

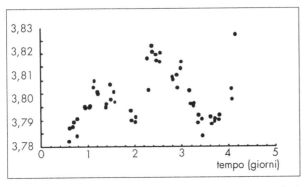

Figura 4.2. Curva di luce della variabile ACYG LT CMa. Dati forniti dalla missione HIPPARCOS. Utilizzati dietro autorizzazione.

lità tipica di quelli di altre classi, possono essere confusi con essi se i dati non vengono analizzati attentamente. Nella Figura 4.2 è mostrata la curva di luce di LT CMa, in quanto rappresentativa della classe.

Potete vedere che LT CMa produce una bella curva di luce, con aumenti e declini regolari e senza tratti particolari, ma non ci si può aspettare che tutte le stelle di questo tipo abbiano tale comportamento. Per confronto, in Figura 4.3 è riportata la curva di luce di *rho* Leo.

A differenza delle due curve di luce mostrate, quelle di alcune stelle *alfa* Cygni presentano tratti particolari o fluttuazioni casuali; per effetto di un'imperfetta periodicità, per cui la forma della curva di luce cambia da un ciclo all'altro, queste stelle sono in realtà "quasi-periodiche" o "pseudo-periodiche". In alcuni casi, inoltre, il comportamento di altre classi di variabili ricorda quello degli oggetti *alfa* Cyg. Un esempio del genere è la stella di tipo S Dor R71: durante la fase quiescente degli anni 1983-85 mostrava approssimativamente lo stesso tipo di oscillazioni ottiche delle normali variabili *alfa* Cyg. È persino stato suggerito di considerare gli oggetti S Dor come un sottogruppo delle *alfa* Cyg. Per confondere ulteriormente le cose, è stato anche proposto di classificare tutte le stelle S Dor come P Cyg, poiché al picco di luminosità tutte le righe di Balmer dell'idrogeno, alcune righe dell'elio e quelle di altri ioni mostrano profili di tipo P Cyg.

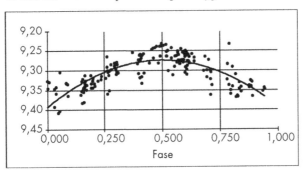

Figura 4.3. Curva di luce della variabile ACYG *rho* Leo. La fase del ciclo è indicata lungo l'asse orizzontale. Dati forniti dalla missione HIPPARCOS. Utilizzati dietro autorizzazione.

Alla luce di questa perplessità, può essere utile ricordare che le variabili *alfa* Cyg non sono: stelle B[e] o *beta* Cephei, oggetti 53 Per di piccola massa che non pulsano regolarmente, supergiganti o ipergiganti B di piccola massa, che invece sono probabilmente nebulose protoplanetarie post-AGB, o supergiganti F di piccola massa ad alta latitudine galattica (situate cioè lontano dal piano della Galassia), talvolta chiamate stelle UU Her.

In ogni caso, si tratta di variabili interessanti che meritano di essere analizzate attentamente, ma che richiedono la massima cura durante le osservazioni. A causa della loro luminosità intrinseca, può essere difficile individuare stelle di confronto adatte. A causa delle loro piccole ampiezze, questi oggetti sono probabilmente studiati meglio con una CCD o con un fotometro stellare, e non sono buoni candidati per l'osservazione visuale. Il loro studio rafforzerà però la vostra abilità nel rivelare differenze sottili in dati complessi.

BCEP (stelle *beta* Cephei)

Caratteristiche in breve

 Stelle brillanti

Piccole ampiezze

Lunghi periodi

CCD o FF

– Stelle pulsanti O8-B6 I-V con periodi di variazione di luce e velocità radiale nell'intervallo 0,1-0,6 giorni, e ampiezze di 0,01-0,3 magnitudini in V. Le curve di luce hanno forma simile alle curve medie della velocità radiale, ma sono sfasate di un quarto di periodo, cosicché il picco di luminosità corrisponde alla massima contrazione, cioè al minimo raggio stellare. La maggioranza di questi oggetti mostra probabilmente pulsazioni radiali, ma alcuni ne hanno di non radiali; la multiperiodicità è tipica di queste stelle. BCEPS (sottotipo) – Un gruppo di variabili beta Cep di breve priodo. I tipi spettrali sono B2-B3 IV-V, i periodi e le ampiezze negli intervalli 0,02-0,04 giorni e 0,015-0,025 magnitudini rispettivamente (cioè di un ordine di grandezza inferiori a quelli normalmente osservati). **GCVS**

Le variabili *beta* Cephei, talvolta chiamate *beta* Canis Maioris, sono un gruppo di giganti e subgiganti apparentemente normali dei primi tipi B, che mostrano rapide variazioni luminose. I periodi, tra 2 e 7 ore, sono troppo brevi per essere spiegati da effetti puramente geometrici quali la rotazione e/o il moto binario. Gli astronomi hanno riconosciuto che la sola interpretazione rimasta coinvolge la pulsazione stellare (Figura 4.4).

L'importanza di queste variabili per l'astrofisica teorica risiede nella difficoltà di trovare una spiegazione con-

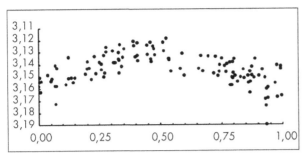

Figura 4.4.
Curva di luce del prototipo delle variabili *beta* Cephei. La fase del ciclo è indicata lungo l'asse orizzontale. Dati forniti dalla missione HIPPARCOS. Utilizzati dietro autorizzazione.

vincente per il loro comportamento pulsante, e quindi questo rimane uno dei principali problemi della teoria della pulsazione stellare.

La variabilità della velocità radiale di *beta* Cephei fu scoperta all'inizio del ventesimo secolo allo Yerkes Observatory; il periodo venne stimato in 4 ore e 34 minuti. Nel 1908 gli astronomi del Lick Observatory scoprirono che *beta* CMa presentava variazioni simili, e questo oggetto diventò il primo membro ben studiato di questa classe di variabili. Per questo motivo per vari decenni si è parlato di stelle *beta* Canis Maioris.

L'intervallo di tipi spettrali e classi di luminosità delle stelle *beta* Cep le restringe a una piccola regione del diagramma HR chiamata generalmente *fascia di instabilità delle* beta *Cephei*. Dovremmo comunque notare che anche alcune stelle B[e] si trovano in questa zona, e che alcuni oggetti classificati in una certa epoca come variabili *beta* Cep possono diventare in seguito stelle B[e]. Un esempio clamoroso è quello della stessa *beta* Cep, che nel 1990 presentava un'emissione di intensità elevata e senza precedenti al centro della riga H-alfa dall'idrogeno; viceversa, è noto un caso in cui è apparsa una pulsazione di tipo *beta* Cep in una stella B[e] molto studiata: la 27 EW CMa ha sviluppato una tale pulsazione tra il 1987 e il 1990.

A causa delle piccole ampiezze, queste stelle sono osservate meglio con gli strumenti; i loro periodi relativamente brevi consentono comunque di vedere uno o più cicli completi in una sola serata.

BLBOO (stelle BL Boo)

– *Le cosiddette "Cefeidi anomale", cioè stelle con periodi caratteristici delle variabili a periodo relativamente lungo RRAB, ma molto più brillanti (BL Boo = NGC 5466 V19).*
Non riconosciute nel GCVS

Gli astronomi che si occupano di stelle variabili hanno individuato in diverse galassie sferiche nane un gruppo di Cefeidi che non seguono né la relazione periodo-luminosità delle Cefeidi classiche, né quella delle Cefeidi presenti negli ammassi globulari, ossia delle variabili tipo BL Her, W Vir e RV Tau. Queste *Cefeidi anomale* sono state osservate anche nella Piccola Nube di Magellano, ma non ancora nella Grande Nube. L'ipotesi attuale su questi oggetti è che abbiano massa dell'ordine di 1,5 masse solari e che siano molto poveri di metalli.

Nel 1961 è stata scoperta nell'ammasso globulare NGC 5466 la variabile 19 (da qui in poi V19), che ha approssimativamente lo stesso colore delle RR Lyrae di NGC 5466, ma è anche più brillante di 1,8 magnitudini. Da questi dati si è dedotto che poteva trattarsi di una variabile di tipo W Virginis con periodo di circa 5 giorni, oppure di una stella variabile vista in primo piano e non associata a NGC 5466.

Nello stesso periodo, sulla base di altre osservazioni, si è anche sospettato che V19 fosse una binaria a eclisse con periodo variabile, il che ha condotto a includerla nel GCVS (1969) con la designazione BL Bootis. Queste prime osservazioni sono coerenti con altre più recenti, ma sia il periodo che l'interpretazione erano sbagliati.

Nel 1972 nuove osservazioni di V19 hanno portato a stimare il periodo in 0,82 giorni, e in base a ciò si è concluso che non facesse parte di NGC 5466, e che si trattasse invece di una stella di campo, in particolare di una variabile RR Lyrae del tipo di Bailey b. V19 è stata quindi inclusa nel *Third Catalogue of Variable Stars in Globular Clusters* con il numero 19.

Ma nel 1974 che si è nuovamente sospettato, in base alla sua velocità radiale, analoga a quella dell'ammasso globulare, che V19 appartenesse a NGC 5466 come un insolito tipo di variabile.

CEP (stelle Cefeidi)

– Variabili pulsanti radialmente, di alta luminosità (classi Ib-II), con periodi nell'intervallo 1-135 giorni e ampiezze che vanno da alcuni centesimi di magnitudine a 2 magnitudini in V (nella banda B sono maggiori). Al massimo il tipo spettrale è F, al minimo G-K, con periodi tanto più lunghi quanto più tardo è il tipo. Le curve della velocità radiale sono praticamente un riflesso delle curve di luce, con il massimo della velocità di espansione dello strato superficiale quasi coincidente con il picco di luminosità.
CEP(B) (sottotipo) – Cefeidi che presentano due o più modi di pulsazione operanti simultaneamente (in genere il tono fondamentale con periodo P_0 e la prima armonica

P_1). I periodi P_0 sono nell'intervallo 2-7 giorni, con il rapporto $P_1/P_0 \approx 0,71$. **GCVS**

All'inizio del 1784 erano note solo cinque stelle variabili, a parte novae e supernovae. Quattro di esse erano variabili a lungo periodo (oggetti di tipo Mira) e una era la binaria a eclisse Algol. Nel settembre di quell'anno Edward Piggot stabilì la variabilità della *eta* Aquilae, e il suo amico John Goodricke mostrò la variabilità della *beta* Lyrae, e poco dopo della *delta* Cephei.

Mentre la *beta* Lyrae è il prototipo di un'importante categoria di variabili a eclisse, sia *delta* Cep che *eta* Aql appartengono alla classe di variabili che oggi chiamiamo *Cefeidi*, con periodi di 5,4 e 7,2 giorni rispettivamente. Con ampiezze visuali di circa 0,9 magnitudini, sono abbastanza rappresentative di questo gruppo.

Per un certo periodo si è designata come Cefeide ogni stella con variazioni continue, curva di luce regolare e periodo inferiore a 35 giorni circa, a meno che non fosse riconosciuta come variabile a eclisse. Adesso sappiamo che, se definita in questo modo, la classe risulta molto eterogenea, in quanto contenente oggetti con masse di ordini diversi in stadi evolutivi diversi. Le stelle con periodo inferiore a un giorno sono ora trattate separatamente, principalmente come variabili RR Lyrae. Anche le cosiddette Cefeidi di tipo II e le stelle RV Tauri sono considerate a parte, e le loro caratteristiche distintive sono illustrate nel seguito. Le variabili rimanenti sono dette di tipo *delta* Cephei, Cefeidi di tipo I, Cefeidi classiche oppure, più spesso e semplicemente, Cefeidi. A volte le Cefeidi vengono suddivise in oggetti a periodo lungo, breve, molto breve, ultra-breve e pseudo-Cefeidi, ma questa terminologia non è stata adottata da tutti.

Le Cefeidi sono variabili strettamente periodiche con periodi che vanno da 1 a 50 giorni circa, con pochi esempi estremi che arrivano a 200 giorni. La forma generale della curva di luce varia gradualmente passando

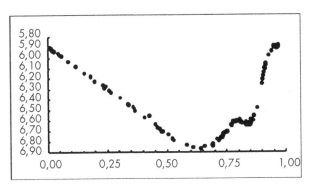

Figura 4.5.
Curva di luce della variabile CEP X Cyg. La fase del ciclo è indicata lungo l'asse orizzontale. Dati forniti dalla missione HIPPARCOS. Utilizzati dietro autorizzazione.

da oggetti con periodi brevi a oggetti con periodi via via più lunghi. Questo effetto è noto anche come *progressione di Hertzsprung*, dal nome dell'astronomo danese che lo ha studiato. Le variabili con periodi più corti hanno picchi stretti e ripidi. All'aumentare del periodo si allargano le ampiezze relative dei massimi, e con periodi dell'ordine di 8-10 giorni spesso essi appaiono doppi. Al di sotto di questi valori si osservano spesso "gobbe" sui rami discendenti. Le stelle con periodo maggiore (20-40 giorni) hanno generalmente rami ascendenti molto ripidi, ma le curve di luce delle Cefeidi con periodi molto lunghi sono più simili a sinusoidi (Figura 4.5).

All'indirizzo **http://crocus.physics.mcmaster.ca/-Cepheid/** si trova il catalogo *McMaster Cepheid Photometry and Radial Velocity Data Archive*; il sito contiene dati del catalogo sulle Cefeidi di tipo I (classiche), di tipo II (BL Her e W Vir) ed extragalattiche. Troverete anche l'archivio del *David Dunlap Observatory* di Cefeidi classiche galattiche.

CW (stelle W Virginis)

Caratteristiche in breve

 Stelle brillanti
 Ampiezze varie
Periodi vari
CCD o FF

– Queste sono variabili pulsanti appartenenti alla popolazione galattica dell'alone sferico (oppure a quella vecchia del disco), con periodi che vanno approssimativamente da 0,8 a 35 giorni e ampiezze nell'intervallo 0,3-1,2 magnitudini in V. Esse obbediscono a una relazione periodo-luminosità diversa da quella delle variabili delta Cep (DCEP): a parità di periodo, le stelle W Vir sono più deboli delle delta Cep di 0,7-2 magnitudini. Per alcuni intervalli di periodi, le curve di luce delle stelle W Vir differiscono da quelle delle delta Cep con periodi corrispondenti per le ampiezze o per la presenza di "protuberanze" sui rami discendenti, che si trasformano a volte in massimi ampi e piatti. Le variabili W Vir si trovano negli ammassi globulari e ad alte latitudini galattiche. CWA (sottotipo) – Variabili W Vir con periodi superiori a 8 giorni. CWB (sottotipo) – Variabili W Vir con periodi inferiori a 8 giorni. GCVS

Queste stelle pulsanti sono talvolta chiamate *Cefeidi di tipo II*. Si deve prestare attenzione a distinguerle dalle variabili *delta* Cep, in base ai loro periodi di 0,8-35,0 giorni e alle ampiezze, che vanno da 0,3 a 1,2 magnitudini in V. Il confronto delle loro curve di luce con quelle delle *delta* Cep è interessante: con una certa cura, durante l'analisi si possono individuare le differenze.

Quando studiate le curve di luce di questi oggetti cercate anche le gobbe sui rami discendenti, che talvolta portano a massimi ampi e piatti. Poiché queste stelle si trovano negli ammassi globulari e ad alte latitudini galattiche, potete usare anche questa informazione per discriminare tra classi diverse.

DCEP (stelle *delta* Cephei)

– Queste sono le classiche Cefeidi, o variabili delta *Cephei. Oggetti relativamente giovani che hanno abbandonato la Sequenza Principale evolvendosi nella striscia di instabilità del diagramma HR, esse obbediscono alla ben nota relazione periodo-luminosità delle Cefeidi e appartengono alla popolazione giovane del disco galattico. Le stelle DCEP sono presenti negli ammassi aperti e mostrano una certa correlazione tra la forma della curva di luce e il periodo.* DCEPS *(sottotipo) – Variabili* delta *Cep con ampiezze inferiori a 0,5 magnitudini in V (0,7 magnitudini in B) e curve di luce quasi simmetriche; solitamente i periodi non superano i 7 giorni. Si tratta probabilmente di oscillatori sulla prima armonica superiore e/o nella prima transizione attraverso la fascia di instabilità dopo avere lasciato la Sequenza Principale.*

Tradizionalmente sia le delta *Cep che le W Vir sono chiamate Cefeidi, perché spesso è impossibile discriminare tra i due gruppi sulla base delle curve di luce per periodi nell'intervallo di 3-10 giorni. Si tratta comunque di categorie distinte di oggetti totalmente diversi in stadi evolutivi diversi. Una delle differenze spettrali significative è la presenza, durante un certo intervallo di fasi, di righe di emissione dell'idrogeno nelle W Vir e di righe H e K del Ca II nelle Cefeidi.* **GCVS**

Come indicato nella descrizione del GCVS, è difficile distinguere le stelle *delta* Cep dalle W Vir, e in molti casi è forse impossibile senza un'analisi spettrale. Dovete

Caratteristiche in breve

 Stelle brillanti
Ampiezze varie
 Periodi vari
CCD o FF

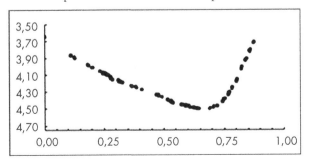

Figura 4.6.
Curva di luce della variabile DCEP *delta* Cep. La fase del ciclo è indicata lungo l'asse orizzontale. Dati forniti dalla missione HIPPARCOS. Utilizzati dietro autorizzazione.

quindi fare attenzione quando tentate di discriminare tra
questi due tipi simili (Figura 4.6).

DSCT (stelle *delta* Scuti)

Caratteristiche in breve

⭐ Stelle brillanti

Piccole ampiezze

 Brevi periodi

👁 CCD o FF

*– Sono variabili pulsanti dei tipi spettrali A0-F5 III-V, che
mostrano ampiezze di variabilità da 0,003 a 0,9 magnitudini in V (normalmente alcuni centesimi di magnitudine) e
periodi da 0,01 a 0,2 giorni. Le forme delle curve di luce, i
periodi e le ampiezze normalmente variano molto. Si osservano pulsazioni sia radiali che non radiali. La variabilità
di alcuni membri di questa classe appare sporadicamente e
talvolta cessa completamente, in conseguenza di una forte
modulazione dell'ampiezza, con il valore minimo inferiore
in alcuni casi a 0,001 magnitudini. Il massimo dell'espansione dello strato superficiale non è sfasato più di un decimo di periodo rispetto al picco di luminosità. Le stelle
DSCT sono appartenenti al disco galattico (componente
piatta) e sono fenomenologicamente vicine alle variabili SX
Phe. DSCTC (sottotipo) – Sottoinsieme di piccola ampiezza
delle variabili delta Sct (ampiezza inferiore a 0,1 magnitudini in V). I membri di questa classe sono in maggioranza
stelle di classe di luminosità V; gli oggetti di questo sottotipo sono generalmente variabili delta Sct presenti in ammassi aperti.* **GCVS**

Le stelle *delta* Scuti sono variabili pulsanti che vanno dal
tipo spettrale A ai primi tipi F, con classi di luminosità da
III a V. I modi di pulsazione sono sia radiali che non, e probabilmente anche gravitazionali, con periodi tra 30 minuti
e 8 ore circa. Le ampiezze fotometriche sono normalmente
inferiori a una magnitudine. Dopo le nane bianche variabili di tipo ZZ Ceti, sono il secondo gruppo (per numero di
membri) tra le variabili pulsanti della nostra Galassia.

La prima citazione sulla variabilità della *delta* Scuti risale
al 1900. In base al periodo stimato all'epoca, la stella venne
inserita tra gli oggetti *beta* Canis Majoris. Osservazioni successive mostrarono che somigliava alle variabili Cefeidi
piuttosto che alle più calde *beta* CMa. Nel 1956 i progressi
dell'astrofisica delinearono l'esistenza di una categoria distinta di stelle variabili.

Non è sorprendente il fatto che le prime stelle *delta* Scuti
scoperte si dimostrarono insolite per la loro classe a causa
delle grandi ampiezze fotometriche. Solo dopo il 1965 si sono potuti individuare molti oggetti *delta* Scuti, perché solo
allora divennero possibili misure fotoelettriche con precisione pari al millesimo di magnitudine. Grazie a ciò, tra la

fine degli anni '60 e i primi anni '70 sono state effettuate varie ricerche sistematiche di queste variabili.

Nel 1970, dopo avere analizzato nove oggetti di questa classe con piccola ampiezza nell'ammasso delle Iadi, gli astronomi proposero che tutte queste variabili con periodi inferiori a 0,2 giorni venissero chiamate *Cefeidi con periodi ultra-brevi*.

Le estese campagne fotometriche condotte 10-20 anni dopo su specifici oggetti *delta* Scuti e la scoperta di dozzine di frequenze stabili hanno dimostrato che la variabilità di queste stelle è multiperiodica e regolare in frequenza.

Un intervallo di circa 0,2 magnitudini è tipico per le stelle *delta* Scuti. Esse formano un gruppo situato in una fascia di instabilità del diagramma HR che include le classiche Cefeidi all'estremità degli oggetti brillanti e le nane bianche pulsanti all'estremità opposta.

Attualmente, le iniziali Cefeidi nane della popolazione di disco sono prevalentemente chiamate *stelle* delta *Scuti di grande ampiezza*. Il loro comportamento pulsante differisce sostanzialmente da quello degli oggetti con piccole ampiezze. Sembra che abbiano solo uno o due modi radiali attivi, con la notevole eccezione di AI Velorum. Nella gran parte dei casi oscillano nel modo fondamentale o sulla prima armonica e somigliano molto alle classiche variabili pulsanti, come le Cefeidi o le RR Lyrae. Non è chiaro comunque se in un certo numero di oggetti *delta* Scuti di grande ampiezza siano eccitate o meno pulsazioni non radiali.

Poiché le *delta* Scuti note sono in gran parte più brillanti della magnitudine 8, vengono ancora studiate con piccoli telescopi equipaggiati con fotometri.

GDOR (stelle *gamma* Doradus)

– Le stelle tipo gamma *Doradus sono state aggiunte ufficialmente al GCVS nel marzo 2000 ("The 75th Name-List of Variable Stars", IBVS 4870). Sono descritte come nane appartenenti ai primi tipi F che presentano periodi (multipli) da diverse ore a poco più di un giorno. Le ampiezze solitamente non superano il decimo di magnitudine. Presumibilmente si tratta di oscillatori non radiali di basso grado e modo g.* **GCVS**

Caratteristiche in breve

 Stelle brillanti
Ampiezze varie
 Periodi vari
 CCD o FF

Gli oggetti *delta* Scuti, SX Phoenicis e *gamma* Doradus sono tre classi di variabili pulsanti di tipo spettrale e classe di luminosità simile che si trovano vicino alla Sequenza Principale, all'interno o vicino alla fascia di instabilità delle Cefeidi del diagramma HR.

Le stelle *delta* Scuti rappresentano il gruppo più numeroso dei tre e sono quindi le meglio studiate. Le SX Phoenicis hanno periodi simili, ma tipicamente ampiezze fotometriche molto maggiori (0,3-0,8 magnitudini). Le *gamma* Doradus sono quelle identificate più recentemente: si tratta solitamente di oggetti dei primi tipi F situati sulla Sequenza Principale, o appena al di sopra, e all'estremità a basse temperature (oppure al di fuori) della fascia di instabilità delle Cefeidi. La variabilità fotometrica può raggiungere il decimo di magnitudine in V su tempi-scala di 0,5-3 giorni.

L (variabili irregolari lente)

Caratteristiche in breve

 Stelle di vario tipo
 Ampiezze varie
Periodi vari
Visuale, CCD o FF

– Le variazioni di luce di queste stelle non mostrano evidenza di periodicità, oppure l'eventuale periodicità presente è molto poco definita e appare solo occasionalmente. Come per il tipo I, le stelle sono spesso attribuite a questa classe perché non studiate sufficientemente. Molte variabili L sono in realtà semiregolari o appartengono ad altre classi. LB (sottotipo) – Variabili irregolari lente di tardo tipo spettrale (K, M, C, S), solitamente giganti. A questa classe sono attribuite nel GCVS *anche variabili irregolari lente rosse nel caso in cui siano sconosciute le luminosità e i tipi spettrali. LC (sottotipo) – Variabili irregolari costituite da supergiganti di tardo tipo spettrale con ampiezze di circa una magnitudine in V.* **GCVS**

Le variabili irregolari sono stelle che variano lentamente senza evidenza di periodicità. Sono spesso assegnate a questa classe stelle con variabilità accertata ma non molto studiata. Si tratta quindi di un altro gruppo eccellente che merita l'osservazione da parte degli astrofili.

Studiare questi oggetti è interessante anche perché alcune variabili semiregolari (SR) attraversano periodi di variazione irregolare e quindi non è completamente chiaro se la classe delle irregolari rappresenti un tipo fondamentalmente diverso di variabilità.

Come descritto nel GCVS, questo gruppo è composto da stelle dei tipi spettrali K, M, C e S. Abbiamo già parlato dei primi tre (oggetti RCB); adesso illustreremo le stelle di tipo S. Si tratta di giganti avanzate, solitamente K5-M, che mostrano bande distinte di ossido di zirconio (ZrO) nelle regioni blu e visuali dello spettro. Se le bande sono deboli o visibili solo ad alta risoluzione, la stella è classificata come MS, quindi una denominazione quale M4 S indica una stella M4 con bande di ZrO. Negli spettri degli oggetti S variabili sono visibili righe di emissione. In generale si tratta di stelle rare, meno abbondanti di quelle C.

LBOO (stelle *lambda* Bootis)

– Queste stelle sono state definite nel catalogo An Atlas of Stellar Spectra *pubblicato nel 1943 da Morgan, Keenan e Kellman. Si tratta di un gruppo di oggetti poveri di metalli, di tipo A e popolazione I. Nel diagramma HR occupano la stessa posizione delle stelle Am, che mostrano una forte sovrabbondanza di molti metalli, e delle normali stelle A. Non esistono molti riferimenti diretti sulla variabilità delle stelle* lambda *Boo.* **Non riconosciute nel GCVS**

Caratteristiche in breve

★ Stelle brillanti
⊞ Ampiezze varie
🕐 Periodi vari
👁 CCD o FF

Quando pensate che queste stelle sono di tipo A, è facile che vi tornino alla memoria le variabili *delta* Scuti. In effetti, molte stelle di sospetta appartenenza a questo gruppo sono classificate come *delta* Scuti.

Generalmente si identificano chiaramente le stelle *lambda* Boo con metodi spettroscopici: principalmente, questi oggetti presentano una deficienza di elementi del gruppo del ferro (Sr, Fe, Ti e Sc) e di Mg e Ca rispetto al Fe, e possiedono velocità rotazionali piuttosto elevate. Soggetti a varie interpretazioni, alcuni di questi metodi permettono di discriminare le stelle *lambda* Bootis dalle *delta* Scuti.

Gli oggetti *lambda* Boo mettono certamente alla prova la nostra comprensione dei vari processi stellari, e sono membri affascinanti della classica fascia di instabilità. Si è tentato di dedurre le proprietà del gruppo con metodi statistici, ma senza troppo successo a causa dell'esiguo numero di oggetti identificati con sicurezza. In generale, la classificazione appare confusa da identificazioni errate, ed è quindi essenziale costruire un catalogo sufficientemente esteso di membri effettivi della classe prima di elaborare modelli sul fenomeno *lambda* Boo.

Nel 2000 si è tentata una seria analisi statistica delle loro proprietà, osservando complessivamente 708 stelle nel campo galattico, 6 ammassi aperti e l'associazione Orione OB1. Come risultato, sono stati scoperti 26 nuovi membri della classe e confermati 18 oggetti candidati all'appartenenza. Agli oggetti noti è stata applicata l'astrosismologia, rivelando 18 nuovi pulsatori e 29 stelle probabilmente costanti. Il comportamento pulsante di

queste stelle è molto simile a quello delle classiche *delta*
Scuti, quindi devono essere effettuate misure precise per
evidenziare le differenze.

M (stelle Mira)

*– Si tratta di giganti variabili a lungo periodo con spettri
di emissione caratteristici dei tardi tipi spettrali (Me, Ce,
Se) e ampiezze di variabilità da 2,5 a 11 magnitudini in
V. La loro periodicità è ben pronunciata e i periodi scado-
no nell'intervallo 80-1000 giorni. Le ampiezze nell'infrarosso sono normalmente inferiori rispetto al visibile e possono essere sotto le 2,5 magnitudini. Se le ampiezze
superano 1-1,5 magnitudini, ma non è certo che l'ampiezza reale superi le 2,5 magnitudini, il simbolo "M" è seguito dal simbolo ":", oppure la stella è attribuita alla classe
delle semiregolari con il simbolo della tipologia (SR) seguito dal ":".* **GCVS**

Le stelle di tipo Mira[3], note anche come variabili a
lungo periodo (LPV), sono tutte simili (gli astronomi
preferiscono dire "omogenee") e rappresentano probabilmente le variabili pulsanti rosse meglio studiate. Il
GCVS suggerisce tre caratteristiche distintive per questi
oggetti: il tipo spettrale M[e], S[e] o C[e], l'ampiezza fotografica o visuale maggiore di 2,5 magnitudini e il periodo nell'intervallo 80-1000 giorni (Figura 4.7).

Il tipo spettrale indica che le atmosfere di queste stelle
contengono intense righe di assorbimento molecolare e
sono quindi fredde (in particolare, la temperatura è minore di 3800 K), perché altrimenti le molecole non potrebbero formarsi. Tali atmosfere possono essere ricche
di ossigeno (M[e]), di carbonio (C[e]) o intermedie
(S[e]). Le righe di emissione, la cui presenza è indicata
dal simbolo "[e]", sono una caratteristica importante di
questo tipo di variabilità, poiché indicano la formazione
di onde d'urto associate alla pulsazione. L'intervallo di
ampiezze è essenzialmente arbitrario, e quindi alcune
stelle fisicamente simili alle variabili Mira sono classificate come semiregolari (SR) perché le loro ampiezze sono minori di 2,5 magnitudini. Le curve di luce della luminosità totale integrata e quelle relative alla regione
infrarossa, dove questi oggetti emettono gran parte della
radiazione, hanno ampiezze inferiori rispetto a quelle
della luce visibile, benché siano prevalentemente oltre le

---

[3]Mira, la "meravigliosa", chiamata così dal pastore luterano e astronomo dilettante David Fabricius nel 1595.

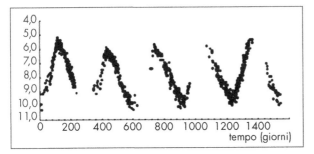

Figura 4.7.
Curva di luce della variabile Mira R Leo. Dati forniti da VSNET. Utilizzati dietro autorizzazione.

0,5 magnitudini. Le grandi ampiezze visuali derivano dalla combinazione di due fattori: stiamo osservando variazioni di temperatura provenienti dalla parte blu del picco di distribuzione dell'energia stellare (la parte più ripida della regione visibile della curva di Planck per questa temperatura), unite a variazioni nell'intensità delle bande molecolari associate a tali cambiamenti di temperatura. La lunghezza dei periodi ci dice che le stelle Mira hanno raggi molto estesi. Il limite superiore per l'intervallo dei periodi è probabilmente irrilevante: esistono certamente stelle con periodo di 1000-2000 giorni che possono essere considerate variabili Mira.

Questi oggetti sono molto interessanti per gli astronomi, principalmente perché rappresentano una fase molto breve dell'evoluzione stellare e nel diagramma HR si trovano proprio all'estremità del *ramo asintotico delle giganti* (AGB), per cui ci si aspetta che il passo successivo nell'evoluzione sia un rapido passaggio verso lo stadio di nebulose planetarie. Esistono vari studi che suggeriscono che i loro periodi siano buoni indicatori della popolazione stellare di appartenenza: quelle con periodi di circa 200 giorni farebbero parte della stessa vecchia popolazione degli ammassi globulari. In generale, per le variabili Mira quanto più lungo è il periodo, tanto maggiore è la massa e/o l'abbondanza di metalli. Consistentemente con questo scenario, ma contrariamente alla convinzione comune, non esiste evidenza del fatto che le stelle Mira evolvano sistematicamente nel tempo aumentando il periodo. Esse sono utili anche come indicatori di distanza, poiché seguono una relazione periodo-luminosità che può essere espressa in termini sia di luminosità totale (*bolometrica*) che di magnitudini nel vicino infrarosso.

È ancora incerto se le variabili Mira pulsino nel modo fondamentale o sulla prima armonica. Sebbene esistano ragioni teoriche a favore della prima ipotesi, l'evidenza osservativa favorisce la seconda. Questi oggetti perdono massa rapidamente, forse fino a 10^{-4} masse solari all'anno, anche se non è ben compreso il meccanismo con cui ciò avviene. Il tasso di perdita di massa è correlato statisticamente con il periodo di pulsazione, l'ampiezza bolometrica e la forma della curva di luce. Le stelle Mira più evolute sono circondate dal materiale che hanno espulso, che le rende deboli otticamente ma molto brillanti nell'infrarosso. Gli oggetti della classe con periodo molto lungo, che sono evolute da progenitori molto massicci e hanno molta materia da perdere, hanno gusci particolarmente spessi. Alcuni di questi gusci producono anche emissioni maser di SiO, H_2O e/o OH rivelabili a frequenze radio.

Esaminando attentamente le curve di luce di questi oggetti scoprirete che non sono identiche da un ciclo all'altro, con la luminosità di picco che spesso cambia anche di una magnitudine o più. In alcune stelle Mira vengono anche osservate variazioni nel periodo: si vedono particolarmente bene in R Aql e R Hya, perché in esse è probabilmente in corso il "lampo dell'elio" (*helium flash*), cioè l'improvviso innesco della fusione di questo elemento nel nucleo della stella.

Nel GCVS si trovano oltre 5200 variabili Mira conosciute, oltre a 940 sospette. Ovviamente, quindi, esiste un numero sufficiente di variabili a lungo periodo da riempire molti anni di studio.

MAIA (stelle Maia)

Caratteristiche in breve

- Stelle brillanti
- Piccole ampiezze
- Brevi periodi
- CCD o FF

– Nel 1955 è stata prevista l'esistenza delle variabili Maia[4] nell'intervallo spettrale B7-A2, con periodi da 1 a 4 ore e situate nel diagramma HR tra le beta *Cephei e le* delta *Scuti. Maia, il prototipo della classe, è sospettata da tempo di variabilità. È stato suggerito che Maia e* gamma *Ursae Minoris (A3 II-III o A3 V) rappresentino gli estremi dell'ipotetica sequenza Maia. Entrambi gli oggetti sono elencati come variabili nello* Yale Catalog of Bright Stars. **Non riconosciute nel GCVS**

Nel corso degli anni sono state condotte diverse ricerche nel tentativo di individuare con certezza le variabili Maia. Solo nel 1987 si è concluso che la loro esistenza è dubbia, poiché nel piccolo gruppo di oggetti candidati non era stata rivelata alcuna variabilità. Recentemente è stata effettuata una ricerca nell'archivio fotometrico di Hipparcos per scoprire queste sfuggenti variabili pulsanti. Sono state considerate alcune centinaia di stelle, e stu-

[4]Il nome deriva da Maia (20 Tau = HR 1149 = HD 23408), una delle stelle più brillanti dell'ammasso delle Pleiadi.

diate in dettaglio varie dozzine; solo una manciata di esse, tuttavia, potrebbe essere variabile: tre sono probabilmente variabili a eclisse con curve di luce piuttosto piatte; tre hanno forse periodi nell'intervallo 0,25-0,5 giorni, ma le loro ampiezze sono così esigue che potrebbero anche non essere variabili. *Gamma* UMi mostra variazioni irregolari che vanno da 0,0143009 a 0,14335 giorni e una variabilità minore di 0,05 magnitudini. È stato anche ipotizzato che essa possa essere circondata da un tenue guscio di breve persistenza.

Le stelle Maia e *gamma* UMi sono adesso considerate fotometricamente costanti. Forse, come l'abominevole uomo delle nevi, queste variabili esistono ma sono estremamente difficili da trovare.

mid-B (stelle *Middle B*)

– Nel 1985 è stata introdotta in letteratura la classe delle variabili "mid-B": generalmente sono di tipo spettrale B3-B8 e classe di luminosità III-V. Hanno periodi di 1-3 giorni e ampiezze di pochi centesimi di magnitudine. Le variazioni di colore sono in fase con quelle luminose e il rapporto colore/luce rimane costante nonostante la variabilità in ampiezza da un ciclo all'altro e persino da un anno all'altro. **Non riconosciute nel GCVS**

Negli ultimi decenni gli astronomi hanno iniziato a comprendere che molte stelle dei primi tipi spettrali, se non tutte, presentano qualche tipo di variabilità intrinseca con cause sconosciute. Un certo numero di studi teorici sembra indicare che gli attuali modelli di equilibrio per le stelle massicce siano in qualche disaccordo con le osservazioni. È probabile che non si riesca a capire le cause delle variazioni nelle stelle dei primi tipi spettrali perché non si sa molto della loro struttura. Lo studio di questi oggetti, quindi, è interessante non solo nel contesto della teoria delle pulsazioni stellari, ma anche nell'ambito più ampio dei modelli di strutture stellari.

Recentemente sono stati effettuati numerosi studi osservativi di queste variabili, ma il quadro che ne emerge è in qualche modo confuso. Alcuni astronomi distinguono fino a nove classi di variabili B: la distinzione tra esse sembra fondata non solo sul confronto delle loro proprietà di variabilità, ma anche su qualche altra informazione a priori. D'altra parte esiste invece la tendenza a ignorare i confini accettati tra molte categorie, e a chiamare per esempio "*beta* Cephei" ogni stella di tipo B con variabilità su brevi tempi-scala compatibili con un modo di pulsazione radiale. Un simile tipo di ragionamento è stato adottato da alcuni quando è stato introdotto il termine descrittivo *variabili lente* per designare il gruppo delle stelle che variano su tempi-scala decisamente superiori a quello fondamentale delle pulsazioni radiali.

Questi problemi di classificazione sono causati in parte dalla nostra incapacità di definire i parametri rilevanti per descrivere la variabilità, e quindi di isolare i meccanismi di instabilità che operano in queste stelle. Probabilmente è comunque anche vero che almeno una parte dell'ambiguità nella classificazione di queste variabili è dovuta alle diverse tecniche osservative utilizzate per scoprirle e descriverle.

La distinzione tra questi gruppi di oggetti è principalmente basata sulla morfologia delle loro curve di luce. Le condizioni fisiche delle stelle di queste classi sono diverse, ed è quindi probabile che la varietà di morfologie indichi che le variazioni sono provocate da meccanismi fisici distinti.

PVTEL (stelle PV Telescopii)

Caratteristiche in breve

 Stelle brillanti

Piccole ampiezze

 Brevi periodi

CCD o FF

– Queste stelle sono supergiganti Bp all'elio con deboli righe dell'idrogeno e intense righe di He e C. Esse pulsano con periodi di 0,1-1,0 giorni o variano in luminosità con un'ampiezza di circa 0,1 magnitudini in V in circa un anno. **GCVS**

Le stelle PV Telescopii erano chiamate in passato stelle all'elio, stelle all'elio del ramo orizzontale, *extreme helium stars* (EHe) o binarie con poco idrogeno (*hydrogen-deficient binaries* – HdB). Le variazioni di piccola ampiezza della luce e della velocità radiale della variabile RY Sgr, di tipo R Coronae Borealis (RCB), sono state da tempo interpretate come pulsazioni radiali. Da allora sono state osservate variazioni simili in altre stelle RCB, come pure in stelle EHe e HdB.

Tutti e tre questi gruppi sono caratterizzati da una bassissima abbondanza superficiale di idrogeno e da una bassa gravità superficiale. Sappiamo adesso che il comportamento delle variazioni di piccola ampiezza in alcune stelle RCB è approssimativamente periodico, e quindi esso è stato attribuito a pulsazioni stellari. L'evidenza di tale periodicità è stata trovata nel 1963 per la stella HdB KS Per, e nel 1975 per la stella EHe HD 160641. In anni recenti sono emerse evidenze più consistenti sulla periodicità delle stelle HdB e EHe, a cominciare dalla misura, nel 1985, di un periodo di circa 21 giorni per la stella EHe BD +1° 4382.

Per quanto simili sotto molti aspetti, le stelle RCB, EHe e HdB costituiscono gruppi abbastanza distinti. Le EHe e le RCB sono manifestamente stelle singole con un'abbondanza superficiale di carbonio e azoto. Le RCB sono caratterizzate dalla presenza di un grande eccesso infrarosso e da sporadici minimi luminosi profondi. Le HdB hanno invece una bassa abbondanza superficiale di carbonio e sono tutte binarie spettroscopiche con righe singole.

In conseguenza del loro bilancio energetico, l'evoluzione delle stelle blu luminose avviene inesorabilmente su tempi-scala che vanno da poche centinaia a poche migliaia di anni, e le EHe non possono fare eccezione. Le loro superfici sono composte principalmente da elio, con una piccola frazione di carbonio e azoto, e generalmente con una presenza trascurabile di idrogeno. Sono quasi certamente di piccola massa. La maggioranza mostra variazioni di piccola ampiezza su tempi-scala da 1 a 20 o più giorni, e dovrebbero correttamente essere classificate come variabili PV Tel.

La questione primaria posta da questi oggetti riguarda la loro origine evolutiva: a tal proposito, sono emerse due ipotesi principali, la differenza maggiore tra le quali è l'identificazione del progenitore con una nana bianca singola o doppia. Le proprietà generali delle due teorie sono indicate semplicemente dalle espressioni *late thermal pulse model* (LTP, modello a pulsazioni termiche tarde) e *merged binary white dwarf model* (MBWD, modello a fusione di nane bianche binarie).

Essendo rare e insolite, diverse stelle EHe sono state osservate durante i primi due anni di attività (1978-79) del satellite IUE (*International Ultraviolet Explorer*), e verso la metà degli anni '80 erano state osservate quasi tutte. Riconoscendo la grande sensibilità dei loro flussi alla temperatura, all'inizio degli anni '90 è stata effettuata con IUE una seconda serie di osservazioni.

Nel frattempo si era scoperto che molte stelle EHe mostrano variabilità fotometrica su tempi-scala che vanno dalle ore alle settimane, e che probabilmente le più luminose pulsano. Chiaramente, eventuali variazioni cicliche di luce dovute alla pulsazione sarebbero facili da misurare, ma potrebbero mascherare cambiamenti secolari dovuti all'evoluzione. Esse sarebbero comunque molto utili per misurare le variazioni di temperatura e di raggio associate alla pulsazione e potrebbero, insieme alle misure di velocità radiale, contribuire alla stima del raggio di una stella pulsante all'elio, indipendentemente dalla distanza. Se le variazioni secolari fossero grandi in confronto a quelle cicliche, una misura di queste ultime a una estremità del "vettore" secolare indicherebbe l'incertezza complessiva nella lunghezza e direzione di quel vettore.

Quando si analizzano le proprietà osservate delle stelle povere di idrogeno, si trova che i periodi di quelle variabili diminuiscono con l'aumento della temperatura effettiva, mentre quelle non variabili tendono ad avere bassi rapporti luminosità/massa.

RPHS ("*Rapid Pulsating Hot Subdwarf*", subnane calde rapidamente pulsanti)

Caratteristiche in breve

 Stelle brillanti

 Ampiezze varie

 Periodi vari

👁 CCD o FF

– *Il prototipo di queste variabili è EC 14026-2647: sembra una stella sdB in un sistema binario che mostra variazioni di piccola ampiezza, presumibilmente in seguito a pulsazioni stellari, con un periodo principale di 144 secondi e uno secondario intorno a 134 secondi, uno dei più brevi conosciuti. Questo oggetto è stato scoperto durante la "Edinburgh-Cape (EC) Blue Object Survey" condotta per scoprire oggetti stellari blu. Questa campagna ha portato a rivelare molte nuove subnane calde, nane bianche, variabili cataclismiche, stelle B apparentemente normali ad alta latitudine galattica, stelle blu del ramo orizzontale e quasar brillanti. Sono state classificate diverse nuove variabili ZZ Ceti e un nuovo membro della rara classe AM CVn di binarie povere di idrogeno.* **GCVS**

Queste stelle sono adesso ufficialmente classificate come subnane B calde rapidamente pulsanti (RPHS) nel GCVS (IBVS 4870, 31 marzo 2000); comunque, dato che sono relativamente nuove, non hanno finora ricevuto molta attenzione dagli astrofili.

RR (stelle RR Lyrae)

Caratteristiche in breve

 Stelle deboli

 Piccole ampiezze

👁 Brevi periodi

👁 CCD o FF

– *Stelle A-F radialmente pulsanti con ampiezze da 0,2 a 2 magnitudini in V. Si conoscono casi in cui variano le forme delle curve di luce oppure i periodi. Se questi cambiamenti sono periodici, si parla di "effetto Blazhko". Tradizionalmente le stelle RR Lyr sono chiamate talvolta Cefeidi di breve periodo o variabili di ammasso. La maggioranza di esse fa parte dell'alone sferico della Galassia; si trovano, a volte molto numerose, in alcuni ammassi globulari, dove sono note come stelle pulsanti del ramo orizzontale. Come per le Cefeidi, le massime velocità di espansione degli strati superficiali coincidono praticamente con i picchi di luce.* **RR(B)** *(sottotipo) – Variabili RR Lyrae con due modi di pulsazione operanti contemporaneamente, quello fondamentale con periodo P_0 e la prima armonica P_1. Il rapporto $P_1/P_0 \approx 0,745$.* **RRAB** *(sottotipo) – Variabili RR Lyrae con curve di luce asimmetriche (ripidi rami ascendenti), periodi da 0,3 a 1,2 giorni e ampiezze di 0,5-2 magnitudini in V.* **RRC** *(sottotipo) – Variabili RR Lyrae con curve di luce quasi simmetriche, talvolta sinusoidali, periodi da 0,2 a 0,5 giorni e ampiezze minori di 0,8 magnitudini in V.* **GCVS**

Le stelle RR Lyrae vengono osservate da più di cent'anni. Il loro studio è iniziato alla fine del diciannovesimo secolo, quando gli astronomi hanno cominciato ad analizzare sempre più dettagliatamente gli ammassi globulari. Durante queste osservazioni sono state scoperte le prime variabili di breve periodo. Benché la prima variabile di un ammasso globulare scoperta fosse stata una nova esplosa in M80 nel 1860, dovettero trascorrere altri tre decenni prima che E.C. Pickering registrasse la scoperta di una seconda variabile vicino al centro di M3.

Negli anni immediatamente seguenti si cominciarono a scoprire alcune altre variabili brillanti in ammassi globulari. In seguito a ciò, Solon I. Bailey intraprese nel 1893 un programma di fotografia di tali ammassi alla stazione dello Harvard College Observatory di Arequipa, in Perú. Con un'attenta analisi di queste lastre fotografiche, Williamina Fleming scoprì nell'agosto di quell'anno una stella variabile nell'ammasso *omega* Centauri. Seguendo la Fleming, Pickering ne trovò altre sei nello stesso ammasso nel 1895 e questo segnò l'inizio di una serie di scoperte successive: tra il 1895 e il 1898 ne vennero trovate oltre 500. Queste prime variabili a breve periodo divennero note come RR Lyrae, e durante il secolo scorso il numero di questi oggetti è cresciuto fino a superare la luminosità di ogni altra ben definita classe di variabili.

Come nota storica, aggiungiamo che la variabile scoperta in M3 da Pickering nel 1889 era probabilmente una Cefeide piuttosto che una RR Lyrae, il che dimostra la confusione iniziale nel distinguere tra questi due tipi di oggetti. Come ulteriore esempio, Sir Arthur Eddington incluse RR Lyrae in un elenco di importanti Cefeidi nel suo fondamentale libro *The Internal Constitution of Stars*. Altri astronomi, come Henry Norris Russell, delinearono più precisamente i criteri di distinzione tra le due classi. Nonostante le notevoli affinità e similitudini con le Cefeidi pulsanti, le variabili RR Lyr sono state generalmente considerate una classe distinta fin dai primi decenni del secolo scorso.

Oggi sappiamo che si tratta di oggetti di piccola massa del ramo orizzontale, nello stadio evolutivo di fusione dell'elio nel nucleo, e questo ha fornito ulteriori argomenti per distinguerle dalle classiche Cefeidi, di massa maggiore. Vi sono comunque stati aggiustamenti di tanto in tanto nei tipi di variabili incluse in questa classe. Una particolare confusione è sorta con le variabili pulsanti di breve periodo, che ora sono generalmente chiamate *delta* Scuti se appartenenti alla popolazione I e SX Phoenicis se di popolazione II.

Chiamate in passato "variabili di ammasso", per l'ovvia ragione che possono essere molto numerose negli ammassi globulari, potete talvolta trovare questa designazione utilizzata ancora oggi. Le stelle RR Lyrae sono giganti con pulsazioni radiali e periodi di 0,2-1,0 giorni. Possono essere suddivise in due gruppi principali in base alle loro curve di luce. Le RRab hanno ampiezze relativamente grandi, tanto che un'ampiezza visuale di circa una magnitudine è comune. Le curve di luce sono asimmetriche, con un ripido ramo ascendente. Si ritiene che pulsino nel modo fondamentale, e i periodi sono generalmente di 0,4-1,0 giorni. Le RRc hanno ampiezze inferiori e le curve di luce sono più vicine a sinusoidi. Si ritiene che pulsino sulla prima armonica e i periodi sono generalmente di 0,2-0,5 giorni.

Molte variabili RR Lyrae presentano modulazioni a lungo termine delle curve di luce: questo fenomeno è noto come *effetto Blazhko*. La causa non è ancora ben compresa. I periodi di modulazione cadono tipicamente nell'intervallo 20-200 giorni e l'effetto sulla curva di luce può essere abbastanza marcato. Per esempio, in RR Lyrae stessa l'ampiezza visuale cambia di circa 0,3 magnitudini durante il *ciclo di Blazhko,* e si modifica la curva di luce. Per alcune variabili l'effetto stesso è modulato su tempi-scala ancora maggiori. Nel caso di RR Lyrae il cosiddetto periodo terziario è di circa 3,8-4,8 anni.

Lo studio delle variabili RR Lyr ha dato contributi a quasi ogni ramo dell'astronomia moderna: sono state utilizzate, per esempio, come traccianti delle proprietà chimiche e dinamiche delle popolazioni stellari vecchie nella nostra Galassia e in quelle vicine; sono servite da candele standard per indicare la distanza degli ammassi globulari, del centro della Galassia e dei vicini sistemi del Gruppo Locale; hanno rappresentato oggetti di test per le teorie evolutive delle stelle di piccola massa e per le teorie di pulsazione stellare.

RV (stelle RV Tauri)

– Supergiganti che pulsano radialmente, appartenenti ai tipi spettrali F-G alla massima luminosità e K-M alla minima. Le curve di luce sono caratterizzate dalla presenza di onde doppie con minimi primari e secondari alternati che possono variare in profondità, cosicché i minimi primari possono diventare secondari e viceversa. L'ampiezza di variazione luminosa complessiva può raggiungere 3-4 magnitudini in V. I periodi tra due minimi primari adiacenti (normalmente chiamati periodi formali) cadono nell'intervallo 30-150 giorni (questi sono i periodi che appaiono nel catalogo). Si distinguono due sottotipi[5]. **RVa** *(sottotipo) – Variabili RV Tauri che non variano in magnitudine media.* **RVb** *(sottotipo) – Variabili RV Tauri che periodicamente variano in magnitudine media, con periodi da 600 a 1500 giorni e ampiezze che giungono a 2 magnitudini in V.* **GCVS**

Caratteristiche in breve	
★	Stelle brillanti
▦	Ampiezze varie
🌙	Periodi vari
👁	CCD o FF

Le stelle RV Tauri sono probabilmente stelle del *ramo post-asintotico delle giganti*[6] (AGB), in evoluzione dalla fase di gigante rossa a quella di nana bianca su tempi-scala di migliaia di anni. Sono di tipo spettrale F-G al massimo e G o dei primi tipi K al minimo. Le curve di luce visuali mostrano onde doppie con minimi primari e secondari alternati che possono variare in profondità: il minimo primario può diventare secondario e viceversa.

Tali curve di luce a doppia onda hanno probabilmente origine dalla risonanza tra il modo fondamentale di pulsazione e la prima armonica superiore. L'ampiezza nel visibile è in genere tra 1 e 2 magnitudini, benché possa anche superare le 3 magnitudini. Il periodo tra due minimi primari adiacenti (periodo formale) è di circa 30-150 giorni. La causa della lenta variazione nell'ampiezza media, nota come *fenomeno RVb*, non è ancora compresa.

Le curve di luce degli oggetti RV Tauri sono semiregolari, e si osservano apprezzabili variazioni da un ciclo all'altro (Figura 4.8). Le stelle a periodo maggiore tendono a essere meno regolari di quelle a periodo più breve. La fase delle curve nei colori U-B e B-V precede quella della curva di luce visuale persino di un quarto di periodo. Occasionalmente si verificano scambi tra i mi-

---

[5]Nel *GCVS* i sottotipi RVa e RVb sono indicati come RVA e RVB; questo dovrebbe però essere evitato per la possibile confusione con i sottotipi spettroscopici (cioè A, B e C).

[6]La seconda volta che una stella ascende il ramo delle giganti segue nel diagramma HR una traccia che è chiamata ramo asintotico delle giganti.

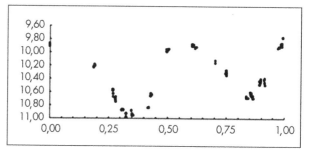

nimi più profondi e quelli meno, scambi che possono essere sia improvvisi che graduali. Sono stati anche registrati archi temporali con comportamento irregolare o caotico.

Le stelle RV Tauri sono suddivise in base al loro comportamento a lungo termine: quelle con una chiara variabilità a lungo termine sono classificate come RVb e le altre come RVa. Le prime sono periodiche, con periodi che vanno dalle centinaia alle migliaia di giorni. Gli oggetti RV Tau possono essere ricchi di ossigeno o carbonio e sono anche stati suddivisi nei gruppi A, B e C in base ai loro spettri.

Il processo di evoluzione di queste stelle è poco chiaro. Esse hanno atmosfere estese, perdono massa e presentano a volte bande di assorbimento del TiO negli spettri ottici vicino al minimo di luce, che è anche la fase più fredda. Queste bande indicano un tipo spettrale più tardo, forse M2. Alcune stelle RV Tauri sono circondate da gusci di polvere, come evidenziato dalla loro intensa emissione infrarossa. Potrebbero essere stelle AGB che eseguono "circonvoluzioni" nella parte blu del diagramma HR in seguito a fenomeni di *helium flash*, oppure stelle post-AGB nel processo di perdita degli ultimi residui delle loro atmosfere mentre si trasformano in nane bianche.

Gli oggetti RV Tauri sono strettamente legati alle Cefeidi di tipo II, trovate anch'esse in ammassi globulari poveri di metalli, e occupano nel diagramma HR la stessa fascia di instabilità delle stelle di minore luminosità e periodo più breve. Sono simili anche alle variabili semiregolari, in particolare le SRd e le UU Her.

Ulteriori esempi di variabili RV Tauri sono DF Cyg, AC Her, U Mon, R Sct e RV Tau. R Scuti è classificata come RVa perché il suo periodo è di 146,5 giorni. Il confronto tra le curve di luce osservate e quelle calcolate (O-C) di questi oggetti è notoriamente dominato dagli effetti delle fluttuazioni casuali nel periodo da un ciclo all'altro, come nel caso delle stelle Mira.

SR (stelle variabili semiregolari)

– Queste sono giganti o supergiganti di tipo spettrale intermedio o avanzato, che mostrano una notevole periodicità nelle variazioni luminose, accompagnata o talvolta interrotta da varie irregolarità. I periodi vanno da 20 a più di 2000 giorni, mentre le forme delle curve di luce sono piuttosto diverse e variabili, e le ampiezze possono passare da alcuni centesimi di magnitudine a diverse magnitudini (solitamente 1-2 magnitudini in V). **SRA** *(sottotipo) – Giganti semiregolari di tardo tipo spettrale (M, C, S o Me, Ce, Se) che mostrano una persistente periodicità e solitamente piccole (meno di 2,5 magnitudini in V) ampiezze di variazione (Z Aqr). Le ampiezze e le forme delle curve di luce generalmente variano e i periodi cadono nell'intervallo 35-1200 giorni. Molte di queste stelle differiscono dalle variabili Mira solo per il fatto di presentare ampiezze inferiori.* **SRB** *(sottotipo) – Giganti semiregolari di tardo tipo spettrale (M, C, S o Me, Ce, Se) con periodicità scarsamente definita (cicli medi nell'intervallo 20-2300 giorni) o con intervalli alternati di variazioni periodiche e variazioni lente e irregolari, e persino con intervalli di stabilità luminosa (RR CrB, AF Cyg). A ciascuna stella di questa categoria può solitamente essere assegnato un certo periodo medio (ciclo), che è il valore dato nel catalogo. In un certo numero di casi si è osservata la presenza simultanea di due o più periodi di variazione luminosa.* **SRC** *(sottotipo) – Supergiganti semiregolari (mu Cep) di tardo tipo spettrale (M, C, S o Me, Ce, Se) con ampiezze di circa una magnitudine e periodi di variazione luminosa da 30 a diverse migliaia di giorni.* **SRD** *(sottotipo) – Giganti e supergiganti semiregolari di classe spettrale F, G o K, talvolta con righe di emissione. Le ampiezze di variazione luminosa cadono nell'intervallo 0,1-4 magnitudini, e i periodi vanno da 30 a 1100 giorni (SX Her, SV UMa).* **SRS** *(sottotipo) – Giganti rosse pulsanti con periodi brevi (da alcuni giorni a mesi), probabilmente con alte armoniche (aggiunte al GCVS il 9 luglio 2001* [The 76th Name List of Variable Stars *– IBVS 5135]).* **GCVS**

Caratteristiche in breve

 Stelle brillanti
 Ampiezze varie
Periodi vari
 CCD o FF

Come state probabilmente iniziando a notare, la variabilità sembra essere una caratteristica fondamentale delle stelle fredde e luminose. In effetti è stato suggerito che quasi tutte le stelle tarde di tipo spettrale M siano variabili a qualche livello (Figura 4.9).

Le variabili semiregolari hanno qualche similitudine con le stelle Mira. Le SRA e le SRB sono giganti, mentre

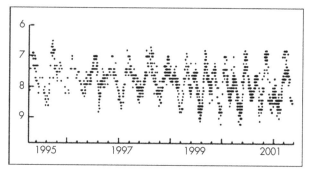

Figura 4.9.
Curva di luce della variabile SRB Z UMa. Lungo l'asse orizzontale è indicato il tempo in anni. Dati forniti da VSNET. Utilizzati dietro autorizzazione.

le SRC sono supergiganti. La maggiore differenza tra le SRA e le stelle Mira è che le prime possono avere ampiezze visuali inferiori a 2,5 magnitudini. In linea di principio le curve di luce possono essere anche meno regolari rispetto a quelle degli oggetti Mira; comunque anche questi ultimi possono presentare irregolarità. La classe SRB è simile alla SRA ma con un'evidenza meno marcata di periodicità.

Come gli oggetti Mira, quelli SRA e SRB includono i tipi spettrali M, S e C.

Si ritiene generalmente che le stelle SRC siano massicce, con progenitori che superano le 8 masse solari.

Le stelle SRD sono giganti e supergiganti semiregolari dei tipi spettrali F, G o K, talvolta con righe di emissione. Si tratta di variabili poco studiate. Un sottogruppo discusso nel seguito del capitolo è chiamato a volte UU Her.

SXPHE (stelle SX Phoenicis)

Caratteristiche in breve

 Stelle brillanti

 Ampiezze varie

Periodi vari

CCD o FF

– Fenomenologicamente queste stelle somigliano alle variabili DSCT (delta Scuti) e sono subnane pulsanti appartenenti alla componente sferica della Galassia, o alla popolazione vecchia del disco, con tipi spettrali nell'intervallo A2-F5. Possono mostrare diversi periodi di oscillazione simultanei, generalmente nell'intervallo 0,04-0,08 giorni, con variazioni luminose di ampiezza anch'essa variabile che possono raggiungere le 0,7 magnitudini in V. Queste stelle sono presenti negli ammassi globulari. SXPHE(B) (sottotipo) – Sottoclasse non riconosciuta nel GCVS. **GCVS**

Le variabili SX Phoenicis si trovano nei tipi spettrali A2-F5 del diagramma HR. Mostrano periodi simili a quelli delle *delta* Scuti, ma hanno ampiezze fotometriche maggiori, che vanno tipicamente da 0,3 a 0,8 magnitudini. Un'analisi approfondita mostra che l'abbondanza di metalli e i moti spaziali di queste stelle sono tipici della popolazione II.

La distinzione tra popolazione I e II è stata ideata originariamente da Walter Baade per caratterizzare due diversi gruppi di stelle in base alle loro velocità rispetto al Sole. Gli oggetti di popolazione I hanno velocità inferiori e si trovano prevalentemente nel disco galattico, mentre quelli di popolazione II si trovano anche sotto e sopra il disco.

È stato ipotizzato che le stelle SX Phoenicis siano *blue straggler*[7] ("stelle blu ritardatarie") nello stadio evolutivo successivo alla Sequenza Principale. La cosa interessante di questa ipotesi è che una delle teorie sull'evoluzione delle *blue straggler* propone che siano originate dalla fusione di sistemi binari.

La scoperta degli oggetti SX Phoenicis tra le *blue straggler* degli ammassi globulari segna l'inizio di un'interessante nuova fase nello studio di questi ammassi. Come le RR Lyrae e le Cefeidi, le stelle SX Phoenicis sono utili come indicatori di distanza, come esempi dei rispettivi stadi evolutivi e per lo studio delle popolazioni stellari. Inoltre, poiché le stelle SX Phe degli ammassi possono essere individuate più facilmente delle loro controparti di campo, e il contenuto metallico e la distanza del sistema di appartenenza sono solitamente noti, la loro relativa abbondanza fornisce una base per lo studio di relazioni statistiche.

Le curve di luce, colore e velocità radiale delle stelle SX Phe sono simili a quelle delle RR Lyrae e delle Cefeidi. Al picco di luminosità (fase 0) la brillantezza visuale è massima, principalmente perché la stella è al picco di temperatura. Il raggio si sta espandendo alla massima velocità, avendo appena passato la massima compressione durante l'ascesa verso il picco di luce. Al minimo di luminosità, quando la stella è più fredda, il raggio è al minimo.

UUHER (stelle UU Herculis)

– Queste stelle non sono riconosciute nel GCVS ma sono state oggetto di studio fin dal 1928. Esse sono talvolta descritte come un sottogruppo delle variabili D semiregolari (SRD). Il prototipo ha suscitato interesse da quando nel

---

[7] Le *blue straggler* sono stelle che mostrano "riluttanza" ad allontanarsi dalla Sequenza Principale a causa di qualche aspetto insolito, e tuttora ignoto, della loro evoluzione.

Caratteristiche in breve

 Stelle brillanti

 Ampiezze varie

Periodi vari

CCD o FF

1928 è stato notato il suo comportamento peculiare. È stato suggerito che alterni la pulsazione sul modo fondamentale con quella sulla prima armonica superiore. **Non riconosciute nel GCVS**

Nel 1899 e nel 1900 la stella UU Her aveva un periodo vicino a 45 giorni, con un'ampiezza di circa 1,5 magnitudini. Nel 1901 il periodo aumentatò di molto, arrivando a circa 72 giorni, con un'ampiezza di 0,8 magnitudini. Questo comportamento durò fino al 1905, quando il periodo tornò improvvisamente al valore precedente rimanendo così fino al 1910, quando l'ampiezza di variazione era divenuta così esigua che la stella fu dichiarata "costante". Dati successivi a partire dal 1961 hanno indicato un periodo di 45,6 giorni, mentre nel 1984 è stato stimato in 71,6 giorni. In base alle informazioni disponibili, pare quindi che la UU Her alterni periodi di circa 45 giorni a periodi di circa 72.

Nella letteratura recente sono state suggerite tre stelle come membri classici di questo gruppo: UU Her, 89 Her (V441 Her) e HD 161796. La prima è stata spesso inserita tra gli oggetti RV Tauri, ma pare adesso classificata come stella SRD. Come sappiamo, la particolarità delle RV Tauri è l'alternanza tra minimi più e meno profondi, con una differenza in profondità tipicamente di 0,5-1 magnitudini. Per la UU Her questo fenomeno è presente a livello di pochi centesimi di magnitudine.

Anche la 89 Her ha un comportamento bizzarro: nel 1977 era evidente un ciclo di pulsazione regolare con un periodo di circa 64 giorni. Nel 1978 la pulsazione fotometrica si è improvvisamente trasformata in una fluttuazione irregolare che è perdurata anche nel 1979. Nel 1980 si è ristabilito il ciclo di pulsazione regolare.

Quando è stata osservata nel 1983, la HD 161796 sembrava possedere due periodi ben definiti di 62 e 43 giorni, seguiti da un intervallo di non variabilità. È stato ipotizzato che essi rappresentassero il modo fondamentale e la prima armonica superiore della pulsazione radiale. Uno studio condotto nel 1984 indica che l'ampiezza di questa stella è aumentata del 50% circa e l'oggetto sembra più brillante. L'analisi di una serie di dati porta a stimare un periodo di circa 38 giorni, mentre un secondo insieme di dati indica un periodo di circa 54 giorni.

Queste stelle non sono attualmente elencate come oggetti UU Her, poiché questa classificazione è nella migliore delle ipotesi provvisoria. Forse comprenderemo meglio questi oggetti quando vi saranno più dati osservativi.

ZZ (stelle ZZ Ceti)

–Nane bianche che pulsano non radialmente variando la loro luminosità con periodi da 30 secondi a 25 minuti e ampiezze da 0,001 a 0,2 magnitudini in V. Normalmente mostrano diversi valori vicini per il periodo. Sono stati talvolta osservati brillamenti di una magnitudine, che comunque possono essere spiegati dalla presenza di compagne vicine di tipo UV Ceti. **ZZA** *(sottotipo) – Variabili ZZ Cet di tipo spettrale DA (ZZ Cet) che presentano soltanto righe di assorbimento dell'idrogeno.* **ZZB** *(sottotipo) –Variabili ZZ Cet di tipo spettrale DB che presentano soltanto righe di assorbimento dell'elio.* **ZZO** *(sottotipo) –Variabili ZZ Cet di tipo spettrale DO che presentano righe di assorbimento di H II e C IV.* **GCVS**

Caratteristiche in breve

 Stelle brillanti
 Ampiezze varie
  Periodi vari
  CCD o FF

Le stelle ZZ Ceti sono classificate come variabili pulsanti, ma è generalmente riconosciuto che non possono pulsare radialmente poiché i loro periodi sono troppo lunghi (rispetto a quelli calcolati per le nane bianche). In effetti, osservazioni in più bande hanno confermato che i modi di pulsazione sono modi g non radiali. Solitamente vengono eccitati più periodi simultaneamente e le loro frequenze sono spesso sdoppiate in coppie vicine dalla lenta rotazione della stella.

I periodi sono generalmente considerati estremamente stabili, ma si verificano periodi instabili, con cambiamenti che avvengono in poche ore, probabilmente causati dalle interazioni dei vari periodi. Questo fenomeno è solitamente definito battimento di frequenze ravvicinate.

Le singole nane bianche hanno masse dell'ordine di 0,6 masse solari.

Il *GCVS* elenca approssimativamente 30 variabili ZZ Ceti, alcune delle quali situate in sistemi *novalike* o con novae nane. Gran parte degli oggetti è di tipo ZZA.

CAPITOLO 5

Le variabili cataclismiche (esplosive e *novalike*)

Queste sono stelle variabili che mostrano esplosioni (*outburst*) causate da processi di deflagrazione termonucleare negli strati superficiali (novae) o in quelli interni (supernovae). Noi utilizziamo il termine *novalike* (simili alle novae) per indicare variabili in cui si verificano detonazioni di tipo nova causate dal rapido rilascio di energia nello spazio circostante (stelle di tipo UG), ovvero oggetti che non presentano esplosioni ma somigliano a variabili esplosive al minimo di luminosità per le loro caratteristiche spettrali o di altro genere. La maggioranza delle variabili esplosive e *novalike* è costituita da sistemi binari stretti, le cui componenti hanno un'intensa influenza reciproca sull'evoluzione di ciascuna stella. Si è spesso osservato che la componente nana calda del sistema è circondata da un disco di accrescimento formato dalla materia persa dall'altra componente, più fredda ed estesa.

GCVS

Esistono circa 800 variabili cataclismiche (CV) nel GCVS. Il gruppo più numeroso, noto da più tempo e meglio studiato di questa classe, è quello delle *novae nane* (DN – *dwarf novae*), o classe U Geminorum (UG), che include i sottotipi UGSS, UGSU e UGZ. Le novae nane sono molto osservate dagli astrofili per il loro ricorrente e rapido aumento di luminosità. In una certa misura gli astronomi professionisti contano sugli amatori per essere avvertiti di una "detonazione" su una di queste stelle, cioè di un improvviso aumento di brillantezza. Essi infatti non sono in grado di controllare continuativamente le moltissime novae nane per l'occorrenza di eventi che possono avvenire in epoche piuttosto imprevedibili.

Una *nova classica* (CN) è molto diversa da una nova nana. In questo caso la luminosità ottica aumenta fino a 20 magnitudini e, per definizione, si assiste a un unico evento di deflagrazione. Il periodo di ricorrenza di una nova classica è stimato tra 3000 e 100.000 anni.

Un altro tipo di variabile cataclismica è la *nova ricorrente* (RN), che mostra detonazioni su tempi-scala di decenni. Si tratta di oggetti intermedi tra le novae nane e quelle classiche. Oggetti che si avvicinano a queste sono le stelle *simbiotiche* (ZAND), sistemi in cui la stella che accresce materia è solitamente un astro di Sequenza Principale anziché una nana bianca. I vari tipi di eventi cataclismici osservati nelle novae ricorrenti sono probabilmente originati da meccanismi diversi che dipendono dalla natura della stella che accresce massa, cioè da eventi di accrescimento su una stella di Sequenza Principale o deflagrazioni termonucleari su nane bianche. Tra breve parleremo ancora di dischi di accrescimento.

Le *novalike* (NL) sono così chiamate per le loro somiglianze spettrali e fotometriche con le novae classiche e nane, ma non vi vengono osservati eventi esplosivi. Molti di questi oggetti sembrano novae nane in uno stato permanente di *outburst*, sono cioè sistemi luminosi con dischi di accrescimento. Altri sono sistemi magnetici con stati alti e bassi di lunga durata. Il sottotipo noto come VV Sculptoris ha stati alti e bassi, ma senza le classiche caratteristiche presenti quando c'è un forte campo magnetico.

Le *supernovae* sono una classe a sé: si accendono una volta soltanto, dopodiché non sono più interessanti per gli astrofili. La scoperta di una supernova è comunque motivo di grande eccitazione e di entusiasmo nella comunità amatoriale. Se siete abbastanza fortunati da rivelare uno di questi rarissimi e normalmente deboli oggetti, ne capirete il motivo, e probabilmente diventerete anche appassionati ricercatori di questi fantastici eventi.

Le *novae* non possiedono la luminosità assoluta delle supernovae, ma possono mostrare una brillantezza apparente anche maggiore, ciò che le rende più facili da osservare. Esse possono comparire in cielo dove non esisteva apparentemente alcuna stella visibile; talvolta invece, un astro ben noto può improvvisamente illuminarsi. Anche questi eventi provocano un grande entusiasmo tra i variabilisti.

Le altre stelle di questa categoria non sono molto osservate dagli astrofili, oppure sono poco definite o poco numerose. Si dovrebbero certamente condurre studi più approfonditi. Le variabili cataclismiche rappresentano le sfide più interessanti per gli astrofili, e lo studio di questi affascinanti oggetti migliorerà senza dubbio le vostre capacità osservative e la vostra comprensione dei complessi comportamenti stellari.

A questo riguardo, due importanti fenomeni astrofisici sono stati meglio compresi nel contesto di queste variabili: i *lobi di Roche* e i *dischi di accrescimento*. Entrambi argomenti complessi e molto interessanti per gli astrofisici, sono fenomeni e processi presenti in molti oggetti del cielo.

Almeno metà delle stelle che vediamo in cielo in realtà fa parte di sistemi multipli che comprendono due o più astri in orbita intorno al comune centro di massa. Nella gran parte dei casi, le stelle sono sufficientemente lontane fra loro da avere influenze reciproche trascurabili: gli astri evolvono essenzialmente in modo indipendente e isolato, con l'eccezione della blanda influenza della gravità che le "lega" delicatamente entro un sistema comune.

Se invece le stelle di un sistema binario sono molto vicine, con una separazione dell'ordine del diametro della maggiore, allora la gravità deforma gli strati esterni dell'atmosfera di una di esse o di entrambe, formando una struttura a goccia. Mentre una stella ruota con il proprio globo deformato, chiamato *globo mareale*, generato dall'attrazione gravitazionale della compagna, essa è indotta a pulsare. Queste pulsazioni sono soppresse da vari processi che alla fine dissipano l'energia orbitale e rotazionale finché non viene raggiunta una rotazione sincrona in un'orbita circolare. Una volta completato il processo, ciascuna stella guarda sempre la stessa faccia dell'altra: il sistema ruota rigidamente nello spazio e non può più dissipare energia mediante pulsazioni di origine mareale. In una situazione come questa, la stella distorta può persino cedere alla compagna parte del suo gas fotosferico (Figura 5.1).

Quando in un sistema binario uno degli astri evolve, esso si espande occupando un volume sempre maggiore. Ricordate come le stelle in evoluzione "spingono" verso l'esterno le loro atmosfere. Durante questo lungo processo evolutivo, il destino di un sistema binario dipende dal volume di spazio che riempie. Per esempio, sistemi molto separati sono quasi sferici: è questo il tipo di situazione di una *binaria staccata*, in cui entrambe le stelle evolvono quasi indipendentemente.

La situazione è diversa se una stella si espande molto: il gas atmosferico può allora sfuggire dal volume spaziale gravitazionalmente dominato dalla stella e venire attratto verso la compagna. Il punto in cui il gas in fuga si muove dal volume a forma di goccia che circonda una

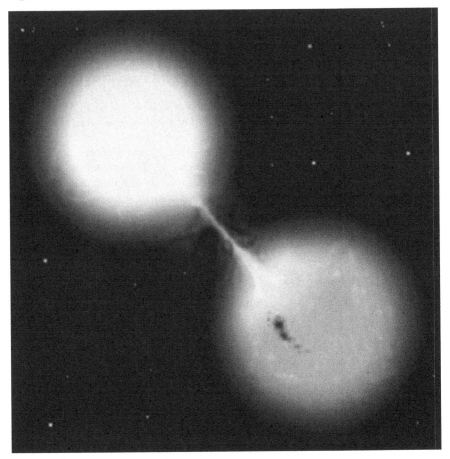

stella per muoversi verso l'altra è chiamato *punto lagrangiano interno*. Le strutture spaziali a goccia che circondano le stelle di un sistema binario, dentro il quale il gas stellare resta imprigionato, sono dette *lobi di Roche*[1]. Il trasferimento di massa da una stella all'altra può iniziare solo quando una delle stelle si espande oltre il proprio lobo di Roche, e il suo gas inizia a defluire attraverso il punto lagrangiano interno. Un tale sistema è una *binaria semistaccata*. La stella che perde massa è generalmente detta *secondaria*, quella che la riceve *primaria*. Quest'ultima può essere più o meno massiccia della compagna.

In alcune situazioni entrambe le stelle riempiono o superano i propri lobi di Roche. Esse condividono allora un'atmosfera comune delimitata da un volume a forma di manubrio. Un tale sistema è chiamato *binaria a contatto*, proprio a causa del contatto tra le atmosfere delle componenti.

Figura 5.1.
Rappresentazione artistica di un sistema binario che illustra il concetto dei lobi di Roche. Copyright: Gerry A. Good.

[1]Il termine "lobo di Roche" prende il nome dal matematico francese del diciannovesimo secolo Edouard Roche.

Il moto orbitale di una binaria semistaccata può impedire al gas che sfugge dalla componente espansa secondaria di cadere direttamente sulla primaria. Il moto orbitale di quest'ultima è generalmente sufficiente per farla costantemente spostare dalla traiettoria del gas che fluisce attraverso il punto lagrangiano interno. Se il raggio della primaria è inferiore al 50% circa della separazione tra le componenti, il flusso di gas non ne colpirà la superficie, ma inizierà a orbitare intorno alla stella formando un disco di accrescimento di gas caldo sul piano orbitale.

I lobi di Roche e i dischi di accrescimento sono di grande importanza nello studio delle variabili cataclismiche perché sono impossibili da studiare in laboratorio. Molte di queste stelle danno origine a entrambi, in seguito alla loro configurazione geometrica.

Le *AM Canum Venaticorum* sono variabili cataclismiche ricche di elio con periodo ultrabreve, probabilmente costituite da sistemi con due nane bianche.

Le *AM Herculis* possiedono intensi campi magnetici e sono note come "*polar*": i campi magnetici di queste binarie influenzano fortemente il disco di accrescimento che circonda la nana bianca del sistema.

Le *DQ Herculis* sono note come "*polar* intermedie" perché, come le AM Herculis, possiedono intensi campi magnetici che dominano il flusso di accrescimento.

Le *ER Ursae Majoris*, note anche come *RZ LMi*, sono novae nane che presentano sia una fase statica simile a quella delle *Z Cam* che brevi esplosioni analoghe a quelle tipiche delle *SU UMa*.

Le *novae* sono sistemi binari interagenti, costituiti da una nana bianca e da una nana fredda, che producono deflagrazioni improvvise con un ritorno graduale alla normalità nell'arco di vari mesi, anni o decenni. In questo libro esse sono state suddivise per semplicità in due gruppi. Le *novalike* vengono considerate separatamente dalle novae a causa della loro denominazione ambigua.

Le *supernovae* sono rare esplosioni stellari che provocano enormi deflagrazioni aumentando la luminosità della stella di 20 o più magnitudini. Alla fine l'astro viene distrutto o completamente cambiato nella sua natura.

Le *TOAD* (*Tremendous Outburst Amplitude Dwarf Novae* – novae nane con grandissime ampiezze di *outburst*) sono oggetto di dibattito: certamente esistono, ma la loro natura specifica è in discussione e forse non meritano di essere distinte dalle altre CV.

Le *U Geminorum*, note anche come *novae nane* (DN), sono generalmente identificate con sistemi binari semistaccati contenenti una nana bianca e una stella poco massiccia di Sequenza Principale. Il gas della secondaria che fuoriesce dal lobo di Roche forma un disco di accrescimento intorno all'oggetto compatto, che rappresenta la principale sorgente di luce visibile di questi oggetti.

Le cosiddette *V Sagittae* sono classificate come variabili cataclismiche *novalike*, ma non riconosciute nel *GCVS* come gruppo. Generalmente non corrispondono ad alcuna fenomenologia associata alle CV *novalike*.

Le *W Sagittae* si differenziano dalla maggioranza delle DN per la grandezza insolita della loro ampiezza di variazione. Non è chiaro se possano essere distinte in modo non ambiguo dalle *SU UMa*.

Le *Z Camelopardalis* hanno tassi intermedi di trasferimento di massa e si ritiene che alternino fasi con attività di tipo DN, quando il disco è termicamente instabile, a fasi statiche, quando il disco è stabile, come avviene nelle *novalike*. Le classificazioni GCVS sono elencate nella Tabella 5.1.

AMHER (stelle AM Herculis)

– Solitamente considerate una sottoclasse delle cataclismiche novalike, *le stelle AM Her sono conosciute anche come "polar". Questi sistemi binari contengono una nana bianca magnetizzata in rotazione sincrona e una compagna fredda vicina alla Sequenza Principale. L'accrescimento avviene verso i poli magnetici ed è la ragione del nome* polar. *Le stelle mostrano radiazione ottica polarizzata, intensa emissione X, modulazione a breve periodo e stati con alti e bassi di luminosità a lungo termine, con periodi orbitali inferiori a 3,5 ore.* **Non riconosciute nel GCVS**

Caratteristiche in breve

⭐ Stelle deboli
▦ Piccole ampiezze
🌑 Brevi periodi
👁 CCD o FF

L'oggetto peculiare AM Herculis è il prototipo del gruppo di cataclismiche noto come *polar*, in cui il campo magnetico della stella primaria (nana bianca) domina il flusso di accrescimento del sistema. AM Her fu scoperta nel 1923 da M. Wolf a Heidelberg, in Germania, durante una campagna di ricerca di stelle variabili. Essa fu inserita nel GCVS come irregolare, con un intervallo di luminosità da 12,0 a 14,0 magnitudini. Solo nel 1976 fu finalmente compresa la vera natura di questo oggetto.

La scoperta di AM Herculis ha introdotto nella classe delle variabili cataclismiche una nuova categoria di stelle fortemente magnetizzate. I loro campi magnetici sono così intensi da impedire la formazione di un disco di accrescimento intorno alla nana bianca (Figura 5.2) e bloc-

Tabella 5.1. Le variabili cataclismiche elencate per tipo in ordine alfabetico.

Tipo di variabile	Denominazione (e sottoclassi)	
AM Canum Venaticorum	**AMCVN**	CV ricche di elio con periodi ultrabrevi
AM Herculis	***AMHER**	CV con forti campi magnetici, note come *polar*
DQ Herculis	***DQHER**	CV magnetiche in rapida rotazione, note come *polar* intermedie
Novae	**N** (quattro sottoclassi)	
	NA Novae veloci	
	NB Novae lente	
	NC Novae molto lente	
	NR Novae ricorrenti (tre sottoclassi)	
	T Pyx	
	U Sco	
	T CrB	
Novalike	**NL**	
	RW Tri	
	UX UMa	
SW Sextantis	**SW Sex**	
TOAD	**TOAD**	
VY Sculptoris	***VYSCL**	Anti-novae nane
Supernovae	**SN** (due sottoclassi)	
	SNI Supernovae di tipo I	
	SNII Supernovae di tipo II	
U Geminorum	**UG** (tre sottoclassi)	
(novae nane)	**UGSS** Stelle SS Cyg	
	UGSU Stelle SU UMa	
	UGZ Stelle Z Cam	
WZ Sagittae	**WZSGE**	
V Sagittae	***VSGE**	Stelle V Sagittae
Z Andromedae	**ZAND**	Sistemi simbiotici

* Denominazione trovata in letteratura ma non riconosciuta nel GCVS.

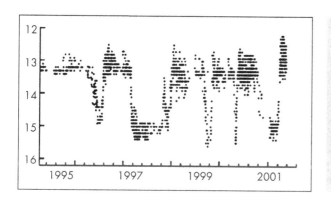

Figura 5.2. Curva di luce di AM Her. Dati forniti da VSNET. Utilizzati dietro autorizzazione.

care i due corpi del sistema in modo che rivolgano sempre la stessa faccia l'uno all'altro. La nana bianca ruota alla stessa velocità con cui le stelle orbitano l'una intorno all'altra, una *rotazione sincrona* che rappresenta la caratteristica specifica delle stelle AM Her.

La curva di luce di AM Her (Figura 5.2) pare avere il carattere di un violentissimo tornado. Esistono evidentemente più sorgenti di radiazione che provocano il caos sulla stella. Le variazioni di luminosità possono ritenersi attribuibili a due diverse categorie, quelle a lungo e quelle a breve termine, caratterizzate dall'esistenza di due diversi stati, quello *attivo* (*on*), in cui la luminosità oscilla

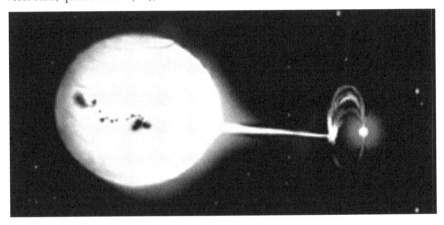

intorno alla magnitudine 13, e quello *inattivo* (*off*), in cui essa rimane a circa 15 magnitudini. Si pensa che i due stati siano associati a diversi tassi di trasferimento di materia dalla stella secondaria alla primaria.

Figura 5.3.
Rappresentazione artistica di una CV *polar* nella quale il campo magnetico della nana bianca "cattura" il materiale in accrescimento. Copyright: Gerry A. Good.

DQHER (stelle DQ Herculis)

*– Gruppo di stelle solitamente considerate una sottoclasse delle cataclismiche novalike, le stelle DQ Her sono conosciute anche come "polar intermedi". Questi sistemi binari contengono una nana bianca magnetizzata in rotazione asincrona e una compagna fredda vicina alla Sequenza Principale. L'accrescimento avviene nelle regioni esterne e forma un disco. Essendo vicino alla nana bianca, il disco viene distrutto dal campo magnetico e il materiale fluisce attraverso una colonna di accrescimento verso i poli magnetici della stella. Le variazioni luminose sono causate da effetti di eclisse e da fenomeni di accrescimento modulati rotazionalmente. Diverse polar intermedie hanno generato esplosioni di tipo nova. **Non riconosciute nel** GCVS*

Caratteristiche in breve

★ Stelle deboli
▦ Piccole ampiezze
☾ Brevi periodi
◉ CCD o FF

Per quanto non elencate ufficialmente nel *GCVS* come gruppo di stelle variabili, le stelle DQ Her sono riconosciute dagli astronomi come una classe importante. Sono note anche come "*polar* intermedie" e presentano intensi campi magnetici intorno alla nana bianca del sistema binario.

In questi sistemi si forma un disco di accrescimento, che però viene distrutto vicino alla stella primaria (nana bianca) dal forte campo magnetico. Nel caso delle *polar* intermedie la magnetosfera non è sufficientemente intensa da sincronizzare il periodo di rotazione della nana bianca con quello orbitale del sistema, come avviene nelle stelle AM Her.

La *Intermediate Polar Homepage*, un sito web dedicato allo studio di queste stelle, si trova all'indirizzo **http://lheawww.gsfc.nasa.gov/users/mukai/iphome/ip home.html**. Qui troverete una lista di oggetti candidati e le informazioni fondamentali sulle stelle, incluse le indicazioni per ottenere mappe e riferimenti.

ER UMa (stelle ER Ursae Majoris, o RZ Leo Minoris)

Caratteristiche in breve

 Stelle deboli

 Piccole ampiezze

 Brevi periodi

👁 CCD o FF

– Le stelle ER Ursae Majoris sono una sottoclasse di novae nane che mostra una sorta di fase statica simile a quella delle Z Camelopardalis. Si verificano brevi outburst *che ricordano quelli tipici delle SU Ursae Majoris per quanto riguarda il rapido declino di luce.* **Non riconosciute nel GCVS**

ER UMa è stata scoperta originariamente come un oggetto con eccesso ultravioletto e riconosciuta come variabile cataclismica nel 1986. Fino a tempi recenti è stata comunque poco studiata: solo nel 1992 è stata notata per la prima volta la sua natura di nova nana. Ripetute osservazioni visuali hanno rivelato che l'oggetto varia tra 12,3 e 15,2 magnitudini in V. Il comportamento fotometrico più peculiare di questa stella è la presenza di una *fase pseudo-statica* che segue il declino iniziale di alcuni fenomeni di esplosione.

La stella rimane in questa fase per circa 10 giorni, più debole di 0,5-1,0 magnitudini rispetto al picco di luce. Queste proprietà sono molto simili alle brevi fasi statiche osservate negli oggetti Z Cam.

Un altro aspetto interessante è la presenza di brevi, ma talvolta brillanti, *outburst* con un tasso massimo di declino di 0,7 magnitudini al giorno. Essi ricordano quelli tipici delle stelle SU Uma, nel senso del rapido tasso di diminuzione, per quanto nessuna stella SU UMa nota abbia mostrato simultaneamente caratteristiche di tipo Z Cam.

N (Novae)

*– Si tratta di sistemi binari stretti con periodi orbitali da 0,05 a 230 giorni. Una delle componenti di questi sistemi è una stella nana calda che improvvisamente, in un arco di tempo da uno a diverse dozzine o centinaia di giorni, aumenta la propria luminosità di 7-19 magnitudini in V, per poi ritornare gradualmente alla luminosità iniziale in alcuni mesi, anni o decenni. Possono essere presenti piccole variazioni al minimo di luce. Le componenti fredde possono essere giganti, subgiganti o nane di tipo K-M. Gli spettri delle novae vicino al massimo di luce somigliano inizialmente a quelli di assorbimento delle stelle luminose di classe A-F. Poi appaiono nello spettro larghe righe di emissione (bande) di idrogeno, elio e altri elementi, con componenti in assorbimento che indicano la presenza di un inviluppo in rapida espansione. Mentre la luminosità decresce, lo spettro composto inizia a mostrare righe proibite caratteristiche delle nebulose gassose eccitate da stelle calde. Al minimo di luce, gli spettri delle novae sono generalmente continui o simili a quelli delle stelle di Wolf-Rayet. Solo gli spettri dei sistemi più massicci mostrano tracce di componenti fredde. Alcune novae rivelano pulsazioni delle componenti calde con periodi di circa 100 secondi e ampiezze di circa 0,05 magnitudini in V dopo un'esplosione. Altre si rivelano infine come sistemi a eclisse. A seconda delle caratteristiche delle loro variazioni luminose, le novae sono suddivise in novae veloci (NA), lente (NB), molto lente (NC) e ricorrenti (NR). **NA** (sottotipo) – Novae veloci che mostrano rapidi aumenti di luminosità e poi, dopo avere raggiunto il massimo, calano di luminosità di 3 magnitudini in 100 giorni o meno. **NB** (sottotipo) – Novae lente la cui luce diminuisce di 3 magnitudini in 150 giorni dopo il massimo. Qui la presenza del ben noto "avvallamento" nelle curve di luce delle novae simili a T Aur e DQ Her non è presa in considerazione. Il tasso di diminuzione della luce è stimato sulla base di una curva omogenea, con le parti prima e dopo l'avvallamento che sono una il diretto proseguimento dell'altra. **NC** (sottotipo) – Novae con uno sviluppo molto lento che rimangono alla massima luminosità per più di un decennio, per poi declinare molto lentamente. Prima*

*di un evento esplosivo questi oggetti possono mostrare variazioni di luce a lungo termine con ampiezze di 1-2 magnitudini in V; le componenti fredde di questi sistemi sono probabilmente giganti o supergiganti, talvolta variabili semiregolari, e addirittura variabili Mira. Le ampiezze delle esplosioni possono raggiungere le 10 magnitudini. Gli spettri di emissione di alta eccitazione somigliano a quelli delle nebulose planetarie, delle stelle di Wolf-Rayet e delle variabili simbiotiche. Non si esclude la possibilità che questi oggetti siano nebulose planetarie nella fase di formazione. **NR** (sottotipo) – Novae ricorrenti, che differiscono dalle tipiche novae per il fatto che sono stati osservati due o più eventi cataclismici (invece di uno solo) separati da 10-80 anni. **GCVS***

Insieme alle novae nane e alle variabili *novalike*, le *novae* sono binarie interagenti generalmente con breve periodo orbitale. Sono costituite da una nana bianca massiccia, la primaria, e una nana fredda, la secondaria. Quest'ultima si espande oltre il proprio lobo di Roche e perde quindi massa a favore della compagna. Questo materiale forma un disco di accrescimento intorno alla primaria, per cadere alla fine sulla sua superficie. Le instabilità nel disco provocano una variabilità fotometrica con breve e lungo periodo nella fase del minimo luminoso.

La causa dell'esplosione di tipo nova è una reazione termonucleare incontrollata che avviene nello strato ricco di idrogeno vicino alla superficie della nana bianca massiccia, formato dalla materia accresciuta e in cui sono mescolati nuclei di carbonio (C) e ossigeno (O) provenienti dagli strati esterni della nana bianca. Quando viene raggiunta la pressione critica, nello strato esterno degenere ricco di idrogeno inizia la fusione dell'idrogeno mediante il ciclo CNO. Un rapido aumento della temperatura provoca un alleggerimento della degenerazione e la formazione di un'onda d'urto. Questo, in combinazione con la perdita di massa guidata dalla radiazione, produce un'atmosfera in espansione di grandi dimensioni ed elevata magnitudine assoluta, tipicamente M_V tra −6 e −9, al picco di brillantezza. La diminuzione della perdita di massa e il contemporaneo continuo rilascio di energia provocano la diminuzione dell'emissione visuale, una contrazione della fotosfera e un riscaldamento radiativo del materiale emesso; come risultato, nel corso dell'evento cataclismico si osservano interessanti fenomeni spettroscopici (Figura 5.4).

Le dettagliate proprietà spettrali e luminose delle novae sono complesse, e dipendono dalla massa e dalla

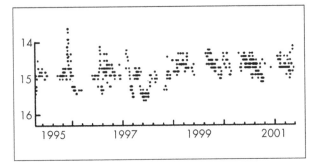

Figura 5.4.
Curva di luce di Q
Cyg (NA). Dati for-
niti da VSNET. Uti-
lizzati dietro auto-
rizzazione.

composizione chimica della nana bianca, come pure
dalla mescolanza dei nuclei ricchi di C e O nel materiale
accresciuto e dalla formazione di polveri nel guscio
espulso. Ogni nova ha la propria, unica e caratteristica
evoluzione fotometrica e spettroscopica. Nonostante
questo, le novae possono essere classificate in generale
in alcuni sottogruppi.

NA – novae veloci, che dopo avere raggiunto il massimo calano in luce visibile di 3 magnitudini in 100
giorni o meno. Hanno generalmente curve di luce
abbastanza regolari e magnitudini assolute più alte
(Figura 5.5).
NB – novae lente la cui luce visibile diminuisce dopo
il massimo di 3 magnitudini in più di 100 giorni.
Hanno generalmente curve di luce abbastanza strut-
turate e solitamente magnitudini assolute più basse.
NC – novae molto lente, che rimangono vicine alla
massima luminosità per anni o persino decenni.
Questi oggetti sono in gran parte stelle simbiotiche,
oggetti in accrescimento con compagne giganti di
tardo tipo spettrale.
NR – novae ricorrenti, che mostrano eventi cataci-
smici ripetuti a distanza di decenni. Si tratta solitamente di novae veloci, spesso con compagne giganti,
in cui la nana bianca in accrescimento è probabilmente vicina al limite di Chandrasekhar (circa 1,4
masse solari), una situazione che in condizioni di alta
pressione del gas degenere può innescare esplosioni
(Figura 5.6).

I membri dei gruppi NA e NB sono chiamati anche
novae classiche. La loro magnitudine assoluta è correlata
con la velocità di decadimento della curva di luce: le novae più veloci sono più luminose al massimo. La rapidità è misurata con i tempi t_2 o t_3, quelli cioè (espressi in
giorni) impiegati dalla nova per scendere dal massi-
mo di 2 o di 3 magnitudini rispettivamente.

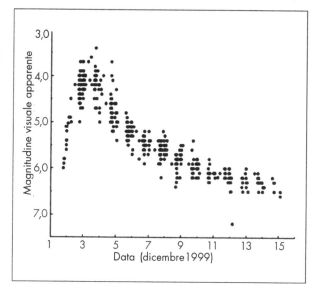

Figura 5.5.
Curva di luce di V1494 Aql (nova veloce). Dati forniti dall'AAVSO. Utilizzati dietro autorizzazione.

Quando vengono scoperte, le novae rappresentano sempre una sorpresa e producono molto entusiasmo nella comunità professionale e amatoriale. Tra le scoperte più recenti sono da ricordare: Nova Sgr 2001 No. 3 = V4740 Sgr, che ha raggiunto una luminosità massima di 6,8 magnitudini, Nova Sgr 2001 No. 2 = V4739 Sgr, che è giunta a 6,4 magnitudini, e Nova Cyg 2001 No. 2 = V2275 Cyg, che è giunta a 6,6 magnitudini Queste tre novae erano tutte alla portata dell'osservazione con binocoli o piccoli telescopi.

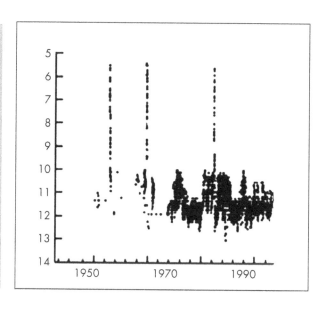

Figura 5.6.
Curva di luce di RS Oph (nova ricorrente). Dati forniti da VSNET. Utilizzati dietro autorizzazione.

NL (variabili novalike)

– Queste variabili sono oggetti non sufficientemente studiati, simili alle novae per le caratteristiche delle loro variazioni luminose o per le proprietà spettrali. Questa categoria include, oltre a stelle variabili che mostrano eventi di tipo nova, oggetti in cui non è mai stata osservata una deflagrazione; gli spettri delle variabili novalike *sono simili a quelli di vecchie novae, e le piccole variazioni luminose somigliano a quelle tipiche delle vecchie novae al minimo di luce. Comunque, molto spesso un'indagine dettagliata rende possibile la riclassificazione di alcuni membri di questo gruppo di oggetti altamente disomogeneo in altre categorie.* **GCVS**

Caratteristiche in breve

★ Stelle di vario tipo
▦ Nessuna ampiezza
🕐 Nessun periodo
◉ Visuale, CCD o FF

Le variabili *novalike* sono segnalate come stelle non sufficientemente studiate. Tra queste esistono oggetti in cui non è mai stato osservato un evento cataclismico, inclusi nella classe perché i loro spettri somigliano a quelli delle vecchie novae al minimo di luce. Molto spesso uno studio dettagliato rende possibile riclassificare alcuni rappresentanti di questo gruppo estremamente disomogeneo in altri tipi di variabili.

Non sappiamo esattamente come si comportino le novae nei lunghi intervalli tra un evento e l'altro. Secondo l'*ipotesi di ibernazione*, l'accrescimento può essere notevolmente ridotto e le novae possono allora non avere l'aspetto di *novalike*. Se il tasso di accrescimento e l'intensità del campo magnetico della nana bianca sono abbastanza bassi, possono verificarsi instabilità quasi-periodiche nel disco e l'oggetto sarà classificato come una *nova nana*. Se la nana bianca è sufficientemente massiccia (superiore a 0,6 masse solari) possono avvenire esplosioni di tipo nova e l'oggetto viene classificato come *nova* se tale evento è accaduto negli ultimi decenni ed è stato registrato correttamente. In tutti gli altri casi, cioè quando nello spettro sono presenti evidenze di accrescimento sulla nana bianca attraverso un disco o una colonna di accrescimento, ma l'oggetto non può essere classificato con certezza come N o DN, viene classificato come NL.

SN (Supernovae)

– Queste sono stelle che, per effetto di un'esplosione, aumentano la loro luminosità di 20 magnitudini e più, per poi declinare lentamente. Lo spettro durante tale evento è

*caratterizzato dalla presenza di bande di emissione molto ampie, superiori di molte volte in larghezza rispetto a quelle brillanti osservate negli spettri delle novae. Le velocità di espansione degli inviluppi di supernova sono dell'ordine delle migliaia di km al secondo. La struttura di una stella dopo un'esplosione di supernova è completamente alterata: ne risulta una nebulosa in emissione in espansione e al posto della stella originale rimane una pulsar (non sempre osservabile). In base alla forma della curva di luce e alle proprietà spettrali, le supernovae sono suddivise nei tipi I e II. **SNI** (sottotipo) – Supernovae di tipo I. Negli spettri sono presenti righe di assorbimento di Ca II, Si, ecc., ma nessuna riga dell'idrogeno. L'inviluppo in espansione è quasi privo di idrogeno. Nell'arco dei 20-30 giorni che seguono il massimo di luce, la luminosità diminuisce approssimativamente di 0,1 magnitudini al giorno, poi il tasso di diminuzione rallenta e raggiunge un valore costante di 0,014 magnitudini/giorno. **SNII** (sottotipo) – Supernovae di tipo II. Negli spettri sono presenti righe dell'idrogeno e di altri elementi. L'inviluppo in espansione consiste principalmente di H e He. Le curve di luce mostrano una maggiore diversità rispetto a quelle delle supernovae di tipo I. Solitamente dopo 40-100 giorni dal massimo di luce il tasso di diminuzione è di 0,1 magnitudini al giorno.* **GCVS**

Caratteristiche in breve

⭐ Stelle di vario tipo
📈 Grandi ampiezze
 Evento unico
 Visuale, CCD o FF

Le esplosioni stellari chiamate *supernovae* sono tra i fenomeni più rari e spettacolari osservati nell'Universo. Naturalmente i *gamma-ray burst* (GRB) producono più energia ma non sono ancora largamente osservati dagli astrofili ed è sempre aperto il dibattito sul reale meccanismo responsabile del loro enorme rilascio energetico. Considerando l'energia totale emessa durante un evento di supernova e il suo esito finale, si tratta del più drammatico evento stellare che possa essere osservato dagli astrofili.

Nel 1885 comparve una stella vicino al nucleo di M31, la famosa galassia di Andromeda, che raggiunse una magnitudine apparente di 7,2, circa un decimo della luminosità della nebulosa stessa. L'evento sollevò un notevole interesse, ma poiché la natura e la distanza della nebulosa di Andromeda erano allora ignote le discussioni erano parecchio speculative e furono infine abbandonate.

Nel 1917 furono trovate due novae molto più deboli su fotografie di M31 prese a Mount Wilson, e l'interesse per l'argomento si riaccese immediatamente. Quella che allora era ritenuta una nebulosa fu fotografata più volte, e durante i 5 o 6 anni successivi furono scoperte in totale

22 deboli novae da vari astronomi. Esse formavano un gruppo compatto e omogeneo con massimi abbastanza uniformi. L'oggetto del 1885 emergeva come una clamorosa eccezione, con un massimo diverse migliaia di volte più brillante di quelli del gruppo di oggetti deboli.

Le novae deboli si dimostrarono compatibili con le novae normali, mentre la stella del 1885 fu catalogata provvisoriamente, insieme a nebulose più deboli con esplosioni simili, in un nuovo gruppo di novae estremamente brillanti. Essa, per esempio, aveva chiaramente raggiunto un picco di luce pari ad almeno 100 milioni di luminosità solari. La differenza tra le novae normali e quelle brillanti sembrava così pronunciata che si decise provvisoriamente di considerarli due tipi distinti. Nel 1933 fu adottata una precisa denominazione, e da allora in poi le novae brillanti furono chiamate supernovae.

Una supernova è un raro tipo di esplosione stellare che cambia drammaticamente la struttura di una stella, in modo irreversibile. Grandi quantità di materia vengono espulse a velocità elevate. La curva di luce nella parte decrescente è alimentata da quanti termalizzati, rilasciati dal decadimento radioattivo di elementi prodotti durante il collasso stellare, principalmente ^{56}Co e ^{56}Ni. L'inviluppo espulso interagisce con il mezzo interstellare e forma un cosiddetto "resto di supernova" (SNR – *supernova remnant*), che può essere osservato anche molto tempo dopo l'esplosione nelle regioni radio, ottica e X.

Il primo studio dettagliato delle supernovae condusse al riconoscimento, da parte di Rudolph Leo Bernhard Minkowski[2], di due gruppi (I e II) che differiscono radicalmente negli spettri e anche, secondo Wilhelm Heinrich Walter Baade[3], nelle luminosità massime e nelle forme delle curve di luce.

Le SN I hanno curve di luce abbastanza simili e mostrano una piccola dispersione in magnitudine assoluta. Gli spettri intorno al massimo presentano righe di assorbimento di Ca II, Si II e He I, ma non hanno righe dell'idrogeno. Esse compaiono tra le popolazioni stellari vecchie e intermedie. Le stelle progenitrici non sono chiaramente identificate, ma sono buoni candidati le nane bianche massicce che accrescono materia da una

---

[2]Minkowski si unì allo staff del Mount Wilson Observatory nel 1936. Egli studiò spettri, distribuzioni e moti delle nebulose planetarie e fu a capo della National Geographic Society – Palomar Sky Survey, che negli anni '50 fotografò l'intero cielo settentrionale.

[3]Baade lavorò a Mount Wilson dal 1931 al 1958. Durante gli oscuramenti della città di Los Angeles durante la II Guerra Mondiale, egli utilizzò il telescopio Hooker da 2,5 m per risolvere per la prima volta le stelle della regione centrale di Andromeda. Questo condusse alla definizione di due diverse popolazioni stellari e alla scoperta dell'esistenza di due tipi di variabili Cefeidi.

compagna vicina spingendosi oltre il limite di Chandrasekhar.

Le supernovae sono enormi deflagrazioni in cui esplode un'intera stella. Moltissime vengono viste in galassie distanti come "nuove" stelle che appaiono vicino alla galassia a cui appartengono. Sono estremamente brillanti, risultando confrontabili, per alcuni giorni, con l'emissione luminosa combinata di tutte le altre stelle della galassia.

Poiché per lo più compaiono in galassie lontane, le supernovae osservate sono troppo deboli persino per i telescopi più grandi per poter essere studiate in dettaglio. Talvolta esplodono in galassie vicine e allora è possibile effettuare analisi specifiche in molte diverse bande spettrali. L'ultima supernova osservata nella nostra galassia, la Via Lattea, è stata vista nel 1604 da Keplero. La più luminosa da allora è stata la 1987A nella Grande Nube di Magellano, una piccola galassia satellite della nostra. La più luminosa comparsa nel cielo settentrionale negli ultimi trent'anni è invece la 1993J nella galassia M81, che fu scoperta il 26 marzo 1993.

La storia evolutiva delle due tipologie di supernova è differente: quelle di tipo I hanno origine dal trasferimento di massa in un sistema binario costituito da una nana bianca e una gigante in evoluzione; quelle di tipo II sono in generale singole stelle massicce che giungono alla fine della loro vita in modo molto spettacolare.

Le prime sono persino più brillanti delle seconde: benché il meccanismo di esplosione sia in qualche modo simile, la causa è abbastanza diversa. L'origine di una SN I è un sistema binario vecchio ed evoluto in cui almeno una componente è una nana bianca. Le nane bianche sono stelle compatte molto piccole che sono collassate a dimensioni pari a circa un decimo di quelle del Sole. Esse rappresentano lo stadio evolutivo finale di tutte le stelle di piccola massa. Gli elettroni in una nana bianca sono soggetti alle leggi della meccanica quantistica; la materia è nel cosiddetto *stato degenere*, stato che può essere sostenuto solo per masse stellari inferiori a circa 1,4 masse solari (limite di Chandrasekhar).

La coppia di stelle perde progressivamente momento angolare fino a quando esse non sono così vicine l'una all'altra che la materia della compagna viene trasferita in uno spesso disco intorno alla nana bianca, e poi dal disco della stella, accrescendola gradualmente, finché la sua massa non supera significativamente il valore critico, al che l'intero oggetto collassa e la fusione nucleare di carbonio e ossigeno in nichel fornisce energia sufficiente a far esplodere l'intero corpo stellare. L'energia rilasciata di conseguenza è, come per il tipo II, dovuta al decadimento radioattivo del nichel attraverso il cobalto e il ferro.

La struttura di tutte le stelle è determinata dal bilancio tra la gravità e la pressione di radiazione generata dalla produzione interna di energia. Nelle fasi iniziali dell'evoluzione di un astro la produzione di energia nel suo nucleo deriva dalla conversione di idrogeno in elio. Per stelle con masse circa 10 volte maggiori del nostro Sole questo avviene per circa 10 milioni di anni, dopodichè tutto l'idrogeno al centro del corpo stellare è esaurito e la fusione di questo elemento può continuare solo in un guscio intorno al nucleo di elio. Quest'ultimo si contrae gravitazionalmente finché la sua temperatura non è sufficientemente elevata da innescare la fusione dell'elio in carbonio e ossigeno. La fase di fusione dell'elio dura circa un milione di anni: alla fine anche l'elio al centro della stella si esaurisce e tale fusione continua, come quella dell'idrogeno, limitatamente a un guscio esterno al nucleo. Quest'ultimo si contrae nuovamente finché non è abbastanza caldo da innescare la conversione di carbonio in neon, sodio e magnesio. Questa fase dura circa 10.000 anni.

Questa alternanza di esaurimento di "combustibile" nel nucleo, contrazione e fusione in gusci esterni si ripete ancora, convertendo il neon in ossigeno e magnesio (per circa 12 anni), l'ossigeno in silicio e zolfo (per circa 4 anni) e infine il silicio in ferro, per circa una settimana. Una volta che il nucleo è giunto al ferro, non è più possibile ottenere energia dalla fusione, e quindi non esiste più alcuna pressione di radiazione che possa controbilanciare la forza di gravità. La crisi sopravviene quando la massa del ferro raggiunge il limite di 1,4 masse solari. La compressione gravitazionale riscalda il nucleo fino a farlo decadere endotermicamente in neutroni. Il nucleo collassa da un diametro pari a metà di quello terrestre fino a circa 100 km in pochi decimi di secondo, e in circa un secondo diventa una stella di neutroni del diametro di 10 km. Questo fenomeno rilascia una quantità enorme di energia potenziale, principalmente sotto forma di neutrini, che trasportano il 99% dell'energia.

Si produce un'onda d'urto che in circa due ore attraversa gli strati esterni della stella innescando reazioni di fusione che portano alla formazione di tutti gli elementi pesanti. In particolare il silicio e lo zolfo, formati poco prima del collasso, si combinano per dare nichel e cobalto radioattivi, che sono responsabili della forma della curva di luce dopo le prime due settimane dall'evento.

Quando l'onda d'urto raggiunge la superficie della

stella, la temperatura arriva a 200.000 gradi e la stella esplode a circa 15.000 km/s. Questo inviluppo in veloce espansione è associato al rapido aumento iniziale di luminosità: è come un'enome palla di fuoco che si espande e si assottiglia velocemente, permettendo di vedere la radiazione proveniente da regioni sempre più profonde in direzione del centro della stella originale.

Successivamente, gran parte della luce deriva dall'energia rilasciata dal decadimento radioattivo del cobalto e del nichel prodotti durante l'esplosione.

TOAD (*Tremendous Outburst Amplitude Dwarf Novae*)

Caratteristiche in breve

★ Stelle di vario tipo
▦ Grandi ampiezze
 Periodi vari
◉ CCD o FF

– Nel 1995 Howell, Szkody e Cannizzo distinsero un particolare tipo di novae nane caratterizzato dalle grandissime ampiezze dei loro outburst *ottici (da 6 a 10 magnitudini) e dagli intervalli temporali molto lunghi tra gli eventi (da mesi a decenni). Questi TOAD sono una sottoclasse dei sistemi SU UMa (novae nane che presentano sia* outburst *normali che "superoutburst"). A parte i valori elevati di ampiezze e intervalli temporali, i TOAD differiscono dagli altri sistemi SU UMa anche per il fatto di presentare quasi esclusivamente* superoutburst. **Non riconosciuti nel GCVS**

Con un nome così intrigante, i TOAD devono essere oggetti interessanti. Come tutte le variabili cataclismiche, sono sistemi binari semistaccati con periodi orbitali che vanno approssimativamente da 1 a 12 ore. Quando si studiano le novae nane, le distinzioni vengono effettuate mediante i periodi orbitali: quelle con periodi inferiori alla "lacuna di periodi" delle CV (2-3 ore circa) appartengono al gruppo SU UMa.

Gli astronomi Steve Howell e Paula Szkody hanno lanciato un progetto pluriennale per studiare le variabili cataclismiche più deboli con periodi oltre questa lacuna. La loro ricerca ha rivelato molti sistemi binari che presentano alcune delle proprietà degli oggetti SU UMa, ma che hanno anche caratteristiche peculiari.

Queste novae nane sono state chiamate TOAD a causa delle ampiezze di variazione insolitamente grandi. Non è ancora stato stabilito se questi sistemi siano effettivamente stelle SU UMa in un diverso stadio evolutivo, oppure una sottoclasse separata di novae nane. Sia i sistemi TOAD che quelli SU UMa possono essere classificati come novae nane con periodi orbitali inferiori a 2,5 ore circa. Sia gli uni che gli altri presentano *superoutburst*.

I tratti peculiari dei TOAD sono: *superoutburst* più lunghi, più brillanti e meno frequenti, tasso di trasferimento di massa probabilmente basso (meno di 10^{-11} masse solari per anno), materiale del disco con viscosità forse molto bassa (10-100 volte sotto il valore normale) al minimo, dischi di accrescimento forse con trasporto orizzontale di energia, stelle secondarie forse degeneri.

Si discute molto sulle ipotesi che queste stelle siano semplicemente una sottoclasse delle SU UMa. Joe Patterson, della Columbia University, dirige il *Center for Backyard Astrophysics*, un gruppo di astrofili che si dedica all'osservazione di diverse variabili cataclismiche. Ho trovato i suoi commenti interessanti:

"Si è molto parlato dei TOAD e ho pensato che valesse la pena di esprimere dissenso su questo termine, che mi sembra inadatto. Gli appassionati di novae nane hanno dimestichezza con la classe SU UMa e il significato è chiaro: si tratta di novae nane le cui eruzioni si dividono molto distintamente in lunghe e brevi, e che mostrano 'super-protuberanze' in quelle lunghe. Alcuni utilizzano anche il termine WZ Sge per riferirsi al sottoinsieme di stelle SU UMa che mostrano una delle seguenti caratteristiche: (a) lunghi intervalli tra gli *outburst*; (b) pochi o assenti *outburst* brevi; (c) entrambe le precedenti. Poiché questi criteri sono in qualche modo vaghi e la Natura non fornisce una linea divisoria, molti di noi non utilizzano il termine WZ Sge o lo usano solo come abbreviazione comoda rispetto a una frase più contorta, 'stelle SU UMa con eruzioni meno frequenti'. È più difficile dire se si tratti di una sottoclasse utile da definire".

UG (stelle U Geminorum)

– Chiamate molto spesso novae nane, sono sistemi binari stretti che consistono di una stella K-M nana o subgigante che riempie il volume del suo lobo di Roche interno, e una nana bianca circondata da un disco di accrescimento. I periodi orbitali sono dell'ordine di 1-12 ore. Normalmente vengono osservate solo piccole, in alcuni casi rapide, fluttuazioni luminose, ma di tanto in tanto la luminosità di un sistema aumenta rapidamente di diverse magnitudini e, dopo un intervallo di tempo che va da alcuni giorni a un mese o più, ritorna al valore originale. Gli intervalli tra due eventi esplosivi consecutivi per un dato oggetto

Caratteristiche in breve

 Stelle di vario tipo

Grandi ampiezze

Periodi vari

 Visuale, CCD o FF

possono variare molto, ma ogni stella è caratterizzata da un certo valore medio di questo intervallo, cioè da un ciclo medio che corrisponde all'ampiezza media di variazione luminosa. Quanto più lungo è il ciclo, tanto maggiore è l'ampiezza. Questi sistemi sono spesso sorgenti di emissione X. Lo spettro di un sistema al minimo è continuo, con larghe righe di emissione di H e He; al massimo queste righe scompaiono quasi o diventano righe di assorbimento poco profonde. Alcuni di questi sistemi sono a eclisse, forse suggerendo che il minimo primario è causato dall'eclisse di una zona calda originatasi sul disco di accrescimento a seguito della caduta di un flusso di gas proveniente dalla stella K-M. In base alle proprietà delle variazioni di luce, le variabili U Gem possono essere suddivise in tre sotto-classi. **UGSS** *(sottotipo) – Variabili tipo SS Cygni. Aumentano la luminosità di 2-6 magnitudini in V in 1-2 giorni e successivamente ritornano alla loro luminosità originale nell'arco di alcuni giorni. I valori del ciclo vanno da 10 ad alcune migliaia di giorni.* **UGSU** *(sottotipo) –Variabili tipo SU Ursae Majoris. Sono caratterizzate dalla presenza di due tipi di eventi esplosivi, chiamati "normali" e "supermassimi". Le esplosioni brevi, normali, sono simili a quelle delle stelle UGSS, mentre i supermassimi sono di 2 magnitudini più luminosi e più di cinque volte più lunghi (e ampi), e la loro cadenza è tre volte inferiore. Durante i supermassimi le curve di luce mostrano oscillazioni periodiche sovrapposte (super-protuberanze), con periodi simili a quelli orbitali e ampiezze di circa 0,2-0,3 magnitudini in V. I periodi orbitali sono inferiori al decimo di giorno; le compagne sono di tipo spettrale dM.* **UGZ** *(sottotipo) – Variabili tipo Z Camelopardalis. Anche queste stelle mostrano eventi ciclici, differendo dalle variabili UGSS per il fatto che talvolta dopo un'esplosione non ritornano alla luminosità iniziale: nel corso di diversi cicli mantengono una magnitudine intermedia tra la massima e la minima. I valori del ciclo vanno da 10 a 40 giorni, mentre le ampiezze luminose sono di 2-5 magnitudini in V.* **GCVS**

Gli eventi esplosivi delle *novae nane* (DN) sono intrinsecamente molto meno luminosi rispetto a quelli delle novae classiche: le loro magnitudini assolute di picco sono almeno 100 volte inferiori. Sappiamo che le novae nane sono ricorrenti, a volte su tempi-scala di poche settimane, e hanno breve durata (pochi giorni). Possono presentare anche una varietà di comportamenti peculiari. Le sorgenti di tipo SU UMa mostrano a volte esplosioni eccezionalmente lunghe, chiamate *superoutburst*. Le stelle Z Cam rimangono talvolta costanti a un livello

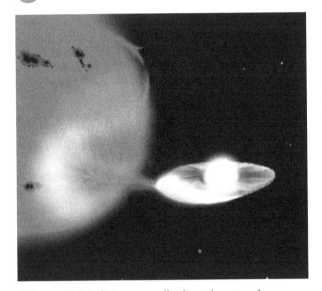

Figura 5.7.
Rappresentazione artistica di una nova nana che mostra la formazione di un disco di accrescimento. Copyright: Gerry A. Good.

di luminosità inferiore a quello di *outburst* ma ben superiore a quello quiescente. Le stelle VY Scl, note anche come anti-novae nane, si trovano per gran parte del tempo nello stato di *outburst*, con discese occasionali al livello quiescente che durano pochi giorni. Infine, ci sono le *novalike*, che si comportano in modo molto simile alle novae molto dopo le eruzioni, ma senza avere mai mostrato esplosioni di tipo nova. Si distinguono anche dalle novae nane per il fatto di avere tassi di trasferimento di massa costantemente elevati.

La principale sorgente di radiazione elettromagnetica in un sistema di nova nana è il disco di accrescimento. La compagna della nana bianca è una nana rossa di piccola massa che riempie il lobo di Roche con materia che, attraverso il punto lagrangiano interno (L_1), fluisce verso il disco di accrescimento; tale flusso di gas colpisce il disco creando una zona calda. La materia viene gradualmente trasportata attraverso il disco fino alla superficie della nana bianca, generando temperature che rendono il disco più caldo e brillante di ciascuna delle due stelle. Si ritiene che l'evento cataclismico della nova nana e gli altri fenomeni correlati siano causati da variazioni nel tasso di accrescimento nel disco. Il materiale che raggiunge la superficie della nana bianca attraverso il disco deve passare da una zona di transizione violenta, chiamata "strato di confine": è qui che hanno origine i raggi X emessi dalle novae nane. Questo è drammaticamente evidente nelle recenti osservazioni delle eclissi a raggi X in HT Cas; la durata dell'eclisse è uguale a quella determinata con osservazioni ottiche della nana bianca. La rapidità delle transizioni a inizio e fine eclisse prova che la regione di emissione X ha dimensioni confrontabili con quelle della nana bianca.

Le novae nane sono solitamente identificate con sistemi semistaccati contenenti una nana bianca e una stella di Sequenza Principale e di piccola massa. Il gas della secondaria che fuoriesce dal lobo di Roche forma un disco di accrescimento intorno all'oggetto compatto, che rappresenta la principale sorgente di radiazione visibile. Vari tipi di instabilità del disco ne influenzano notevolmente la luminosità e diventano quindi osservabili come variazioni del flusso ottico. Questa caratteristica non solo ci permette di rivelare la natura di oggetti specifici di importanza astrofisica applicando la fisica nota dei dischi di accrescimento, ma ci fornisce anche una delle opportunità migliori per metterla direttamente alla prova con le osservazioni di oggetti CV e XT.

Le novae nane mostrano eventi esplosivi semiperiodici, con un'ampiezza tipica di 2-6 magnitudini e un periodo di ricorrenza di 10-1000 giorni. Per confronto, le variabili *novalike* non presentano evidenti attività esplosive.

Le novae nane sono ulteriormente suddivise in base al comportamento della loro emissione luminosa: le stelle SS Cyg hanno *outburst* ricorrenti e approssimativamente regolari, le Z Cam hanno "pause" in cui mostrano piccole variazioni e la luminosità è intermedia tra il minimo e il massimo, le SU UMa hanno due distinti tipi di *outburst*, quelli brevi (normali) e i *superoutburst*, più brillanti.

Come abbiamo già detto, la luce visibile delle CV riflette in gran parte l'emissione energetica del disco di accrescimento, per cui le cause delle variazioni devono essere cercate principalmente nel processo di accrescimento stesso.

Tra i diversi meccanismi che possono spiegare l'ampia varietà di cambiamenti nell'emissione delle variabili cataclismiche, solo due sembrano essere plausibili: l'instabilità del trasferimento di massa e quella del disco. La prima teoria assume fondamentalmente che il tasso variabile di trasferimento di massa dalla secondaria produca le variazioni di luminosità del disco; il secondo invece

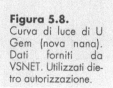

Figura 5.8.
Curva di luce di U Gem (nova nana). Dati forniti da VSNET. Utilizzati dietro autorizzazione.

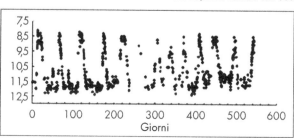

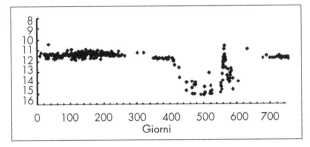

Figura 5.9.
Curva di luce di RX And che mostra un calo dopo un prolungato periodo di luminosità costante. Dati forniti da VSNET. Utilizzati dietro autorizzazione.

non assume cambiamenti nel tasso di trasferimento di massa, ma ipotizza che instabilità intrinseche del disco diano luogo a variazioni temporali nel suo tasso di accrescimento di massa, che sono osservati come stati quiescenti o di *outburst*. Discriminare tra queste due ipotesi nei sistemi di accrescimento variabili è sempre stato, esplicitamente o implicitamente, uno dei principali obiettivi di teorici e osservatori.

Dopo una lunga fase di dibattito, pare che osservatori e teorici abbiano raggiunto un accordo abbastanza soddisfacente per quanto riguarda la generale interpretazione del fenomeno nova nana nelle CV ordinarie: il modello di instabilità del disco. L'idea fondamentale è che il disco accumuli la massa accresciuta durante la quiescenza e la ceda alla nana bianca durante l'*outburst*. La natura dell'instabilità del disco che provoca un tale cambiamento di stato non era nota inizialmente. Studi teorici successivi scoprirono infine l'instabiltà termica del disco dovuta alla parziale ionizzazione dell'idrogeno.

Questo modello non solo ha dimostrato di riprodurre bene le varie curve di luce delle novae nane di tipo SS Cyg, ma fornisce anche una spiegazione naturale all'esistenza di due fondamentali tipi di variabili cataclismiche, le novae nane e le *novalike*: in queste ultime il più elevato tasso di trasferimento di massa dà origine a dischi di accrescimento termicamente stabili.

Le stelle Z Cam hanno tassi di trasferimento di massa intermedi, e per questo si ritiene che presentino le proprietà di entrambe le classi, attraversando cioè fasi con attività di tipo nova nana quando il disco è termicamente instabile e pause quando esso è stabile come nelle variabili *novalike*.

VSGE (stelle V Sagittae)

*– Le stelle di questo tipo sono spesso classificate come va-
riabili* novalike*, ma non corrispondono in realtà a nessuno dei criteri stabiliti per quella classe. La loro natura è*

ancora poco chiara, ma pare esservi consenso in letteratura sul fatto che siano sistemi binari con una componente evoluta, di natura però non ben determinata. Le ipotesi coinvolgono una subnana, una nana bianca, una stella di neutroni, un buco nero o una stella all'elio di Sequenza Principale. **Non riconosciute nel GCVS**

Caratteristiche in breve

 Stelle di vario tipo
 Ampiezze varie
Periodi vari
Visuale, CCD o FF

La variabile V Sagittae è sfuggita alla classificazione nonostante abbia ricevuto molta attenzione da parte degli osservatori fotometrici fin dalla sua scoperta nel 1902. È stata spesso catalogata come variabile *novalike*, ma in realtà non corrisponde a nessuno dei criteri stabiliti per quella classe.

Pur essendo nota dal 1902 come variabile, solo nel 1965 si scoprì che si tratta di un sistema binario con periodo orbitale di 12,3 ore. Da allora è rimasta un mistero tra le variabili. Esiste comunque un piccolo numero di stelle con proprietà molto simili.

La loro natura è ancora poco chiara, ma pare esservi consenso in letteratura sul fatto che siano sistemi binari con una componente evoluta, di natura però non ben determinata. Le ipotesi coinvolgono una subnana, una nana bianca, una stella di neutroni, un buco nero o una stella all'elio di Sequenza Principale.

V Sge è stato il primo oggetto della classe a essere identificato e studiato in dettaglio: è stato dimostrato che si tratta di una doppia binaria spettroscopica, e che è una debole sorgente di radiazione X "molle". Il comportamento fotometrico a lungo termine di questo sistema è stato desunto da osservazioni acquisite nell'arco di settant'anni. È stato mostrato che esistono variazioni di luminosità ottica che includono stati alti e bassi con separazioni fino a 2 magnitudini. Si è anche ipotizzata l'esistenza di un periodo semiregolare di circa 240 giorni.

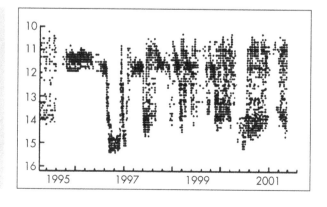

Figura 5.10. Curva di luce di RX And (UGZ). Dati forniti da VSNET. Utilizzati dietro autorizzazione.

È cruciale stabilire la struttura essenziale e lo stato evolutivo di questa nuova classe di binarie; in particolare, per comprendere questi oggetti è di fondamentale importanza la natura della componente compatta e più evoluta del sistema. Finora su questo punto non si è trovato un accordo tra gli astronomi.

Le possibilità su cui si è discusso a proposito di V Sge sono quelle di una nana bianca, una stella di neutroni o un buco nero. Il modello più accreditato per spiegare l'emissione X di bassa energia pare essere la fusione nucleare idrostatica sulla superficie di una nana bianca. Questo può accadere quando una nana bianca massiccia si accresce a tassi vicini a 10^{-6} masse solari per anno. La stella progenitrice dovrebbe essere di 6-8 masse solari. Secondo questa ipotesi dovrebbero esistere circa 100-200 oggetti di questo tipo nella Galassia.

Per quanto riguarda l'ipotesi della stella di neutroni, è stato mostrato che in alcune circostanze l'accrescimento su un tale oggetto può produrre una binaria che emette raggi X di bassa energia.

VYSCL (stelle VY Sculptoris)

– Queste stelle, talvolta chiamate anti-novae nane, sono variabili cataclismiche la cui curva di luce è caratterizzata da cali sporadici da stati alti costanti a stati bassi che durano fino a varie centinaia di giorni. Essi traggono probabilmente origine da episodi di basso trasferimento di massa dalla stella compagna. **Non riconosciute nel GCVS**

Caratteristiche in breve

- Stelle di vario tipo
- Piccole ampiezze
- Periodi vari
- Visuale, CCD o FF

Lo studio della curva di velocità radiale di Balmer della variabile cataclismica VY Scl ha rivelato un nuovo valore per il periodo orbitale (0,232 giorni) che differisce significativamente da quello precedentemente accettato. Mostra anche una modulazione gamma compatibile con la presenza di una terza componente, il che indica che questo oggetto potrebbe essere un sistema triplo gerarchico. Più precisamente, un sistema con bassa inclinazione (circa 30°) in cui si trova una nana bianca massiccia. Esistono due possibilità per la natura dell'ipotetica terza componente: una stella di 0,8 masse solari o un oggetto più massiccio di bassa luminosità (probabilmente compatto). Il valore del periodo orbitale della terza componente sarebbe intorno a 5,8 giorni, il che rende il sistema triplo dinamicamente stabile.

WZSGE
(stelle WZ Sagittae)

Caratteristiche in breve

⭐ Stelle di vario tipo
▦ Grandi ampiezze
🌔 Periodi vari
👁 Visuale, CCD o FF

– Questa sottoclasse di novae nane si distingue dalle altre per l'ampiezza di outburst *insolitamente grande (6-9 magnitudini), la durata molto maggiore e la frequenza inferiore rispetto agli eventi normali delle novae nane. Non è chiaro comunque se le WZ Sge siano distinte dalle SU UMa.* **Non riconosciute nel GCVS**

WZ Sagittae, il prototipo di questa classe, è una variabile cataclismica che ha presentato eventi esplosivi negli anni 1913, 1946, 1978 e 2001. Si tratta di una binaria a eclisse con periodo di circa 82 minuti. Nel 1969 l'oggetto è stato inizialmente catalogato come nova ricorrente. Nel 1976 la sua luminosità apparentemente bassa condusse all'ipotesi che fosse associato più strettamente alle novae nane, e questo è stato confermato dall'osservazione dell'eruzione del 1978.

L'aspetto interessante è il fatto che la curva di luce dell'evento cataclismico di tipo WZ Sge è diversa da quelle normalmente osservate nelle novae nane.

ZAND
(stelle Z Andromedae)

Caratteristiche in breve

⭐ Stelle di vario tipo
▦ Grandi ampiezze
🌔 Periodi vari
 👁 Visuale, CCD o FF

– Variabili simbiotiche di tipo Z Andromedae. Si tratta di binarie strette costituite da una stella calda, una stella di tardo tipo spettrale e un inviluppo esteso eccitato dalla radiazione della stella calda. La luminosità combinata mostra variazioni irregolari con ampiezze che raggiungono le 4 magnitudini in V. È un gruppo di oggetti molto disomogeneo. **GCVS**

Le stelle Z And, note anche come *variabili simbiotiche*, sono sistemi binari interagenti. La caratteristica specifica di questo gruppo è che, oltre alla irregolare variabilità fotometrica, i loro spettri mostrano simultaneamente tratti come le righe di assorbimento molecolare di una gigante fredda. Gli studi in regioni limitate dello spettro hanno spesso condotto a classificare erroneamente le stelle simbiotiche come qualcos'altro, prevalentemente come nebulose planetarie peculiari. Le righe di assorbimento molecolare sono frequentemente presenti solo negli spettri infrarossi.

La componente gigante del sistema binario è general-

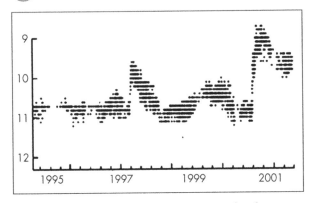

Figura 5.11.
Curva di luce di Z And. Dati forniti da VSNET. Utilizzati dietro autorizzazione.

mente di tipo spettrale M o C. Esistono anche alcune cosiddette *simbiotiche gialle* che hanno spettri di tipo G. L'altra stella può essere un astro di Sequenza Principale e piccola massa o un oggetto compatto, come una subnana, una nana bianca o una stella di neutroni. L'interazione che produce il *fenomeno simbiotico*, che include una variabilità irregolare e la presenza di righe di emissione di alta eccitazione, inizia quando la stella gigante trasferisce massa sulla compagna. Gran parte dei sistemi ben studiati contiene una stella di Sequenza Principale che accresce materia dalla gigante mediante un flusso mareale diretto, oppure una nana bianca che si accresce attraverso il vento stellare della gigante. Molte stelle Z And mostrano evidenza di un disco di accrescimento. Il trasferimento di massa produce spesso una zona calda nel disco, che in molti casi fornisce la temperatura necessaria a ionizzare parte dell'ambiente circumstellare e generare le righe di emissione. Le stelle simbiotiche sono strettamente associate agli ancora più rari sistemi VV Cep, nei quali una supergigante tarda interagisce con una stella O o B.

CAPITOLO 6

Le variabili rotanti

Sono stelle variabili con luminosità superficiale non uniforme e/o forma ellissoidale, la cui variabilità è causata dalla rotazione assiale rispetto all'osservatore. La non uniformità della distribuzione di luminosità superficiale può essere causata dalla presenza di macchie o da qualche disomogeneità termica o chimica dell'atmosfera, dovuta a un campo magnetico il cui asse non coincide con quello di rotazione.

GCVS

Esistono più di 900 variabili rotanti nel GCVS. Il gruppo più numeroso è quello delle stelle *alfa-2* Canum Venaticorum, seguito dalle variabili BY Draconis. Sono noti solo una dozzina di oggetti del tipo FK Comae Berenices. Come gruppo, queste variabili non ricevono molta attenzione da parte degli astrofili, probabilmente perché hanno piccole ampiezze e sono quasi impossibili da osservare senza l'aiuto di strumenti. Generalmente l'intervallo di luminosità tra minimo e massimo per le variabili rotanti va dai centesimi ai decimi di magnitudine. D'altra parte, quando vengono osservate con la strumentazione opportuna queste stelle gratificano solitamente l'osservatore paziente con rapide variazioni di ampiezza (periodi), dell'ordine di ore in alcuni casi.

Naturalmente ogni stella ruota, ma se essa presenta anche tratti superficiali permanenti o semipermanenti relativamente estesi simili alle macchie solari, allora essa apparirà variabile in luminosità, o persino in colore, quando per effetto della rotazione queste caratteristiche superficiali attraversano la linea di vista dell'osservatore. I cambiamenti possono essere così esigui da non essere percepibili visualmente, ma si possono rivelare con metodi CCD o FF. La temperatura non cambia molto, poiché la luminosità è proporzionale alla quarta potenza della temperatura: questo significa che una piccola variazione di quest'ultima, come nel caso di una "macchia" fredda su una stella, provoca un'enorme variazione in luminosità. Per questa ragione le macchie solari appaiono scure, pur avendo una temperatura di molte migliaia di gradi. La stella ovviamente non risulta variabile se l'asse di rotazione punta verso l'osservatore, o se le disomogeneità superficiali sono simmetriche rispetto all'asse stesso.

Come classe, le variabili rotanti vi daranno un'eccellente opportunità per migliorare le vostre capacità osservative e fornire nel frattempo un valido contributo alla scienza. Osservarle, raccogliere dati di buona qualità e tracciarne le curve di luce richiede attenzione ai dettagli e l'applicazione di tecniche osservative rigorose.

Gli oggetti *alfa-2* Canum Venaticorum sono stelle di Sequenza Principale (classe di luminosità V) dei tipi spettrali B8p-A7p con intensi campi magnetici. La "p" nella denominazione indica una composizione chimica *peculiare*, dedotta dall'insolita intensità negli spettri delle righe di Si, Sr, Cr e terre rare, che variano con la rotazione. Queste stelle presentano variazioni di luminosità e campo magnetico, con periodi da 0,5 a 160 giorni o più e ampiezze generalmente di 0,01-0,1 magnitudini in V. Il gruppo più conosciuto di variabili rotanti è quello delle stelle A peculiari, note come Ap, nelle quali le macchie superficiali sono provocate dal fatto che un intenso campo magnetico "blocca" strutture chimiche fredde in posizioni relativamente stabili nel gas stellare. Le variazioni in brillantezza e colore sono tipicamente piccole, ma in uno o due casi sono quasi grandi abbastanza da poter essere osservate visualmente.

Gli oggetti BY Draconis sono generalmente identificati come un sottogruppo delle classiche stelle a brillamento UV Ceti. Sono comunemente descritti come stelle con piccole ampiezze, periodi di pochi giorni, tipi spettrali dK o dM e righe di emissione del Ca II. Troverete in letteratura che alcuni astronomi ritengono che tutte le stelle a brillamento siano soggette sporadicamente a variabilità di tipo BY Draconis. Per verificare questa ipotesi sono necessarie osservazioni fotometriche molto accurate condotte per un periodo di alcuni anni. Alcuni oggetti BY Draconis hanno ampiezze vicine a 0,5 magnitudini, facilmente alla portata delle capacità osservative di astrofili appassionati muniti di adeguata strumentazione.

Le *variabili rotanti ellissoidali* sono sistemi binari stretti le cui variazioni di luminosità avvengono su periodi pari a quello del loro moto orbitale. Poiché le due stelle sono vici-

Tabella 6.1. Le variabili rotanti elencate per tipo, in ordine alfabetico.

Tipo di variabile	Denominazione (e sottoclassi)	
alfa-2 Canum Venaticorum	**ACV**	Stelle B8p-A7p con piccole variazioni dovute a estese "macchie" generate da intensi campi magnetici
	ACVO	Variabili alfa-2 CVn rapidamente oscillanti
BY Draconis	**BYDRA**	Stelle dKe-dMe con variazioni quasi-periodiche
Variabili ellissoidali	**ELL**	Variabili rotanti ellissoidali (di qualunque tipo spettrale)
FK Comae	**FKCOM**	Stelle G-K III rapidamente rotanti, con macchie e talvolta binarie
Pulsar	**PSR**	Pulsar otticamente variabili
SX Arietis	**SXARI**	Stelle B0p-B9p con righe intense di He I e Si III

ne, la gravità ne deforma le atmosfere sufficientemente da provocarne la variabilità. Le ampiezze non superano il decimo di magnitudine in V, ma con metodi CCD o FF sono facilmente rivelabili.

Gli oggetti tipo FK Comae sono stelle giganti (classe di luminosità III) di tipo spettrale G-K, con elevate velocità rotazionali e irregolarità superficiali che danno origine a fluttuazioni di brillantezza. Una ipotesi sulla loro natura è che si tratti di sistemi binari coalescenti, forse stelle W UMa evolute (si veda il capitolo 7, "I sistemi binari stretti a eclisse").

Le *pulsar otticamente variabili* sono stelle di neutroni in rapida rotazione con intensi campi magnetici, che irradiano nelle regioni radio, ottica e X. Esse emettono stretti fasci di radiazione e variano con periodo pari a quello rotazionale (da 0,004 a 4 secondi). Le ampiezze degli impulsi luminosi possono raggiungere le 0,8 magnitudini.

Le stelle tipo SX Arietis sono chiamate talvolta "variabili all'elio". I periodi di variazione della luce e del campo magnetico coincidono con quello rotazionale, mentre le ampiezze sono di circa 0,1 magnutidini in V. Sono solitamente descritte come oggetti analoghi alle variabili ACV, ma ad alte temperature. Le classificazioni GCVS sono elencate nella Tabella 6.1.

ACV (stelle *alfa*-2 Canum Venaticorum)

*– Sono stelle di Sequenza Principale appartenenti ai tipi spettrali B8p-A7p e con intensi campi magnetici. Gli spettri mostrano righe particolarmente intense di Si, Sr, Cr e terre rare le cui intensità variano con la rotazione. Queste stelle presentano variazioni di luminosità e campo magnetico con periodi da 0,5 a 160 giorni o più e ampiezze solitamente nell'intervallo 0,01-0,1 magnutidini in V. **ACVO** (sottotipo) – Variabili*

alfa-2 CVn rapidamente oscillanti: sono variabili magnetiche rotanti che pulsano non radialmente, appartenenti al tipo spettrale Ap. I periodi di pulsazione cadono nell'intervallo 6-12 minuti (0,004-0,01 giorni), mentre le ampiezze delle variazioni di luce causate dalla pulsazione sono di circa 0,01 magnutidini in V. Le variazioni dovute alla pulsazione sono sovrapposte a quelle causate dalla rotazione.

GCVS

Le variabili tipo *alfa-2* Canum Venaticorum, note anche come Ap e roAp[1], sono stelle sulla cui superficie l'elio (He) è molto scarso, mentre sono sovrabbondanti il ferro (Fe), il silicio (Si) e il cromo (Cr) nelle macchie. Sono note fin dall'inizio della classificazione spettrale, quando queste proprietà furono osservate per la prima volta.

Nell'ambito del tentativo di catalogare chiaramente queste stelle, è interessante il fatto che la distinzione fatta dal *GCVS* tra le ACV e le SXARI sembra irrilevante; una delle due classificazioni viene spesso assegnata a una stella per la quale l'altra sembrerebbe più appropriata.

In generale, le stelle chimicamente peculiari sono astri con evidenze spettrali di particolarità chimiche quali intensità elevate delle righe del ferro e di terre rare. In questo gruppo esiste una *sequenza magnetica*, in riferimento a stelle che mostrano un intenso campo magnetico globale. Questo non significa che le stelle HgMn, o con righe metalliche (Am) ecc. non abbiano alcun campo magnetico; tuttavia, le stelle collocate entro la sequenza non-magnetica possono esistere senza un campo magnetico, o con un effetto globale molto più debole, o persino con un campo magnetico di struttura complessa, tale che l'effetto misurato mediato su tutto il disco visibile è insignificante. Le stelle Ap hanno campi magnetici superficiali globali che vanno da 0,3 a 30 kG[2], e l'intensità effettiva del campo varia con la rotazione, una situazione che è stata interpretata con il *modello del rotatore obliquo*, in cui l'asse magnetico è inclinato rispetto a quello di rotazione. I tempi-scala delle variazioni luminose osservate nelle stelle Ap vanno dai minuti ai decenni.

Gli astri Ap sono intrinsecamente rotatori lenti, ma quelli più caldi ruotano più rapidamente. La lunghezza del periodo di rotazione può essere determinata costruendo la curva di luce delle variazioni dovute alla rotazione della disomogenea superficie. In maggioranza sono dell'ordine di 1-7 giorni, con una coda verso periodi maggiori. Possono sovrapporsi altri meccanismi di variabilità, come il moto binario o la pulsazione, per cui è necessaria un'attenta analisi.

Caratteristiche in breve

★ Stelle deboli
▨ Piccole ampiezze
 Brevi periodi
◉ CCD o FF

---

[1]Il prefisso "ro" indica le stelle Ap rapidamente oscillanti.
[2]kG sta per chiloGauss: il campo qui è migliaia di volte più intenso rispetto a quello del Sole.

Una fonte di ulteriori informazioni sulle stelle chimicamente peculiari in generale, e sulle variabili *alfa*-2 Canum Venaticorum in particolare, è la *Peculiar Newsletter* della sezione "IAU Working Group on Ap and Related Stars". Si tratta di una circolare astronomica specializzata fondata a Vienna, che potete trovare all'indirizzo **http://ams.astro.univie.ac.at/apn.**

Può essere particolarmente interessante la circolare n. 24, del 17 ottobre 1995, che contiene la tabella delle stelle Ap e Am in ordine alfabetico secondo la loro denominazione di variabili: essa include non solo gli oggetti Ap e Am citati come variabili nella quarta edizione del GCVS, ma anche quelli con riconoscimento più recente (liste nn. 67-72).

BY (stelle BY Draconis)

Caratteristiche in breve

 Periodi vari

 Piccole ampiezze

Lunghi periodi

CCD o FF

– Stelle nane con righe di emissione dei tipi spettrali dKe-dMe, che mostrano variazioni luminose quasi-periodiche, con periodi che vanno da una frazione di giorno a 120 giorni e ampiezze da alcuni centesimi di magnitudine a 0,5 magnitudini in V. La variabilità della luce è causata dalla rotazione assiale di una stella con un grado variabile di disomogeneità della luminosità superficiale (macchie) e con attività cromosferica. Alcuni di questi oggetti mostrano anche brillamenti simili a quelli delle variabili UV Ceti, e in tal caso appartengono anche a quest'ultima categoria, essendo quindi considerate simultaneamente variabili eruttive. **GCVS**

Le variabili BY Draconis sono stelle di tipo dKe-dMe: questo significa che sono tarde (K-M) e nane (prefisso "d"), con righe di emissione dell'idrogeno negli spettri (suffisso "e").

La variabilità della luce è causata dalla rotazione assiale di una stella con disomogeneità della luminosità superficiale (Figura 6.1). Una regione di macchie fredde localizzate su un emisfero provoca le variazioni luminose irregolari.

Questi oggetti sono tra i molti astri con interessante attività cromosferica. Un esame superficiale può condurvi a ritenere che siano simili alle binarie RS Cvn, ma le variabili BY Dra possono essere sia binarie che singole. Questa caratteristica fisica è stata usata per dimostrare che una configurazione binaria non è direttamente responsabile di questo tipo di attività cromosferica.

Alcuni di questi oggetti mostrano anche brillamenti di tipo UV Ceti, e il GCVS ha riconosciuto il fenomeno aggiungendo la classificazione UV ad alcune di queste stelle.

Alcune variabili classificate come BY Dra nel GCVS dovrebbero probabilmente essere assegnate invece alla classe

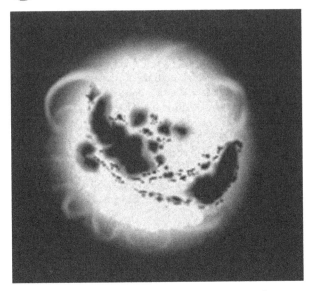

Figura 6.1.
Rappresentazione
artistica di una va-
riabile di tipo BY
Draconis che mo-
stra le estese mac-
chie responsabili di
questo tipo di varia-
bilità. Copyright:
Gerry A. Good.

FK Com. Benché indubbiamente singole, con macchie e variabili in seguito alla modulazione rotazionale, non fanno
parte del giusto tipo spettrale e/o classe di luminosità delle
BY Dra. Alcuni esempi sono costituiti da OP And (gK1),
V390 Aur (K0 III), EK Eri (G8 IV-III) e V491 Per (G8 IV).

Il prototipo della classe fu scoperto nel 1966. All'epoca,
la sua natura variabile fu spiegata con le macchie stellari.
Un'altra stella del gruppo, le YY Gem, era stata scoperta
nel 1926, ma fu classificata come binaria a eclisse. È invece
chiaramente una variabile BY Dra: il suo tipo spettrale è
dMe+dM2e e la sua variabilità tra le eclissi è stata correttamente identificata come una fluttuazione provocata da
una macchia. Il GCVS tuttavia, enfatizzando le eclissi e i
brillamenti, la classifica come EA+UV.

ELL (stelle variabili rotanti ellissoidali)

*– Sistemi binari stretti con componenti ellissoidali, che va-
riano la luminosità combinata con periodi pari a quelli del
moto orbitale a causa delle variazioni nelle aree emittenti
rivolte verso l'osservatore, ma non mostrano eclissi. Le ampiezze di variazione non superano il decimo di magnitudine in V.* **GCVS**

Le variabili ellissoidali sono per definizione sistemi binari: solo a causa della gravità le forme di questi astri sono
distorte sufficientemente da causare variazioni di luce.

**Caratteristiche
in breve**

★ Stelle di vario tipo
 Piccole ampiezze
 Periodi vari
◉ CCD o FF

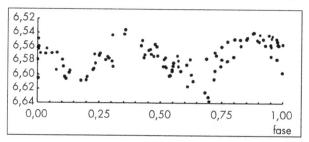

Figura 6.2.
Curva di luce della variabile V844 Sco, di tipo ELL. Dati forniti dalla missione HIPPARCOS. Utilizzati dietro autorizzazione.

Potete fermarvi a considerare la natura binaria di questi sistemi e chiedervi la probabilità di occorrenza di un'eclisse. Certamente, quando avete due o più stelle esiste una probabilità finita che una possa casualmente passare di fronte all'altra, rispetto all'osservatore.

Comunque, perché un sistema sia considerato una variabile ellissoidale questo non deve accadere. *Le eclissi non sono consentite!* Per quanto le variabili ellissoidali siano fisicamente simili a quelle a eclisse con variazioni di luce fuori da un'eclisse, le loro piccole inclinazioni orbitali impediscono che il fenomeno si verifichi (Figura 6.2).

Una grande difficoltà nello studio di questi oggetti è stata l'assenza di un catalogo esauriente, che ha reso difficile esaminarle come classe o confrontare una particolare variabile con una ellissoidale. Un'attenta analisi di questo gruppo ha chiarito che tale classificazione è stata utilizzata come comodo "ripostiglio" per variabili con curve di luce frammentarie o peculiari. Che fortuna per gli astrofili! Si tratta di un gruppo eccellente di oggetti su cui condurre seri studi.

Sono necessarie osservazioni lunghe e precise per identificare le stelle con erronea classificazione. Troverete poco materiale di riferimento su questi oggetti: le mappe mancano; le stelle di confronto non sono state individuate; le tecniche di analisi non sono ben stabilite. Per il serio amatore, queste stelle sono degne di attenzione.

FKCOM (stelle FK Comae Berenices)

Caratteristiche in breve

⭐ Stelle di vario tipo
 Piccole ampiezze
 Periodi vari
👁 CCD o FF

– Giganti in rapida rotazione con luminosità superficiale non uniforme, di classe spettrale G-K con larghe righe di emissione H e K del Ca II e talvolta H-alfa. Possono anche essere sistemi binari spettroscopici. I periodi delle variazioni luminose (fino a diversi giorni) sono pari a quelli di rotazione, e le ampiezze sono di alcuni decimi di magnitudine. Non è escluso che questi oggetti siano il prodotto di un'ulteriore evoluzione dei sistemi binari stretti di classe EW (W UMa). **GCVS**

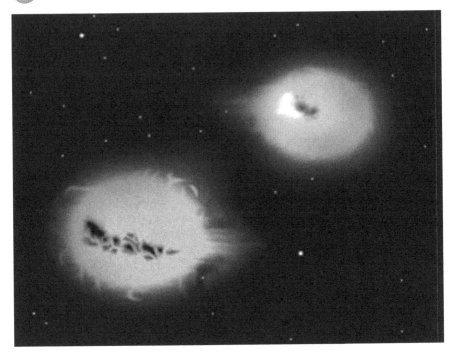

Figura 6.3.
Rappresentazione
artistica di una va-
riabile di tipo FK
Com che segnala la
rapida rivoluzione e
l'irregolare lumino-
sità superficiale di
questi sistemi binari.
Copyright: Gerry A.
Good.

Le variabili FK Comae sono giganti in rapida rotazione che variano a causa della loro irregolare luminosità superficiale. Una regione di macchie fredde localizzata su un emisfero della stella provoca l'irregolarità in brillantezza. Come originariamente definita la classe include giganti di tardo tipo spettrale con velocità di rotazione molto elevata (breve periodo di rotazione) ed evidenza di intensa attività cromosferica, ma senza mostrare grandi variazioni di velocità (Figura 6.3). Il GCVS può includere in questa classe anche sistemi binari.

FK Comae stessa ruota così rapidamente che lo scenario evolutivo più plausibile prevede la coalescenza di una binaria di tipo W UMa e un inviluppo circostante in rotazione otticamente spesso. Altre stelle assegnate a questa classe non ruotano così rapidamente e possono essere semplicemente singole stelle A evolute, che non hanno perso molta della loro originale rapida rotazione di quando erano Sequenza Principale. Se vi sono binarie nella classe, la loro rapida rotazione deve allora derivare semplicemente dalla sincronizzazione con un periodo orbitale abbastanza breve.

Di nuovo, poiché stiamo osservando variazioni luminose causate da macchie che ruotano sulla superficie di stelle distanti, l'ampiezza per questi oggetti è dell'ordine dei centesimi o dei decimi di magnitudine. Certamente lavoro per astrofili dotati di adeguati strumenti.

PSR (pulsar otticamente variabili)

– Queste sono stelle di neutroni in rapida rotazione e con intensi campi magnetici, che irradiano nella banda radio, ottica e X. Le pulsar emettono stretti fasci di radiazione, e i periodi delle loro variazioni luminose coincidono con quelli di rotazione (da 0,004 a 4 secondi), mentre le ampiezze degli impulsi di luce raggiungono le 0,8 magnitudini. **GCVS**

Nel GCVS è elencata solo una manciata di pulsar, tutte estremamente deboli. Come obiettivi ottici, questi oggetti esotici non sono consigliabili per l'osservazione casuale. Se intendono prenderla in considerazione per uno studio serio, gli astrofili appassionati avranno bisogno di telescopi di grande apertura equipaggiati con strumenti sensibili, come le camere CCD.

Se consideriamo che gli astrofili acquisiscono talvolta immagini di *gamma-ray burst*, riferiscono di supernovae che "splendono" a 18 magnitudini e superano la "profondità" del telescopio di 5 m di Mount Palomar con un telescopio di 40 cm e una CCD, è dura sostenere, come si diceva un tempo, che lo studio delle pulsar sia fuori questione. Pur con tale doverosa precisazione, questi oggetti possono essere studiati anche attraverso le osservazioni effettuate da altri. Dopotutto, come nella vita reale, non possiamo cacciare balene o andare sulla Luna, ma possiamo leggerne!

SXARI (stelle SX Arietis)

– Stelle di Sequenza Principale di tipo spettrale B0p-B9p, con campi magnetici e righe di He I e Si III di intensità variabile. Sono talvolta chiamate "variabili all'elio". I periodi delle variazioni di luce e del campo magnetico (circa 1 giorno) coincidono con quelli di rotazione, mentre le ampiezze sono approssimativamente di 0,1 magnitudini in V. Queste stelle sono le analoghe ad alta temperatura delle variabili ACV. **GCVS**

Molti anni fa queste stelle furono denominate variabili spettrali di tipo A, variabili al silicio, variabili all'elio o stelle Ap al silicio. Oggi gli oggetti tipo SX Arietis sono solitamente descritti come gli analoghi ad alta temperatura delle *alfa-2* Canum Venaticorum. Come accennato

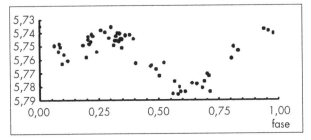

Figura 6.4.
Curva di luce di SX Ari. Dati forniti dalla missione HIPPARCOS. Utilizzati dietro autorizzazione.

nella sezione sulle stelle ACV, la distinzione del GCVS a tale riguardo sembra inconsistente.

Nel GCVS troverete 33 stelle SX Ari, 10 delle quali sono classificate come incerte. Altre 13 si trovano in *The 67-73 Name List of Variable Stars (NL)* e 6 in *The 74th NL*.

Esse presentano variazioni rivelabili con certezza solo con gli strumenti. Non sono quindi buoni candidati per l'osservazione visuale, ma forniscono a chi possiede la strumentazione un'ottima possibilità di vedere un ciclo completo in una sera. Quando si osservano con una CCD o con metodi fotoelettrici, i loro brevi periodi permettono uno studio dettagliato durante una singola seduta osservativa (Figura 6.4).

Le tecniche osservative per queste stelle sono le stesse valide per le *alfa-2* Canum Venaticorum: sono necessarie osservazioni a lungo termine con metodi CCD o FF, e a causa dei periodi brevi un ciclo completo, o forse più, dovrebbe essere l'obiettivo di una serata di lavoro.

Alcuni commenti sulle stelle di piccola ampiezza

Voglio discutere brevemente alla fine di questo capitolo l'importanza di osservare due tra le classi di stelle variabili che abbiamo esaminato: le eruttive e le rotanti. La maggioranza di queste stelle mostra piccole ampiezze di variazione e richiede quindi una strumentazione adeguata per essere studiata; di conseguenza può essere ignorata da molti astrofili.

La necessità di usare adeguati strumenti non dovrebbe essere considerata un ostacolo o un motivo per ritenere che uno studio serio di questi oggetti sia oltre la portata degli astrofili. D'altra parte, non è certamente obbligatorio osservare stelle di piccola ampiezza. Non esiste alcuna regola che impone agli osservatori visuali di acquistare l'equipaggiamento necessario per studiare queste stelle. Come ormai dovreste aver capito, esiste un numero sufficiente di stelle variabili da tenervi occupati per molte vite raccogliendo informazioni utili, e nessuno dovrebbe sentirsi obbligato a iniziare a usare strumenti sofisticati.

Detto ciò, vorrei puntualizzare che molti astrofili muniti di strumenti, cioè di CCD e fotometri, stanno osservando oggetti ben studiati a un livello che non è realmente necessario, e potrebbero usare meglio il loro prezioso tempo utilizzando l'equipaggiamento per lo studio di queste stelle che sono scarsamente osservate. Ho notato che in diversi archivi di variabili le stime di luminosità per molti oggetti veloci e di piccola ampiezza sono distanziate di giorni. Vorrei essere chiaro su questo punto, quindi mettiamola in altro modo: un gran numero di queste stelle di piccola ampiezza presenta variazioni rapide, dell'ordine di ore o minuti, ma le stime riportate sono acquisite una volta ogni pochi giorni e quindi si perdono completamente le caratteristiche importanti di questi oggetti. Osservazioni di questo tipo non riescono a fornire informazioni che sono necessarie agli astronomi e non darebbero a voi i dati di base necessari per effettuare analisi significative sulle vostre stesse misure. Le variabili rapide, con cambiamenti di luminosità che avvengono nell'arco di ore o minuti, hanno bisogno di un monitoraggio frequente, tipicamente ogni pochi minuti durante un ciclo completo, se possibile. Mettetela così: se aveste intenzione di comprendere le variazioni annuali di temperatura per la vostra località geografica, non misurereste la temperatura dell'aria solo una volta al mese per poi estrapolare i suoi massimi e minimi per l'intero anno, giusto? Oppure: controllereste l'indice azionario solo una volta al mese per decidere cosa vendere o comprare? Ovviamente no. Allora comportatevi così quando osservate le stelle variabili.

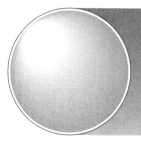

CAPITOLO 7

I sistemi binari stretti a eclisse

Per classificare i sistemi binari a eclisse viene adottato un triplo criterio, considerando la forma della curva di luce combinata, le proprietà fisiche delle componenti e quelle evolutive. La classificazione basata sulle curve di luce è semplice, tradizionale e adatta agli osservatori; il secondo e il terzo metodo di classificazione prendono in considerazione le posizioni delle componenti del sistema sul diagramma (M_V, B-V) e il grado di riempimento del lobo di Roche interno. Le stime sono effettuate applicando i semplici criteri proposti da Svechnikov e Istomin (1979).

GCVS

Nel *GCVS* troverete più di 6000 variabili binarie a eclisse. Il gruppo più numeroso è quello delle stelle di tipo Algol; più di mille binarie a eclisse, tuttavia, sono poco studiate e non sono quindi state classificate in uno dei tre gruppi principali (cioè EA, EB o EW). Un migliaio di binarie a eclisse poco definite, classificate come "E:", può certamente essere considerato un ambiente ricco di obiettivi per qualunque osservatore!

Naturalmente, guardando attentamente si scopre che questi oggetti sono in gran parte deboli, persino al massimo di luce, o mostrano piccole ampiezze e necessitano quindi di strumenti per essere osservati bene durante un intero ciclo. Se siete seri osservatori visuali, questa non è una sfida senza speranza. Un rapido esame delle variabili classificate come E: mostra subito una manciata di stelle che potete facilmente studiare con metodi visuali. Considerate per esempio le seguenti due stelle: HO CMa, con massimo a 7,55 magnitudini, minimo a 8,62 magnitudini, periodo che sembra indeterminato, e V536 Mon, con massimo a 9,10 magnitudini, minimo a 10,10 magnitudini e periodo di 31,035 giorni. Entrambe possono essere osservate visualmente, e senza dubbio se ne possono trovare molte altre con caratteristiche simili.

Se dubitate che osservatori visuali siano in grado di studiare adeguatamente stelle con proprietà, apparentemente limitanti, come la bassa luminosità o la piccola ampiezza, leggete attentamente nel Capitolo 10 i risultati ottenuti da Kari Tikkanen, un osservatore finlandese che utilizza il binocolo per osservare le variabili: sono molto incoraggianti.

Mentre le stelle eruttive, pulsanti, cataclismiche e rotanti sono chiamate variabili intrinseche perché la loro variabilità è causata da diversi meccanismi fisici interni, le binarie a eclisse sono dette estrinseche, e il loro studio richiede modelli fisici complessi in aggiunta alla necessaria fisica stellare per descriverne le proprietà di variabilità. La costruzione di tali modelli fisici richiede l'uso di geometria e astrofisica, ragion per cui lo studio di questi oggetti è considerato un impegno complesso. Esaminiamo alcune delle proprietà fisiche rilevanti per la comprensione di queste stelle.

Generalmente gli astronomi classificano le binarie fisiche in base al modo in cui sono state rivelate. Per capire cosa possiamo imparare dalle stelle binarie, è utile quindi comprendere i diversi metodi usati per osservarle.

Le *binarie visuali* sono coppie fisiche in cui entrambi i membri possono essere distinti (risolti) a occhio nudo, con un telescopio o una fotocamera. Gli astronomi ne hanno studiate oltre 65.000. Se mai vi stancaste delle stelle variabili, le binarie visuali sono una grande area di studio per gli astrofili!

Nelle *binarie spettroscopiche* le singole stelle non possono essere risolte. I moti orbitali sono rivelati dagli spostamenti Doppler periodici delle righe spettrali dell'oggetto. Esistono due sottotipi di binarie spettroscopiche: quelle in cui si osserva un solo spettro e quelle in cui invece si vedono due insiemi di righe spettrali, quelli cioè delle due componenti. Quest'ultimo sottotipo fornisce ovviamente più informazioni all'osservatore.

Una *binaria a eclisse* è una coppia di stelle il cui piano orbitale è visto quasi di taglio e dà luogo quindi a eclissi perché le stelle, rispetto all'osservatore, passano alternativamente l'una di fronte all'altra. In questo caso, le curve di luce riveleranno molto della coppia di oggetti. Le binarie a eclisse sono l'argomento centrale di questo capitolo.

Una *binaria spettroscopica a eclisse* mostra sia spostamenti Doppler che eclissi. Si tratta del tipo di binaria che
fornisce la maggiore quantità di informazioni, permettendo un'analisi molto dettagliata di moti, masse e dimensioni delle stelle.

Una *binaria astrometrica* è rivelata invece dai moti
delle componenti misurati rispetto alle stelle di fondo.

Condurre studi sulle binarie a eclisse comporta spesso
la combinazione di dati fotometrici e spettroscopici. I
primi sono rappresentati principalmente dalle curve di
luce, mentre i secondi sono prevalentemente curve di velocità radiale prodotte misurando gli spostamenti
Doppler delle righe spettrali. In teoria, l'esame della curva di luce fornisce l'inclinazione e l'eccentricità dell'orbita, le dimensioni e le forme delle stelle, in alcuni casi il
rapporto tra le masse, quello tra le luminosità superficiali, le distribuzioni di luminosità delle stelle, e ancora altre quantità. Se sono disponibili le velocità radiali, è possibile determinare anche le masse e il semiasse maggiore
dell'orbita. La velocità radiale può essere riportata in articoli di riviste specializzate e la si potrà utilizzare per effettuare studi molto approfonditi di questi oggetti. In linea di principio, possono essere stimati molti altri
parametri che descrivono il sistema e le singole stelle, a
patto che i dati delle curve di luce siano di precisione
elevata e le stelle non differiscano molto dal modello che
avrete adottato. Un ottimo programma che vi aiuterà a
studiare le binarie a eclisse è *Binary Maker 2.0*, fornito
da David H. Bradstreet, Contact Software, Norriston, PA
19401-5505.

In alcuni casi è possibile individuare la posizione di
ciascuna componente nel sistema binario, specialmente
durante l'eclisse. La maggiore perdita di luminosità avviene quando la stella più fredda passa davanti alla più
calda, provocando un calo della luminosità totale del sistema. Quando invece la stella debole si trova a lato della
compagna, rispetto alla nostra linea di vista, il sistema è
al picco di luce. Quando infine la stella fredda passa dietro alla compagna, il sistema perde ancora luminosità,
ma non tanto quanto nell'eclisse precedente, in cui viene
bloccata una porzione di luce proveniente dall'astro più
caldo.

Più avanti vengono mostrate le curve di luce tipiche
corrispondenti alle classiche categorie di binarie a eclisse
Algol, *beta* Lyrae e W UMa, note rispettivamente come
variabili EA, EB e EW.

Le curve di luce del tipo Algol (EA) hanno tipicamente massimi quasi piatti, suggerendo che ogni effetto fotometrico dovuto alla vicinanza delle stelle è trascurabile.

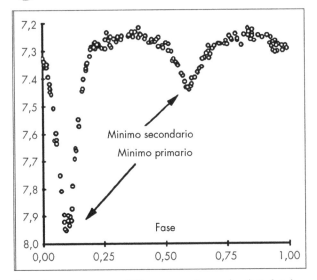

Figura 7.1.
Curva di luce che mostra i due diversi minimi di luminosità per una binaria a eclisse.

È evidente una netta differenza tra le profondità dei due minimi, e in alcuni casi il meno profondo dei due è persino difficile da rilevare. Addirittura, a certe lunghezze d'onda (per esempio quando si utilizzano filtri scientifici) può capitare che il minimo secondario sia invisibile, o che si verifichi un aumento di luce, anziché una diminuzione, vicino alla fase in cui era atteso il minimo secondario, a causa di *effetti di riflessione*. In un sistema binario, infatti, la presenza di un'altra stella provoca in ciascuna componente un aumento di luminosità nella parte della fotosfera rivolta verso la compagna, a causa del riscaldamento originato dall'energia radiante della compagna stessa. Come probabilmente intuite, poiché la causa fisica di questo fenomeno è l'energia termica, l'espressione *effetto di riflessione* è per certi versi fuorviante (Figura 7.2).

Un effetto di riflessione sulle curve di luce della stella binaria è l'aumento della luminosità intorno all'eclisse secondaria rispetto a quella intorno all'eclisse primaria. Un altro effetto è la produzione di curvature concave o verso l'alto nella curva di luce tra le eclissi. Quando i due oggetti hanno temperature simili e sono vicini, ma non nella configurazione *over-contact* (si veda più avanti), può essere necessario considerare effetti di riflessione multipli. La binaria a eclisse BF Aurigae offre un esempio di tali fenomeni: la prima stella scalda la seconda e quest'ultima, adesso più calda, scalda la prima più di quanto ci si aspettasse, a causa della propria aumentata temperatura. Questo processo è iterativo, il che significa che si autoalimenta e porta a temperature più alte negli emisferi delle due stelle rivolti l'uno verso l'altro.

Le curve di luce del tipo *beta* Lyrae (EB) mostrano, al

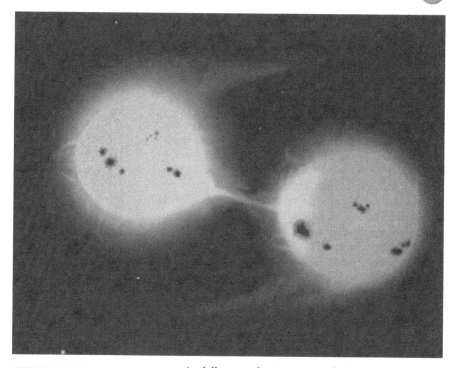

Figura 7.2.
Rappresentazione artistica dell'effetto di riflessione: è maggiore la luminosità superficiale della parte di ciascuna stella rivolta verso la compagna. Copyright: Gerry A. Good.

contrario delle precedenti, una variabilità continua, caratteristica delle stelle distorte per effetti di marea, con grandi differenze nella profondità dei minimi. Questo tipo di curva di luce indica solitamente che gli oggetti hanno diverse luminosità superficiali. La stella prototipo della classe è stata riconosciuta come variabile da John Goodricke nel 1784. Le variazioni si notano più facilmente confrontandola con la sua vicina *gamma* Lyrae, che ha una magnitudine di 3,2. Al picco di luce le due stelle sono quasi uguali in brillantezza, mentre al suo minimo la *beta* ha solo metà della luminosità della *gamma*. *Beta* Lyrae è una variabile eccellente da osservare con il binocolo perché è brillante, come pure le vicine stelle di confronto.

Le curve di luce del tipo W UMa (EW) mostrano anch'esse una variabilità continua, ma con una piccola differenza nella profondità dei minimi. Le variazioni al di fuori delle eclissi negli ultimi due tipi discussi sono indubbiamente dovute a effetti di prossimità, principalmente alle forme distorte delle stelle, ma le curve di luce EB hanno origine in binarie staccate o semistaccate, mentre i sistemi EW sono binarie *over-contact*.

Le espressioni *staccata*, *semistaccata*, *a contatto* oppure *over-contact* derivano dalla classificazione morfologica delle binarie. I sistemi staccati contengono stelle con ampie separazioni; quelli semistaccati sono ancora separati, ma con una stella che riempie il proprio lobo di Roche;

nei sistemi a contatto entrambi gli astri riempiono i propri lobi di Roche; nei sistemi *over-contact*, infine, il gas di entrambe le stelle fuoriesce dai rispettivi lobi di Roche per formare un inviluppo comune. Tali sistemi possono esistere per periodi di tempo astronomicamente significativi solo se le orbite sono circolari e se le componenti ruotano in modo sincrono.

Nello studio delle curve di luce delle binarie a eclisse, quando la differenza tra i due minimi è chiaramente percepibile quello più profondo è per chiarezza chiamato *minimo primario* o *principale* e l'altro *secondario*. La designazione può essere arbitraria nei casi privi di differenze apprezzabili. Gli astronomi calcolano generalmente la frazione decimale di un ciclo fotometrico, chiamata *fase*, a partire dal minimo primario. Come sicuramente ricordate, per le altre variabili la fase inizia invece nel punto *più brillante* del ciclo.

Quando si tratta di designare la componente primaria del sistema, la specializzazione dell'astronomo determina solitamente il criterio. La definizione varia infatti dai fotometristi agli spettroscopisti, ai teorici, e quindi non sempre è coerente. Nel contesto della fotometria, la stella che viene eclissata al minimo primario è generalmente detta primaria. Come probabilmente avrete intuito, questa classificazione non è necessariamente relativa alla massa o alle dimensioni, ma è piuttosto legata alla temperatura. Per binarie con orbite circolari, è la stella con la maggiore luminosità per unità di superficie a essere eclissata al minimo primario. In molti casi si tratta anche della componente più massiccia.

Nell'analisi spettroscopica l'utilizzo di questa terminologia genera talvolta confusione. Quando infatti si studiano le caratteristiche spettrali, la stella con righe più intense, generalmente quella con maggiore luminosità apparente, è molto spesso designata come primaria. Nello studio della velocità radiali, la primaria è invece quella con la minore velocità radiale, cioè ovviamente quella più massiccia. Mentre solitamente la stella più massiccia è anche la più luminosa e quindi la più calda, esistono casi in cui questo non è vero. Quando si considerano gli studi teorici, questa ambiguità di classificazione diventa ancora più complicata: analizzando l'evoluzione stellare di un sistema binario, la designazione "primaria" si riferisce talvolta alla stella originariamente più massiccia, che però può diventare quella meno massiccia a causa del trasferimento di materia. Complicato? È meglio controllare molto attentamente, quando si legge un libro o l'articolo di una rivista, per essere sicuri di aver capito di quale stella si stia parlando.

Il *Jagiellonian University Observatory*, noto anche come Osservatorio di Cracovia, in Polonia (**http://www.oa.uj.edu.pl/ktt/rcznk.html**), mantiene un catalogo a schede contenente le epoche dei minimi e altre informazioni su circa 2000 binarie a eclisse. I dati sono stati raccolti all'Osservatorio sin dai primi anni '20 del secolo scorso. Vi troverete anche l'*International Supplement (SAC – Supplemento all'Annuario Cracoviense)* contenente le effemeridi per un anno, in cui sono presenti 880 stelle riconosciute come variabili a eclisse (dei tipi Algol, *beta* Lyrae e W Ursae Maioris).

Dan Burton mantiene un bel sito *web, Eclipsing Binary Stars* (**http://www.physics.sfasu.edu/astro/binstar.html**), dove potete trovare informazioni su questi oggetti, tra cui alcuni dati fotometrici su *beta* Lyrae e 68 Herculis, programmi e un modello per il calcolo delle curve di luce.

Oltre alle tre ben note categorie di sistemi a eclisse, una nuova classe è stata introdotta nel 2000 (IBVS 5135). Nota come "transito planetario a eclisse", questa configurazione richiede che sia un pianeta anziché una stella compagna a causare l'eclisse. Se volete scoprire pianeti extrasolari, questo è il tipo di sistema binario che dovete osservare.

Insieme a quelle dei sistemi a eclisse, il GCVS contiene classificazioni aggiuntive fondate sulle caratteristiche fisiche delle stelle all'interno dei sistemi binari, o sui lobi di Roche. Le classificazioni GCVS sono elencate nella Tabella 7.1.

E (sistemi binari a eclisse)

Caratteristiche in breve

 Stelle di vario tipo

 Ampiezze varie

 Periodi vari

👁 Visuale, CCD o FF

– Sistemi binari con piani orbitali così vicini alla linea di vista dell'osservatore (l'inclinazione del piano orbitale sul piano ortogonale alla linea di vista è vicina a 90°) che periodicamente le componenti si eclissano a vicenda. Conseguentemente, l'osservatore percepisce variazioni nella luminosità apparente combinata del sistema, con periodo coincidente con quello del moto orbitale delle componenti. **GCVS**

Questa è la categoria "ripostiglio" per le binarie a eclisse: quando le caratteristiche della curva di luce sono ambigue, la stella viene generalmente inserita in questo gruppo. Se state cercando un progetto interessante, questo è un buon punto da cui partire. Ovviamente questi oggetti appartengono a *qualche* sottoclasse: la vostra missione, se decidete di accettarla, è quella di individuare

Tabella 7.1. Le variabili a eclisse elencate per tipo, in ordine alfabetico.

Tipo di variabile	Denominazione (e sottoclassi)	
Algol	**EA**	Sistemi a eclisse di tipo Algol
Beta Lyrae	**EB**	Sistemi a eclisse di tipo *beta* Lyrae
Eclisse planetaria	**EP**	Stelle con pianeti in transito sul disco
W UMa	**EW**	Sistemi a eclisse di tipo W Ursae Majoris
RS Canum Venaticorum	**RS**	Sistemi di tipo RS Canum Venaticorum
– classificazione aggiuntiva in base alle proprietà fisiche delle componenti		
	GS	Una o due componenti giganti
	PN	Una componente è il nucleo di una nebulosa planetaria
	RS	Sistema RS CVn
	WD	Sistemi con una componente nana bianca
	WR	Sistemi con una componente di Wolf-Rayet
– classificazione aggiuntiva in base al grado di riempimento dei lobi di Roche interni		
	AR	Sistemi staccati di tipo AR Lac
	D	Sistemi staccati le cui componenti non riempiono i lobi di Roche interni
	DM	Sistemi staccati di Sequenza Principale
	DS	Sistemi staccati con una subgigante
	DW	Sistemi staccati di tipo W UMa
	K	Sistemi a contatto in cui entrambe le componenti riempiono i lobi di Roche interni
	KE	Sistemi a contatto dei primi tipi spettrali
	KW	Sistemi a contatto di tardo tipo spettrale
	SD	Sistemi semistaccati in cui la superficie della componente meno massiccia è vicina al lobo di Roche interno.

Nota. La combinazione dei tre sistemi di classificazione qui elencati per le binarie a eclisse porta all'assegnazione di denominazioni multiple per gli oggetti, i diversi simboli sono separati dal simbolo "/", per esempio: E/DM, EA/DS/RS, EB/WR, EW/KW, ecc.

quale, sviluppare i dati che lo dimostrano e poi rivelare le vostre scoperte al mondo.

Potreste iniziare un tale progetto esaminando il GCVS per individuare le stelle visibili dalla vostra latitudine, e determinando poi in quale stagione si troveranno in posizione tale da poter essere osservate; ricordate che l'epoca migliore per vedere un oggetto è quella del passaggio al meridiano. Eventualmente consultate le ricerche fatte in letteratura, magari guardando gli *Information Bulletin on Variable Stars* o l'*Astrophysical Data Service*. Entrambe queste fonti di informazioni saranno descritte nei capitoli 10 e 11. Controllate la letteratura per sapere se qualcun altro ha condotto ricerche sulle stelle che avete scelto. Non è necessario ripetere le osservazioni altrui senza un buon motivo, e comunque potreste trovare qualche informazione che vi sarà utile nella vostra ricerca. Dopo avere fatto questi passi fondamentali, elaborate un programma osservativo dettagliato, tenete buoni appunti e siate tenaci e pazienti. Sarete sorpresi da ciò che potrete scoprire.

EA (sistemi *beta* Persei)

Caratteristiche in breve

 Stelle di vario tipo

 Ampiezze varie

Periodi vari

Visuale, CCD o FF

– Sono binarie con componenti sferiche o leggermente el-lissoidali. È possibile specificare, sulle loro curve di luce, i momenti di inizio e fine delle eclissi. Tra le eclissi la lumi-nosità rimane praticamente costante o varia poco a causa di effetti di riflessione, di variazioni fisiche o di leggera el-lissoidalità delle componenti. Possono essere assenti mini-mi secondari. Si osserva una grande varietà di periodi, da 0,2 a più di 10.000 giorni. Anche le ampiezze luminose differiscono molto e possono raggiungere diverse magnitu-dini. **GCVS**

Le stelle *beta* Persei (EA), note anche come variabili tipo Algol, sono un sottogruppo di binarie a eclisse defi-nito in base alla forma distintiva della curva di luce (*morfologia*). La luminosità rimane approssimativamen-te costante tra le eclissi; la variabilità dovuta a effetti di ellitticità e/o di riflessione è cioè relativamente insignifi-cante. Conseguentemente, le epoche esatte di inizio e fi-ne di una eclisse possono essere determinate analizzando attentamente la curva di luce.

Le eclissi possono variare da quelle poco profonde (0,01 magnitudini), se parziali, a quelle molto profonde (diverse magnitudini), se totali. Le due eclissi possono avere profondità confrontabile, oppure diversa (Figura 7.3). In alcuni casi l'eclisse secondaria è troppo poco profonda per essere misurabile, per esempio quando una stella è molto fredda, oppure del tutto assente quando l'orbita è altamente eccentrica.

Questo tipo di curva di luce si presenta quando en-trambe le stelle della binaria sono sferiche o solo legger-mente ellissoidali. Una componente può persino essere molto distorta, al punto da riempire il proprio lobo di Roche, purché contribuisca relativamente poco alla luce totale del sistema. Questo accade almeno nella metà delle variabili EA note.

Tra gli oggetti EA troverete sistemi binari con stati evolutivi molto diversi, quali:

– sistemi contenenti due stelle di Sequenza Principale di qualunque tipo spettrale da O a M;
– sistemi in cui una componente è evoluta (o lo sono entrambe), ma senza avere ancora oltrepassato il pro-prio lobo di Roche;
– sistemi con una stella non evoluta e l'altra che ha ol-trepassato il proprio lobo di Roche dando origine a un trasferimento di massa;

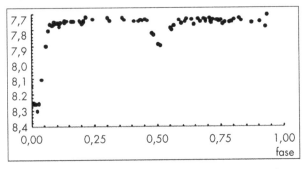

Figura 7.3.
Curva di luce della variabile di tipo EA IQ Per. Dati forniti dalla missione HIP-PARCOS. Utilizzati dietro autorizzazione.

– sistemi con una stella molto evoluta, come una subnana calda o una nana bianca, e l'altra meno evoluta;
– sistemi con stelle non evolute.

I sistemi binari nel terzo stato evolutivo – semistaccati, con una stella evoluta e l'altra no, e con trasferimento di materia in corso – sono chiamati *binarie di tipo Algol*. Se generano eclissi, questi sistemi possono avere curve di luce di forma EA o EB. Ironicamente *beta* Lyrae, il prototipo del tipo morfologico EB relativo alle curve di luce, in realtà è una binaria di tipo Algol.

La prima stella EA scoperta, e il prototipo del gruppo, è stata la *beta* Persei. La sua variabilità era nota ai cinesi 2000 anni prima che John Goodricke nel 1783 ne determinasse il breve periodo (2,867 giorni), proponendo per primo le eclissi per interpretare il fenomeno. Algol ha eclissi parziali ed è una binaria semistaccata con trasferimento di massa, mentre la secondaria è cromosfericamente attiva ed emette onde radio e raggi X; fa parte inoltre di un sistema triplo.

Per questi sistemi i periodi orbitali possono essere molto brevi (una frazione di giorno) o molto lunghi (per esempio, 27 anni nel caso di *epsilon* Aurigae). Perché la curva di luce sia di forma EA, il raggio stellare deve essere relativamente piccolo rispetto alla separazione tra le stelle. Notate che la componente più brillante in *epsilon* Aurigae è una supergigante, ma il suo raggio è comunque una piccola frazione del grande (6000 raggi solari) semiasse maggiore dell'orbita.

I periodi orbitali delle stelle EA possono essere determinati molto accuratamente misurando le epoche delle ripide eclissi. In molti sistemi sono presenti variazioni di periodo: il meccanismo fisico responsabile può essere il moto absidale, l'orbita intorno a un terzo corpo, la perdita o il trasferimento di massa, oppure la presenza di cicli magnetici di tipo solare. La stessa Algol ha un periodo orbitale soggetto a un ciclo di 1,783 anni mentre ruota intorno alla componente Algol C, e anche un ciclo magnetico di 32 anni.

EB (sistemi *beta* Lyrae)

**Caratteristiche
in breve**

 Stelle di vario tipo

Ampiezze varie

 Periodi vari

 Visuale, CCD o FF

– Sono sistemi a eclisse con componenti ellissoidali e curve di luce su cui è impossibile specificare le epoche esatte di inizio e fine delle eclissi, a causa della variazione continua della luminosità combinata apparente del sistema tra le eclissi. Si osserva sempre un minimo secondario, solitamente molto meno profondo di quello primario. I periodi sono in maggioranza superiori a un giorno. Le componenti appartengono generalmente ai primi tipi spettrali (B-A) e le ampiezze luminose sono solitamente inferiori a 2 magnitudini in V. **GCVS**

Le stelle tipo *beta* Lyrae (EB) sono un altro sottogruppo di binarie a eclisse definito in base alla forma distintiva della curva di luce (Figura 7.4). Quest'ultima varia con continuità tra le eclissi, rendendo difficile specificarne le epoche di inizio e fine. Per distinguere le EB dalle EW si tenga presente che, secondo il GCVS, nelle prime generalmente i minimi primari e secondari differiscono significativamente in profondità, i periodi orbitali sono superiori a un giorno e i tipi spettrali sono B o A.

Si suppone che questo tipo di curva di luce si produca quando una o entrambe le stelle della binaria sono altamente ellissoidali. Una componente può persino riempire il proprio lobo di Roche.

Tra gli oggetti EB troverete sistemi binari con stati evolutivi molto diversi, quali:

– sistemi non evoluti contenenti due stelle di Sequenza Principale, ma con periodo orbitale relativamente breve (per esempio, XY UMa);
– sistemi in cui una componente è evoluta (o lo sono entrambe), ma senza avere ancora oltrepassato il proprio lobo di Roche (per esempio, *zeta* And);
– sistemi semistaccati in cui avviene trasferimento di massa dalla stella evoluta a quella non evoluta (per esempio, *beta* Lyr);
– sistemi con una stella molto evoluta, come una subnana calda o una nana bianca, e l'altra che produce effetti di ellitticità (per esempio, AP Psc).

Curiosamente, alcune binarie classificate come EB non danno luogo ad alcuna eclisse: le variazioni luminose sono originate esclusivamente da effetti di ellitticità, e i due minimi sono diversi in conseguenza del maggiore effetto di oscuramento al bordo nell'estremità allungata della stella estremamente distorta.

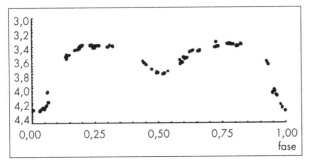

Figura 7.4.
Curva di luce della variabile di tipo EB beta Lyr. Dati forniti dalla missione HIP-PARCOS. Utilizzati dietro autorizzazione.

La prima stella EB scoperta, e il prototipo del gruppo, è stata *beta* Lyrae. Lo stesso John Goodricke che aveva scoperto Algol ne rivelò la variabilità un anno dopo, nel 1784. Questo è un oggetto estremamente complesso e interessante. La componente più brillante riempie il lobo di Roche e trasferisce materia sulla compagna così rapidamente da formare un disco otticamente e geometricamente spesso che oscura quasi completamente la stella che accresce massa. Questo fenomeno provoca l'aumento del periodo orbitale a un tasso molto elevato. Nei 210 anni trascorsi dalle misure di Goodricke del 1784 esso è aumentato dello 0,35%, passando da 12,8925 a 12,93854 giorni.

Osservare le stelle tipo *beta* Lyrae può rappresentare un progetto entusiasmante per gli osservatori visuali, e molte variabili EB sono alla portata dello studio visuale degli astrofili. Per coloro che vogliono affrontare una sfida più impegnativa, esistono centinaia di variabili EB che devono essere esaminate con metodi fotometrici.

EP (sistemi binari a eclisse con transito planetario)

– Sono stelle la cui variabilità è causata dal transito sul disco dei loro pianeti. Il 9 luglio 2001 la pubblicazione The 76th Name-List of Variable Stars *(IBVS 5135) ha aggiunto questa nuova classificazione alla definizione della quarta edizione del* GCVS. *Il prototipo di questa classe è* V376 Pegasi *(HD 209458).* **76**[th] **NL**

Caratteristiche in breve

 Stelle di vario tipo
 Ampiezze varie
 Periodi vari
CCD o FF

"Esistono da qualche parte altri mondi come il nostro?" è una domanda attribuita generalmente a Epicuro intorno al 300 a.C. La sua scuola filosofica, il Giardino, competeva ad Atene con l'Accademia di Platone e il Liceo di Aristotele. L'interrogativo può indubbiamente essere considerato uno dei più antichi e persistenti

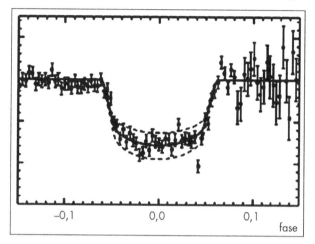

Figura 7.5.
Curva di luce della variabile di tipo EP V376 Peg. Dati forniti dallo High Altitude Observatory/National Center for Atmospheric Research. Utilizzati dietro autorizzazione.

dell'umanità.

In riferimento a tale quesito, vari metodi di rivelazione sono attualmente usati dagli astronomi per la ricerca di pianeti extrasolari. Uno di essi si adatta bene anche agli astrofili ed è di particolare interesse per gli osservatori di variabili. Il metodo del transito – la ricerca di stelle che variano in luminosità a causa di un transito planetario – è infatti alla portata di molti amatori. In realtà, gli astrofili hanno già scoperto transiti planetari su stelle.

Per sfruttare tale metodo, le stelle tarde nane di tipo M (dM) sono le migliori candidate a causa della piccola area e della bassa luminosità rispetto a stelle più calde. Un pianeta che passa davanti a una di queste stelle piccole e fredde ne oscurerà una frazione maggiore della luce totale, producendo una variazione maggiore in luminosità rispetto al passaggio davanti a una stella più calda, estesa e brillante. Si può dimostrare che un pianeta di raggio approssimativamente pari a tre volte quello terrestre che passi di fronte a una stella tarda di tipo M produce un calo di 0,01 magnitudini. Un centesimo di magnitudine sembra poco, ma è rivelabile con un telescopio di modeste dimensioni equipaggiato con un CCD o uno strumento fotoelettrico, entrambi accessibili agli astrofili. La curva di luce di V376 prodotta da un transito planetario mostra un'ampiezza di circa 0,02 magnitudini (Figura 7.5). Senza dubbio questo livello di accuratezza è raggiungibile dagli astrofili. Per coloro che possiedono un CCD, ciò significa acquisire eccellenti immagini di calibrazione (cioè campi "*flat*" e "*dark*"), utilizzare lunghi tempi di esposizione (con i filtri è più facile quando si osservano stelle brillanti) e usare accorgimenti per minimizzare gli effetti della turbolenza e dell'estinzione atmosferica. Ottenere questo livello di precisione non è da banale: occorrono l'applicazione rigorosa di tecniche e metodi fotometrici ritenuti da molti ardui, nella migliore delle ipotesi.

Praticamente tutti i passati progetti di ricerca si sono focalizzati su stelle dei tipi spettrali G e K. Alcune delle campagne per scoprire transiti planetari hanno osservato stelle tarde fino al tipo M6; nessuna comunque si è concentrata esclusivamente su oggetti dei tipi spettrali M5 e oltre. Conseguentemente, sono stati trovati compagni planetari solo per stelle fino al tipo spettrale M4. Come affermato in precedenza, per questo tipo di ricerca le piccole superfici e la ridotta luminosità rendono le stelle tarde nane ottimi candidati per l'osservazione.

Sappiamo da tempo che la presenza di altri corpi può disturbare la periodicità dei tempi dei transiti. È interessante il fatto che pubblicazioni recenti hanno dimostrato che il metodo del transito è in grado di rivelare anche anelli e massicci satelliti planetari. Questi corpi possono essere scoperti mediante le deviazioni dalla normale forma o dalla stretta periodicità del transito. Un anello planetario opaco, per esempio, può produrre un transito simmetrico con un ingresso e un'uscita a gradino visibili nella curva di luce, mentre una luna massiccia (abbastanza da dare un contributo osservabile alla perdita di luce durante il transito) darebbe origine a curve a gradino, ma asimmetriche. Un satellite inoltre, anche se invisibile nella forma del transito, provocherebbe un'oscillazione del pianeta rispetto al baricentro del sistema luna-pianeta, causando quindi deviazioni nelle epoche del transito rispetto alla stretta periodicità della rivoluzione orbitale del pianeta. Nel sistema Terra-Luna, per esempio, il centro di massa è spostato rispetto al centro geometrico della Terra di 4660 km, per cui il centro della Terra, durante la rivoluzione intorno al Sole, si trova a precedere o seguire il baricentro anche di 2,6 minuti. Analogamente, il sistema costituito da Saturno e dal suo satellite maggiore, Titano, darebbe luogo a spostamenti nelle epoche del transito fino a 30,5 secondi. Tali differenze sarebbero facilmente riconoscibili, una volta osservati almeno tre transiti.

Anche i sistemi binari a eclisse forniscono agli astronomi una particolare opportunità per impiegare il metodo del transito planetario. Come mostrato precedentemente in questo capitolo, l'inclinazione del piano del sistema è vicina a 90°: essa può essere misurata precisamente da un'analisi della curva di luce. Inoltre, ci si aspetta che un sistema planetario sia stato precessionalmente "schiacciato" sul piano delle componenti della binaria durante la sua formazione. Per certi sistemi binari, la probabilità che i pianeti provochino transiti osservabili è vicina al 100%. Un vantaggio ulteriore dell'osservazione delle stelle binarie a eclisse è il fatto che qui i transiti generano segnali unici e quasi-periodici. Poiché il sistema è composto da una stella doppia, vi saranno normalmente due transiti. La forma esatta della curva di luce dipende dalla fase del sistema binario al momento del transito planetario.

Un modello da considerare è la binaria a eclisse CM Draconis, che è stata oggetto di un monitoraggio ad alta precisione per molti anni. Le deviazioni periodiche delle epoche dei minimi possono indicare la presenza di un terzo corpo orbitante. Ottimo esempio di sistema con una nana fredda e piccola discusso sopra, CM Dra è la binaria a eclisse con la minore massa conosciuta, con componenti di tipo spettrale dM4,5/dM4,5. L'area combinata delle due stelle è circa il 12% di quella solare, e il transito di un pianeta 3,2 volte più grande della Terra provocherebbe un calo di luminosità di 0,01 magnitudini, ben accessibile con le attuali tecniche fotometriche differenziali. CM Dra è relativamente vicina (17,6 pc) e, con un'inclinazione di 89°,82, è osservata quasi di taglio.

Un altro metodo utilizzato per cercare sistemi a eclisse con transito planetario è chiamato "ricerca di pianeti extrasolari troiani". Pensate agli asteroidi troiani individuati nell'orbita di Giove: si trovano nei punti lagrangiani L4 e L5, posizioni stabili situate a 60 gradi da ciascuna parte lungo l'orbita del pianeta, che esistono in seguito alle complesse interazioni gravitazionali tra Giove, il Sole e gli asteroidi.

Per usare questo metodo di ricerca, si pensi che al posto del Sole ci sia una stella massiccia e al posto di Giove una compagna di piccola massa; esiste quindi la possibilità di trovare pianeti nei punti lagrangiani L4 e L5 della stella minore. Il vantaggio della ricerca con questo metodo è la possibilità di prevedere le epoche delle eclissi planetarie: sono a 60 gradi prima e dopo l'eclisse stellare. Nella metodologia delle binarie a eclisse, quando si costruisce il grafico della curva di luce in funzione della fase, espressa da 0 a 1 con lo 0 corrispondente al centro del minimo primario, ciò significa attendersi le eclissi dei pianeti troiani rispetto alla stella più calda centrate alle fasi 0,167 e 0,833.

Quando si usa questo metodo, una buona strategia è la scelta di oggetti in cui il sistema binario produce una profonda eclisse primaria: questo suggerisce solitamente che una stella è significativamente più calda dell'altra, e può anche indicare che il sistema è visto quasi di taglio. I transiti planetari saranno più evidenti se osservati con un filtro più blu della banda in cui la stella fredda emette maggiormente.

Riguardo all'osservazione delle variabili di tipo EP, gli studi attuali sembrano indicare la necessità di una precisione fotometrica pari almeno a 0,01 magnitudini quando si cerca di rivelare transiti planetari. Questo livello di accuratezza è ben alla portata di astrofili seri e appassionati. Indubbiamente questo ambito dell'osservazione di variabili può oggi essere considerato all'avanguardia nella ricerca amatoriale.

EW (sistemi W Ursae Maioris)

– Sono sistemi a eclisse con periodi inferiori a un giorno, consistenti in due componenti ellissoidali quasi in contatto, e con curve di luce su cui è impossibile specificare le epoche esatte di inizio e fine delle eclissi. Le profondità dei minimi primari e secondari sono quasi uguali o non differiscono significativamente. Le ampiezze luminose sono solitamente inferiori a 0,8 magnitudini in V. Le componenti appartengono generalmente ai tipi spettrali F-G o più avanzati. **GCVS**

Caratteristiche in breve

 Stelle di vario tipo

Piccole ampiezze

 Periodi vari

 CCD o FF

Le binarie a eclisse di tipo W Ursae Maioris sono caratterizzate da variazioni di luce continue dovute alle eclissi e al loro aspetto variabile risultante dalla distorsione mareale. I minimi delle curve di luce sono quasi della stessa profondità, suggerendo temperature superficiali simili per le componenti, e i periodi sono brevi, quasi esclusivamente compresi tra circa 7 ore e un giorno (Figura 7.6).

Il fenomeno W UMa è generalmente spiegato assumendo che le stelle siano in contatto e che la più massiccia stia trasferendo massa sulla compagna attraverso un inviluppo comune. Il risultato è probabilmente un bilanciamento delle temperature superficiali.

In tutti i sistemi EW sono stati osservati cambiamenti nel periodo, associati probabilmente al movimento continuo di materia che viene trasportata dalla stella primaria alla secondaria. Gli effetti evolutivi a lungo termine dovrebbero produrre una perdita di massa della componente secondaria, tale da provocare un allungamento del periodo, se non viene persa materia dal sistema.

I sistemi EW presentano un comportamento complesso e (come abbiamo detto) variazioni di periodo. Gli studi mostrano che gli aumenti e le diminuzioni del pe-

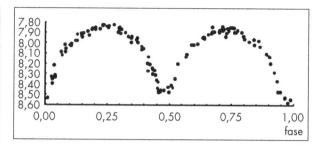

Figura 7.6.
Curva di luce della variabile di tipo EW W UMa. Dati forniti dalla missione HIPPARCOS. Utilizzati dietro autorizzazione.

riodo sono distribuiti casualmente tra le binarie EW, ma non esiste ancora una spiegazione esauriente per questo fatto. La distribuzione spaziale dei sistemi W UMa indica che si formano nella popolazione vecchia del disco e che hanno un'età tipica di un miliardo di anni. È stato ipotizzato che derivino dai sistemi RS CVn di Sequenza Principale e breve periodo e che si evolvano poi in *blue straggler* o in variabili di tipo FK Comae.

Scoperto nel 1888, S Antliae è stato il primo sistema W UMa noto. Il GCVS ne elenca poco più di 500, ma solo per una piccola frazione di essi sono disponibili curve di luce precise.

RS (sistemi RS Canum Venaticorum)

Caratteristiche in breve

⭐ Stelle di vario tipo
 Piccole ampiezze
 Periodi vari
 CCD o FF

– Una proprietà significativa di questi sistemi è la presenza nei loro spettri di intense righe di emissione H e K del Ca II di intensità variabile, che indicano un aumento dell'attività cromosferica di tipo solare. Questi sistemi sono anche caratterizzati dalla presenza di emissione radio e X. Alcuni presentano curve di luce che mostrano onde quasi sinusoidali al di fuori delle eclissi, con ampiezze e posizioni che variano lentamente nel tempo. La presenza di questa onda (spesso chiamata onda di distorsione) è spiegata dalla rotazione differenziale della stella, la cui superficie è coperta da gruppi di macchie: il periodo di rotazione di un gruppo di macchie è solitamente vicino a quello del moto orbitale (periodo delle eclissi) ma comunque differente, il che spiega la lenta variazione (migrazione) delle fasi dei massimi e minimi dell'onda di distorsione sulla curva di luce media. La variabilità dell'ampiezza dell'onda (che può raggiungere le 0,2 magnitudini in V) è spiegata dall'esistenza di un ciclo di lungo periodo di attività stellare simile al ciclo solare di 11 anni, durante il quale variano il numero e l'area totale delle macchie sulla superficie della stella. **GCVS**

Come affermato in precedenza, la classificazione RS appare due volte nel GCVS: l'abbiamo già trovata come classe di variabili eruttive. Qui un sistema RS Canum Venaticorum è definito come una binaria in cui la stella più calda è di tipo F o G. Vengono fatte altre distinzioni, ma per i nostri scopi basterà questa. Altre note, generalmente non considerate nella definizione, riguardano il fatto che almeno una delle componenti si è evoluta fuori dalla Sequenza Principale, senza tuttavia riempire il lobo di Roche. Questi oggetti inoltre hanno una forte emissione radio e X coronale, intense righe di emissione nel lontano ultravioletto, periodi orbitali variabili, perdite di massa in un vento potenziato, onde – dovute a macchie superficiali – nelle curve di luce e cambiamenti più graduali nella luminosità media.

L'onda di distorsione, tipicamente la principale causa di variabilità delle stelle RS, è solitamente di forma sinusoidale.

Scoperto negli anni '30, il primo sistema binario tipo RS Cvn non a eclisse, che varia in luminosità solo in seguito alle macchie stellari, è quello della *gamma* Andromedae. Il GCVS lo ha classificato ufficialmente come oggetto di tipo RS solo nel 1985.

CAPITOLO 8

Le binarie strette otticamente variabili sorgenti di radiazione X intensa e variabile (sorgenti X)

Sistemi binari stretti che sono sorgenti di emissione X intensa e variabile e non appartengono, o non sono stati ancora attribuiti, a nessuna delle altre categorie di stelle variabili. Una delle componenti del sistema è un oggetto compatto caldo (nana bianca, stella di neutroni o forse buco nero). L'emissione X è provocata dalla caduta di materia sull'oggetto compatto o su un disco di accrescimento che lo circonda. A sua volta, la radiazione X incide sull'atmosfera della compagna più fredda dell'oggetto compatto e viene riemessa sotto forma di radiazione visibile ad alta temperatura (effetto di riflessione), conferendo così a quella regione della superficie della stella fredda le proprietà di un tipo spettrale anteriore. Questi effetti conducono a un tipo di variabilità ottica complesso e piuttosto particolare.

GCVS

Stelle variabili X! State scherzando?

In realtà molte variabili X hanno una controparte ottica alla portata dell'osservazione visuale. Senza dubbio non riuscirete a vedere la parte X dello spettro di emissione elettromagnetica di queste stelle, ma non è questo che vi interessa. E se non siete principianti nell'osservazione delle variabili, avete probabilmente già visto stelle simili a queste. Sia le *binarie X di piccola massa* (LMXB) che le *variabili cataclismiche* (CV) hanno periodi orbitali simili, stelle "donatrici" di piccola massa, fenomeni di trasferimento di massa, variabilità ed eruzioni. La differenza essenziale tra le CV e le LMXB è che nel primo caso l'accrescimento avviene su una nana bianca, e nel secondo su una più compatta stella di neutroni, o forse su

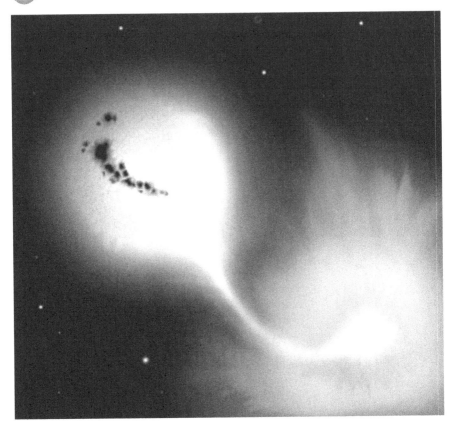

un buco nero. In un certo senso, le variabili X possono fornire un'opportunità per studiare, ovviamente in modo indiretto, oggetti come le stelle di neutroni e i buchi neri (Figura 8.1).

Detto ciò, devo anche avvertire che questa classe di variabili non rappresenta un buon punto di partenza per gli astrofili principianti. Queste stelle sono in gran parte più deboli della magnitudine 14, e molte arrivano a magnitudini 18 o 19; quelle di luminosità ragionevole sono variabili per motivi non associati alla radiazione X, come l'appartenenza ad altri tipi di variabili (stelle *gamma* Cas, novae ecc.). Come scoprirete, molte variabili trovate nelle altre cinque classi principali sono anche sorgenti X. Comunque, il fascino delle binarie X rimane, e il loro studio non è oltre le capacità degli astrofili seri. Pochi anni fa chi avrebbe creduto di poter rivelare transiti planetari con un telescopio in giardino? Difficile da fare, sì! Impossibile, no!

I raggi X sono radiazione elettromagnetica simile alla luce visibile ma con energie molto più alte. Si trovano quindi ai livelli energetici più elevati dello spettro, mol-

Figura 8.1.
Rappresentazione artistica di una variabile X, che mostra le elevate energie prodotte dal materiale in accrescimento. Copyright: Gerry A. Good.

to oltre la regione visibile, e possono essere evidenziati solo da speciali rivelatori X, posti solitamente su satelliti in orbita: i raggi X penetrano difficilmente l'atmosfera terrestre, perché ne sono assorbiti. Essi sono caratteristici di temperature elevate: alte temperature corrispondono infatti ad alte energie. Tutto ciò che produce molta energia, decisamente in eccesso rispetto a quanto gli astrofisici considerano "normale", è interessante perché relativamente raro o perché offre l'opportunità di osservare qualche fenomeno non riproducibile in laboratorio. Anche con le più sofisticate strutture di ricerca è infatti piuttosto difficile mantenere temperature dell'ordine di 10 milioni di gradi, o produrre campi gravitazionali milioni di volte maggiori di quello terrestre. Forse un giorno ce la faremo.

Detto ciò, potete continuare a esplorare l'Universo mediante l'osservazione e lo studio di queste stelle esotiche con una piccola preparazione, molta pazienza e un pizzico di fortuna. Esistono diversi tipi di variabili X, quindi dovrete fare una scelta. Il GCVS definisce le varie categorie come segue.

XB – Sistemi con fenomeni esplosivi a raggi X ("X-ray burster"). Sono sistemi binari stretti che mostrano eventi esplosivi nelle bande ottica e X, con durata variabile da alcuni secondi a 10 minuti, e ampiezze di circa 0,1 magnitudini in V.

Esempi di variabili XB sono V801 Ara e V926 Sco: la prima splende a 16,0 magnitudini al massimo di luce, la seconda a 17,4 magnitudini. Come potete vedere, si tratta di stelle abbastanza deboli ed è necessario un grande telescopio per osservare oggetti come questi. Fortunatamente esiste un luogo che potete visitare per capire meglio le variabili X quando non siete in grado di vederle realmente: è lo *High Energy Astrophysics Science Archive Research Center* (HEASARC), all'indirizzo **http://heasarc.gsfc.nasa.gov/**.

Qui potete trovare osservazioni nelle regioni gamma, X ed estremo UV di sorgenti cosmiche e fuori dal Sistema Solare, oltre a dati di archivio, programmi di analisi associati, documentazione e indicazioni sul modo di utilizzare tutte queste informazioni, come pure materiale educativo e divulgativo. Questo sito fornisce anche strumenti astronomici, il che vi permetterà di ottenere immagini multibanda del cielo e di condurre ricerche su cataloghi astronomici. Potrete anche studiare immagini, spettri e curve di luce di sorgenti celesti ad alta energia, tra cui variabili cataclismiche, binarie X, resti di supernova, pulsar e *gamma-ray burst*. Un altro sito da non perdere!

Finiamo adesso di esaminare le categorie di variabili X.

XF – Sistemi ad emissione X fluttuante, che mostrano rapide variazioni delle radiazioni X e ottica su tempi-scala dell'ordine delle dozzine di millisecondi.

A causa delle rapide variazioni, sono necessari grandi telescopi con strumentazione opportuna per raccogliere dati utili sui sistemi X fluttuanti.

XI – Sorgenti X irregolari. Sono sistemi binari stretti consistenti in un oggetto compatto caldo circondato da un disco di accrescimento e in una stella nana di tipo dA-dM. Essi mostrano variazioni di luce irregolari su tempi-scala di minuti e ore, e ampiezze di circa una magnitudine in V. È possibile la sovrapposizione di una variazione periodica a causa del moto orbitale.

La stella V818 Sco può fornirvi una buona opportunità di osservare questo tipo di oggetti. La sua luminosità è di circa 12 magnitudini, forse anche alla portata di un binocolo di buona qualità.

XJ – Binarie X caratterizzate dalla presenza di getti relativistici evidenti a lunghezze d'onda radio e X, come pure nello spettro ottico sotto forma di componenti in emissione che mostrano spostamenti periodici con velocità relativistiche.

La stella prototipo di questo gruppo è la V1343 Aql, che è anche una binaria a eclisse con un periodo di 13,0848 giorni. Al massimo tocca le 13 magnitudini, alla portata di telescopi di medie dimensioni.

XND – Sistemi X novalike (transienti) che comprendono, oltre a un oggetto compatto caldo, una stella nana o subgigante di tipo spettrale G-M. Questi sistemi a volte aumentano rapidamente in luminosità di 4-9 magnitudini in V, simultaneamente nel visibile e nella banda X, senza l'espulsione di un inviluppo. La durata dell'evento può giungere a diversi mesi.

La stella prototipo di questo gruppo è la V616 Mon, che è anche una variabile ellittica. Al massimo è di 11,26 magnitudini, alla portata di un buon binocolo, ma scende fino a 20,2 magnitudini.

XNG – Sistemi X novalike (transienti) con una componente primaria supergigante o gigante dei primi tipi spettrali e un oggetto compatto caldo. In seguito all'evento esplosivo sulla componente principale, il materiale da essa espulso cade sull'oggetto compatto e produce, con un ritardo significativo, la comparsa di emissione X. Le ampiezze sono di circa 1-2 magnitudini in V.

Il prototipo di questo gruppo è la stella V725 Tau, di tipo O9,7IIIe. Al massimo tocca la magnitudine 9,4, al minimo la 10,1, ancora alla portata di un buon binocolo.

XP – Sistemi con pulsar a emissione X. La componente primaria è solitamente una supergigante ellissoidale dei primi tipi spettrali. L'effetto di riflessione è molto piccolo e la variabilità luminosa è principalmente causata dalla rotazione della primaria ellissoidale. I periodi delle variazioni di luce sono tra 1 e 10 giorni; il periodo della pulsar appartenente al sistema va da 1 secondo a 100 minuti. Le ampiezze luminose normalmente non superano alcuni decimi di magnitudine.

La stella prototipo di questo gruppo è la GP Vel, nota anche come Vela X-1 e classificata come B0,5Iaeq. Essa varia da 6,76 a 6,99 magnitudini, ed è quindi ben visibile con binocoli e piccoli telescopi.

XPR – Sistemi con pulsar a emissione X che mostrano la presenza dell'effetto di riflessione. Essi consistono in una primaria di tipo dB-dF e una pulsar con emissione X, che può anche essere una pulsar ottica. La luminosità media del sistema è maggiore quando la componente primaria è irradiata dall'emissione X, e minore durante le fasi di debole emissione della sorgente X. L'ampiezza luminosa totale può raggiungere le 2-3 magnitudini in V,

La stella prototipo di questo gruppo è la HZ Her, un sistema classificato come B0Ve-F5e. Come potete intuire, si tratta di una binaria a eclisse, la cui luminosità varia da 12,8 a 15,2 magnitudini con un periodo di 1,700175 giorni. Tutte le variabili X sono sistemi binari, quindi c'è una probabilità finita che un particolare sistema sia una binaria a eclisse.

XPRM – Sistemi X consistenti in una stella nana di tardo tipo spettrale (dK-dM) e una pulsar con intenso campo magnetico. L'accrescimento di materia sui poli magnetici dell'oggetto compatto è accompagnato dalla comparsa di polarizzazione lineare e circolare variabile; per questo tali sistemi sono talvolta conosciuti come "polar". Le ampiezze delle variazioni luminose sono di solito intorno a 1 magnitudine in V, ma se la componente primaria viene irradiata da emissione X la luminosità media del sistema può aumentare di 3 magnitudini in V. L'ampiezza luminosa totale può raggiungere 4-5 magnitudini in V.

Due stelle, AM Her e AN UMa, sono citate nel GCVS

come esempi di questo tipo di sistema. Probabilmente ricordate AM Her dal capitolo sulle variabili cataclismiche: la è classificata come una CV *novalike*, qui come una XPRM. Il secondo esempio, AN UMa, è una stella debole, 15 magnitudini al massimo di luce.

Questo è un buon momento per puntualizzare qualcosa che però non vorrei venisse interpretato in modo sbagliato. Negli ultimi capitoli abbiamo esaminato le diverse classi di variabili: le loro caratteristiche, come sono classificate, dove possiamo trovare dati di archivio e come osservarle. Come affermato in precedenza, la classificazione delle variabili non può essere presa alla leggera: è difficile, e la compilazione dei vari cataloghi e archivi richiede un enorme impegno da parte di scienziati scrupolosi. È inevitabile che alcune caratteristiche ambigue vi generino una certa confusione.

La variabile cataclismica AM Her è appena stata identificata come un esempio di binaria a emissione X di tipo XPRM. Sappiamo anche che questa stella è riconosciuta come una variabile cataclismica, appartenente in particolare alla sottoclasse *novalike* nota come "polar". Come potete vedere, qui sta iniziando a emergere una certa confusione. Se consultaste il catalogo *SIMBAD*, un grande archivio con un'enorme mole di informazioni sulle stelle, trovereste che AM Her è elencata come una variabile di tipo *delta* Scuti e tipo spettrale M4,5, e AN UMa come una cataclismica di tipo spettrale CV (perlomeno, all'epoca della stesura di questo libro).

Ovviamente c'è qualcosa di sbagliato, ma dovreste essere in grado di riconoscere il problema senza troppi sforzi. Questo è un esempio di ambiguità di classificazione e di errore umano; niente di clamoroso, che non è detto che diventi fonte di grande confusione, ma che è tipico del genere di incertezza che potete trovare. Quando vengono individuati, gli errori dovrebbero essere comunicati, così che si possa rimediare al problema.

Applichiamo un po' di logica e risolviamo questo enigma. In questo caso, sappiamo che le stelle AM Her e tutte le variabili cataclismiche non hanno alcuna somiglianza con oggetti rapidamente pulsanti come le variabili *delta* Scuti, a parte il fatto di essere tutti oggetti stellari. A prescindere dalle differenze nella fisica sottostante, una semplice analisi della curva di luce chiarirà la questione. Inoltre, il tipo spettrale attribuito a AM Her nel catalogo *SIMBAD*, M4,5, è molto al di fuori dell'intervallo in cui troviamo le stelle *delta* Scuti. Se leggete attentamente la descrizione delle stelle XPRM, vi accorgerete che consistono in una stella nana di tardo tipo spettrale (dK-dM) e una pulsar. Poiché sappiamo che i dischi di accrescimento, come quelli presenti intorno a questo tipo di stelle, generano un tipo spettrale *peculiare* (pec) e che questi sistemi sono binari, la semplice risposta è che il tipo spettrale dovrebbe essere scritto come pec+M4,5 e che la classificazione come *delta* Scuti è semplicemente un errore umano. Anche nel caso di AN UMa la responsabilità è di un errore umano. Di nuovo, tutto ciò dovrebbe apparire evidente, e non dovrebbe crearvi grosse difficoltà. Ciò che vi darà problemi saranno inesattezze più sottili, per esempio quando una stella è erroneamente classificata come una variabile con caratteristiche di diverse categorie non associate tra loro, o quando il tipo spettrale è leggermente sbagliato. Certamente non avreste difficoltà ad accorgervi di un errore se a una variabile di tipo Mira fosse attribuito un tipo spettrale B9V.

Perché dico questo? Perchè esistono errori nei cataloghi e negli archivi che userete. Talvolta saranno di piccola entità e talvolta no. Quando li trovate, fate una piccola ricerca e chiarirete la confusione. Applicate un po' di logica, non saltate alle conclusioni e apprezzate la sfida intellettuale. Non vi spazientite, d'altra parte. Chi fornisce tutti questi servizi, cataloghi e archivi, fa del proprio meglio; solo, fate loro sapere quando individuate una inesattezza.

Ho inserito i *gamma-ray burst* (GRB) tra le binarie X in questo libro a causa del loro comportamento e della quantità di energia che producono. Quando inizialmente si pensa ai GRB, si prende in considerazione la classe delle variabili eruttive, ma in realtà non vediamo accadere processi violenti e brillamenti nella cromosfera e nella corona di una stella. In effetti non vediamo neanche una stella che possa essere esaminata per lungo tempo. Potremmo considerare anche le variabili cataclismiche, ma l'energia prodotta da un lampo GRB è molto maggiore di quella generata dal materiale in accrescimento che circonda o impatta su una nana bianca, e persino dal collasso di una supernova di tipo II. L'energia originata nei GRB indica, almeno per il momento, che la classe delle binarie a emissione X è una categoria opportuna per definirli. Forse può anche accadere che i GRB finiscano per diventare una nuova classe di variabili.

Gli astronomi stanno lavorando per fornire una valida interpretazione di questi enigmatici lampi di energia. Quando viene rivelato un GRB, nessuna stella nota si trova nella posizione dell'evento, quest'ultimo svanisce rapidamente, talvolta entro pochi minuti, e anche dopo che questo è avvenuto un nuovo controllo della regione non mostra alcuna stella. Per darvi un esempio di quan-

Tabella 8.1.

Tempo dopo il lampo		Massima magnitudine visuale	Minima magnitudine visuale
10	minuti	12,6	15,6
30	minuti	14,0	16,6
1	ora	14,9	17,4
2	ore	15,8	18,5
4	ore	16,6	19,7
6	ore	17,2	20,3
24	ore	18,2	24,0

to rapidamente questi lampi appaiano e scompaiano, la Tabella 8.1, fornita da Scott Barthelmy (NASA-GSFC) e da Jerry Fishman (NASA-MSFC), mostra come possiamo aspettarci che la luminosità di un tipico debole bagliore GRB diminuisca nel tempo. Dopo solo poche ore dall'esplosione il lampo può diventare più debole di 20 magnitudini.

Non spenderemo molto tempo sulle variabili X: le ho citate qui per essere il più completo possibile, ma non possono essere consigliate ai variabilisti principianti, né possono essere discusse dettagliatamente in questo libro. In quasi tutti i casi, per studiare opportunamente queste stelle devono essere utilizzate camere CCD o fotometri.

CAPITOLO 9

Un approccio generale all'osservazione delle stelle variabili

L'astronomo dilettante quando vuole può accedere agli oggetti originali del suo studio; i capolavori del cielo appartengono a lui tanto quanto ai più grandi telescopi del mondo. E non esiste privilegio come quello di potere disporre proprio degli originali.

Robert Burnham Jr.

"Osservare le stelle variabili è diverso dall'osservare le altre stelle, le galassie, le nebulose, i pianeti o la Luna?" è un quesito comune per chi inizia a osservare le variabili.

La risposta alla domanda è "sì!".

L'unico obbligo dell'osservazione di variabili è confrontare la stella in oggetto con una non variabile, la stella di confronto, per stimarne la luminosità. In nessun altro ambito astronomico questo è il principale obiettivo. Una stima accurata della brillantezza della variabile è cruciale: dopotutto è proprio ciò che vogliamo. Molti aspetti osservativi devono quindi essere considerati. Nei prossimi capitoli passeremo dalle questioni generali a quelle più specifiche.

Usare gli occhi per osservare

Prima di tutto spendiamo qualche momento a considerare come funzionano i nostri occhi. La vostra capacità di usare efficacemente gli occhi sarà di importanza fon-

damentale quando inizierete a osservare le variabili, perché li spingerete al limite delle loro possibilità. Una basilare comprensione del loro funzionamento vi aiuterà
molto a ottenere il massimo dal vostro tempo osservativo, sia che utilizziate binocoli, telescopi o soltanto i vostri occhi.

Una volta capito come funzionano i vostri occhi,
avrete diverse opzioni su come effettuare le osservazioni.
Inizieremo da quelle visuali: quelle che utilizzano solo gli
occhi e al più qualche strumento ottico, come un binocolo o un telescopio. Le osservazioni strumentali fanno
invece uso di camere CCD o apparecchiature fotoelettriche, nel qual caso potete anche non "guardare" la variabile che state studiando: è lo strumento che misura e
confronta la luminosità delle stelle.

Come rivelatori di radiazione, gli occhi sono organi
eccezionalmente adattabili, in grado di produrre notevoli risultati sia alla luce abbagliante del Sole che al debole
bagliore delle stelle. Essi sono in grado di convertire la
radiazione in un segnale elettrico che viene trasmesso al
cervello e da questo interpretato. Sono costituiti da quattro importanti elementi: la *cornea*, la *membrana traspa-
rente* che riveste la parte anteriore dell'occhio; il *cristalli-
no*, ovvero la lente che fornisce la capacità di mettere a
fuoco; l'*iride*, il diaframma pigmentato che restringe
l'apertura e la quantità di luce che può entrare nell'occhio; infine la *retina*, un rivestimento di cellule nervose
poste nella parte posteriore dell'occhio, che rivelano la
luce incidente e la convertono in impulsi nervosi mediante una reazione fotochimica, inviando poi un segnale elettrico al cervello. È in queste cellule nervose che la
luce viene rivelata. Come astronomi, la capacità dei vostri occhi di rivelare la luce è cruciale perché si tratta del
vostro fine ultimo. La sensibilità dell'occhio è controllata
dalla chimica: essenzialmente, variando la quantità di so-
stanze chimiche fotosensibilizzanti nei vostri occhi, e
non aprendo o chiudendo l'iride, essi possono adattarsi a
un ampio intervallo di livelli di luminosità.

Le cellule nervose fotosensibili della retina sono chiamate *coni* e *bastoncelli*. I primi sono concentrati solo in
una piccola regione centrale dell'occhio, chiamata *fovea*,
che definisce il centro della vostra visione. Normalmente
puntate questa zona dell'occhio direttamente sull'oggetto per vederne il maggiore numero di dettagli.

Le cellule dei coni situate centralmente non sono sensibili alla luce come quelle periferiche dei bastoncelli, ma
questi ultimi sono assenti nel centro della fovea: aumentano infatti in densità allontanandosi dal centro fino a
un massimo a circa 18 gradi di distanza.

Nel punto in cui il nervo ottico lascia l'occhio non sono presenti né coni né bastoncelli: questo è il punto cieco e nessuna visione è possibile da questa zona. Per aiutarvi a compensare, il vostro occhio tende a "saltellare" quando state guardando qualcosa, anche per assicurarsi che il punto cieco non nasconda qualcosa di importante. Potete individuarlo sollevando semplicemente una mano di fronte al viso, al livello degli occhi e circa a 30 cm di distanza, e formando una "V" con le vostre due prime dita. Chiudete un occhio e fissate l'unghia del dito interno (se state guardando verso il braccio destro con l'occhio destro, guardate il dito più a sinistra) mentre allontanate lentamente la mano dal viso (con un piccolo aggiustamento in alto o in basso). Noterete che all'inizio potete vedere anche l'unghia del dito esterno, ma alla fine, a una certa distanza dal viso, questa sparisce. Ciò avviene perché la luce che entra nel vostro occhio da quell'angolazione colpisce il punto cieco, in cui non esistono cellule fotosensibili in grado di rivelarla. Con un po' di pratica, potete con questa tecnica vedere scomparire siepi, alberi e piccoli edifici mentre guardate fuori dalla finestra. All'oculare può svanire un'intera stella!

Uno dei comportamenti interessanti degli occhi, importante per gli osservatori di variabili, è il fatto che coni e bastoncelli hanno la migliore risposta a colori diversi. In media i bastoncelli sono leggermente più sensibili al blu rispetto ai coni, che comunque sono i responsabili della visione a colori. I coni richiedono una luce brillante per lavorare meglio, e questo è il motivo per cui quando la luce è debole non si distinguono i colori: in questo caso solo i bastoncelli lavorano efficientemente.

Adattamento all'oscurità e osservazione di variabili

Quando è esposta a una luce debole, la pupilla dell'occhio può aprirsi in un paio di secondi fino a circa 7-8 mm. Come senza dubbio avrete notato, non potete vedere molto bene in queste condizioni. Quando infatti l'iride si apre in risposta a una scarsa illuminazione, la quantità di luce che entra nell'occhio aumenta solo di circa un fattore 16. Comunque, avrete anche notato che la sensibilità del vostro occhio aumenta, con il tempo, di un fattore di molte migliaia. Questo processo è chiamato *adat-*

tamento all'oscurità.

Esso è il risultato di un processo chimico: nell'oscurità viene prodotta nell'occhio una sostanza chimica detta *rodopsina*, che si concentra nelle cellule dei coni e dei bastoncelli in una quantità che determina il grado di sensibilità dell'occhio. L'adattamento al buio opportuno per l'osservazione di variabili viene raggiunto generalmente dopo circa 10 o 15 minuti. È necessario un tempo più lungo per osservare stelle molto deboli. Potete iniziare questo processo di adattamento all'inizio della serata indossando una benda per occhi circa un'ora prima di cominciare a osservare.

Un'altra caratteristica dell'occhio importante per voi come variabilisti è la *sensibilità*: essa determina in definitiva quanto accuratamente sarete in grado di confrontare la brillantezza delle stelle. Come sapete, tale paragone è l'elemento critico dell'osservazione di variabili.

Avete probabilmente notato che quando la dimensione apparente di un oggetto aumenta siete in grado di vederlo meglio, a prescindere dall'adattamento al buio. In altre parole, quanto più un oggetto è grande tanto meno avete bisogno di adattarvi all'oscurità. Se vivete in campagna e uscite dalla porta sul retro, sarete in grado di vedere un fienile perché è molto grande, ma avrete difficoltà a vedere una porta (a meno che non vi avviciniate e questa appaia più grande). Man mano che i vostri occhi si adattano, diventano visibili dettagli fini come porte e staccionate. Questo è un concetto cruciale da capire. Troverete che non solo la luminosità, ma anche la dimensione di un oggetto vista in un oculare influenza la sua visibilità. L'importanza di ciò diverrà chiara fra poco.

L'osservazione delle variabili non dipende solo dal vedere una stella debole, ma anche dalla discriminazione del contrasto. Per stelle appena visibili, noterete che quando il fondo cielo diventa più scuro la dimensione della stella appare maggiore. La capacità dei vostri occhi di vedere una sorgente puntiforme, come una stella, aumenta quando il bagliore di fondo diminuisce, cioè quando il cielo si fa buio. I cieli scuri della campagna sono migliori di quelli cittadini per l'osservazione di stelle deboli anche perché il fondo è meno brillante, e non soltanto perché sono significativamente più trasparenti.

Se un oggetto si trova alla soglia di sensibilità del vostro occhio ed è più piccolo della dimensione ottimale per i vostri occhi e per le condizioni di illuminazione, ingrandendolo lo renderete generalmente più facile da vedere. In tal modo si diminuisce la luminosità del fondo cielo e si aumenta la capacità di vedere stelle deboli. Questo fenomeno è la ragione per cui avrete bisogno di più di 1-2 oculari per osservare le variabili. Una selezione di oculari vi permetterà di configurare il cammino ottico più opportuno per i vostri occhi, per le condizioni di luce esistenti e per la luminosità delle stelle che state osservando. Naturalmente non potete esagerare e ingrandire troppo un oggetto: è consigliabile aumentare lentamente l'ingrandimento finché la stella che state guardando non è abbastanza brillante da poterla stimare. Se eccedete diventerà confusa e inizierà a indebolirsi. Se questo accade, tornate semplicemente indietro all'ultimo oculare che aveva dato la visione ottimale. Ricordate che aumentando l'ingrandimento diminuite il campo di vista; questo significa che la vostra stella di confronto potrebbe non essere più visibile nel campo. È una buona idea appuntare nel vostro diario delle osservazioni (*logbook*) l'oculare che avete stabilito come ottimale per una particolare stella, così che possiate rapidamente scegliere quello giusto durante le successive osservazioni.

Visione distolta e osservazione di variabili

Quando osservate una sorgente luminosa debole guardando di sbieco state utilizzando la *visione distolta*. Gran parte degli astrofili impara rapidamente a utilizzarla per osservare oggetti deboli che non risultano visibili se guardati direttamente.

L'occhio pare avere una limitata capacità di integrazione, analogamente alla pellicola fotografica. Per la rivelazione degli oggetti più deboli sembra che la luce debba raccogliersi sulla retina per alcuni secondi. Se avete mai tentato strenuamente all'oculare di vedere una stella proprio al limite visuale delle vostre apparecchiature, finché non siete finalmente stati in grado di intravederla fugacemente, allora sapete che questo è vero.

Quando utilizzate la visione distolta è importante che vi prendiate del tempo. Nel cercare oggetti deboli nel vostro campo di vista, perderete molte stelle deboli se scandagliate la zona troppo velocemente. Concentrarsi su un punto del campo di vista mentre utilizzate la visione distolta vi permetterà di vedere molte stelle che sono troppo deboli da osservare con la visione diretta.

Richiede una certa pratica concentrarsi su un punto senza che vi sia una stella presente, mentre si utilizza la visione distolta, perché l'occhio tende a "vagare intorno" leggermente (ricordate il punto cieco). Scoprirete che anche la stanchezza aggrava il problema. Per questo è una buona idea prendere brevi ma frequenti pause e mangiare qualcosa quando si guarda il cielo per più di un'ora. Osservare è davvero uno sforzo fisico.

Come il colore influenza l'osservazione di variabili

Come sapete, l'occhio umano è uno straordinario rivelatore di colore in condizioni di buona illuminazione. Sapete anche che di notte i ricettori del colore, i coni, non funzionano bene e di conseguenza normalmente non si vedono i colori. Avrete indubbiamente notato che non siete in grado di distinguere i colori delle automobili o dei vestiti delle persone che camminano nei parcheggi la notte o lungo una strada poco illuminata.

Poiché coni e bastoncelli hanno la massima sensibilità a colori diversi, la brillantezza percepita di un oggetto vicino al livello luminoso di transizione, in cui gli occhi passano dalla massima efficienza dei coni a quella dei bastoncelli (per esempio quando il Sole sta tramontando) può dipendere dal suo colore. Questo cosiddetto *effetto Purkinje* non è ben compreso, ma è noto agli osservatori di variabili che spesso devono paragonare due stelle di colore diverso. Come scoprirete, non è facile trovare una stella di confronto dello stesso colore della variabile che state osservando.

L'effetto Purkinje prende il nome dal ceco Jan Evangelista Purkinje, un pioniere della fisiologia sperimentale, i cui studi nei campi dell'istologia, dell'embriologia e della farmacologia hanno contribuito a sviluppare una teoria moderna dell'occhio e della visione. L'effetto Purkinje descrive il seguente fenomeno: quando l'intensità luminosa diminuisce, si percepisce l'affievolimento degli oggetti rossi prima di quello degli oggetti blu, a parità di brillantezza.

Nel 1819 Purkinje notò che mentre la luce calava sul suo giardino i papaveri rossi diventavano neri, ma i fiori blu rimanevano tali e così pure le foglie verdi. Egli scoprì che alla diminuzione del livello di illuminazione l'occhio umano diventa più sensibile alla luce verde e blu, e ipotizzò una teoria:

"L'implicazione è che questa zona crepuscolare è la più pericolosa: le condizioni di illuminazione cambiano rapidamente, appaiono i predatori notturni e sopraggiunge la stanchezza. Può decisamente essere più utile avere una visione migliore durante questo breve ma pericoloso periodo che ottimizzare la ricezione allo spettro della luce lunare, quando i livelli di illuminazione sono troppo bassi per permettere di trarne qualche vantaggio".

Egli sosteneva fondamentalmente che la percezione di una sorgente è più importante del suo colore.

Nonostante le loro debolezze individuali, i sistemi di coni e bastoncelli formano una grande squadra, lavorando insieme come due cacciatori che hanno concordato che uno scandaglierà i campi controllando i movimenti, consentendo però all'altro di identificare cosa si sta muovendo. Naturalmente noi non ci accorgiamo di avere due sistemi di ricettori, perché il nostro cervello combina con continuità i loro segnali.

Tutto ciò diventerà importante quando inizierete a osservare stelle rosse brillanti, come le variabili Mira e le semiregolari, o quando dovrete confrontare una variabile con un astro di diverso colore. In seguito accenneremo ad alcuni metodi che potete utilizzare per ridurre l'effetto Purkinje quando osservate le variabili.

Usare il binocolo per l'osservazione di variabili

Usare il binocolo per osservare le stelle variabili è una decisione eccellente, perché esso offre diversi vantaggi rispetto a un telescopio per questo genere di osservazioni. Innanzitutto è facile da usare e richiede un impegno minimo per essere montato e smontato. In secondo luogo, offre un campo di vista più ampio, cosicché risulta relativamente facile individuare le stelle di confronto.

Se credete che il binocolo non vi consentirà di effettuare osservazioni dettagliate o inibirà in qualche misura la vostra capacità di percepire piccoli cambiamenti nella luminosità delle stelle, guardate alcune delle curve di luce prodotte da Kari Tikkanen, un osservatore finlandese che usa il binocolo per osservare le variabili. Kari utilizza binocoli 10×50 e 12×50 e comunica le sue osservazioni al BBSAG (*Bulletin der Bedeckungsveränderlichen-Beobachter der Schweizerischen Astronomischen Gesellschaft*, bollettino degli osservatori di stelle variabili a eclisse della Società Astronomica Svizzera) e alla *American Association of Variable Star Observers* (AAV-

SO). Le sue misure sulle epoche dei minimi sono pubblicate sul BBSAG.

La prima curva di luce riguarda la stella HU Tau, una binaria a eclisse semistaccata di tipo Algol (EA/SD) con periodo di 2,056 giorni. Al massimo la luminosità è di circa 5,85 magnitudini e al minimo di circa 6,68 magnitudini (Figura 9.1). Come potete vedere, Kari è stato in grado di costruire molto bene il grafico dell'eclisse con 78 osservazioni. A testimonianza della sua accuratezza e abilità, Kari registra le sue stime con la precisione di due punti decimali (un centesimo di magnitudine).

La seconda curva di luce riguarda la stella U Sge, un'altra binaria a eclisse, con periodo di 3,38 giorni, luminosità massima di circa 6,45 magnitudini e minima di circa 9,28 magnitudini (Figura 9.2).

Utilizzando 206 misure, Kari è stato in grado di osservare l'intera eclisse (fino a 9,3 magnitudini) con eccezionale precisione. Dovrebbe risultare ovvio che il binocolo non limiterà la vostra capacità di osservare stelle variabili! Né le stelle con piccola ampiezza pongono alcun reale ostacolo agli osservatori seri. Esistono molte centinaia, forse migliaia di stelle adatte all'osservazione con binocoli opportuni. Analizziamo dunque cosa rende un binocolo adatto all'osservazione di variabili.

La nitidezza e brillantezza di ogni immagine che vedete quando guardate attraverso un certo binocolo sono determinate da un buon numero di fattori diversi, tra cui l'interazione del diametro della lente, dell'ingrandimento, del rivestimento e dello schema ottico. Nell'insieme, gran parte di coloro che osservano con il binocolo concorderebbe sul fatto che la considerazione più importante sul rendimento dello strumento riguarda la qualità delle ottiche.

Quando, per esempio, si ha un binocolo 10×50, il numero 10 indica il potere di ingrandimento di un oggetto dato da quello strumento. Esso influenza la luminosità di un'immagine, nel senso che essa risulta tanto più brillante quanto minore è il potere del binocolo. In generale,

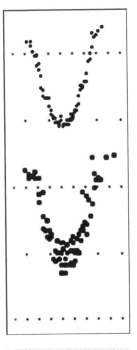

Figura 9.1.
Curva di luce di HU Tau. Dati forniti da Kari Tikkanen, URSA VSS. Utilizzati dietro autorizzazione.

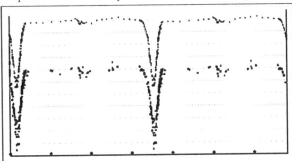

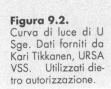

Figura 9.2.
Curva di luce di U Sge. Dati forniti da Kari Tikkanen, URSA VSS. Utilizzati dietro autorizzazione.

aumentando il potere si riduce sia il campo di vista che l'estrazione pupillare (la distanza tra il vostro occhio e la lente, detta anche rilievo oculare, dall'espressione inglese *eye relief*). Ricordate che se portate gli occhiali potete osservare senza, utilizzando il binocolo come lente correttiva. Io indosso occhiali e lenti a contatto e ritengo che la mia visione al telescopio sia notevolmente più nitida senza lenti correttive, quindi uso una tracolla per tenere vicini gli occhiali nel caso che abbia bisogno di guardare una mappa o un atlante. Quando osservo visualmente non applico neanche le lenti a contatto.

Le lenti obiettivo di un binocolo sono quelle frontali. Il diametro di ciascuna di esse, espresso in millimetri, è il secondo numero della descrizione dello strumento: un binocolo 10×50 ha lenti di 50 mm. Tale diametro determina la capacità di raccolta della luce dello strumento, nel senso che una lente più grande raccoglie più radiazione, e questo solitamente si traduce in una maggiore chiarezza e ricchezza di dettagli dell'immagine. Raddoppiando le dimensioni delle lenti obiettivo si quadruplica il potere di raccolta di luce di un binocolo.

L'area che si può vedere guardando in un binocolo è definita campo di vista: esso è legato all'ingrandimento, nel senso che diminuisce all'aumentare di quest'ultimo. Un basso potere, e quindi un ampio campo di vista, è particolarmente desiderabile quando si osservano le variabili, perché si possono vedere più stelle di confronto. Con un campo di vista maggiore è anche più semplice capire la posizione puntata in cielo, perché sono visibili più stelle.

L'estrazione pupillare si riferisce alla distanza, in millimetri, a cui un binocolo può essere tenuto rispetto all'occhio continuando a vedere comodamente tutto il campo di vista. Chi porta gli occhiali trae particolare beneficio da una lunga estrazione pupillare.

Gli elementi ottici di un binocolo sono rivestiti per ridurre le perdite di luce interne e il riverbero, il che assicura a sua volta una trasmissione di luce costante che determina una maggiore nitidezza e un migliore contrasto dell'immagine. Scegliere un binocolo con rivestimenti di buona qualità si tradurrà in maggiori gratificazioni. La qualità varia come segue: rivestimento (semplice), rivestimento totale, rivestimento multistrato, rivestimento totale multistrato. Le lenti con rivestimento semplice sono quelle di qualità inferiore; quelle con rivestimento totale sono economiche e potrebbero andare bene per voi. Gli altri due tipi di rivestimento sono entrambi molto buoni ma il prezzo è maggiore. Le lenti con rivestimento totale multistrato danno la migliore trasmissione di luce e le immagini più brillanti, ma sono ovviamente le più costose.

Un fattore cruciale per il rendimento di un qualunque binocolo è il modo in cui è stato costruito. La bontà dell'allineamento dei barilotti e il corretto montaggio e allineamento interno delle ottiche sono fondamentali per ottenere un binocolo che sia meccanicamente affidabile, facilmente funzionante e durevole. Controllate attentamente tutto questo.

L'allineamento degli elementi ottici del binocolo all'asse meccanico è chiamato *collimazione*. Una buona collimazione previene l'affaticamento degli occhi, il mal di testa, la presenza di immagini doppie o scarse, migliorando la risoluzione. Sfortunatamente una corretta collimazione è quasi impossibile da ottenere in binocoli molto economici che sono privi di componenti e disegni ottici di qualità.

Come vedete, esiste un certo numero di fattori diversi da considerare nella scelta di un binocolo. Forse la prima cosa da capire è che si tratta effettivamente proprio di due piccoli telescopi uniti meccanicamente insieme. Tutti i fatti e le formule che vi aiutano a comprendere i telescopi si applicano anche ai binocoli. Ciascuna parte di un binocolo ha una lunghezza focale primaria, una lente obiettivo, un oculare, una pupilla di uscita e così via. Anche se progettate di osservare utilizzando soltanto binocoli, la sezione che segue, riguardante i telescopi, merita il vostro tempo.

Usare il telescopio per l'osservazione di variabili

Non preoccupatevi di sapere quale telescopio è più adatto per l'osservazione di variabili. Usate ciò che possedete o che vi potete permettere. Se siete principianti nell'astronomia amatoriale, vi dirò qualcosa che impieghereste anni a scoprire da soli. Non sarete mai soddisfatti dello strumento che avete: sarà troppo piccolo, troppo grande, troppo pesante, troppo leggero, privo di un sistema computerizzato, privo di motore di inseguimento... l'elenco è infinito. Dovete, a un certo punto, dire semplicemente "è abbastanza", e utilizzare ciò che avete sfruttandone pienamente le potenzialità. Un buon telescopio, a prescindere dalle dimensioni, vi darà accesso a più variabili di quante potrete osservarne e studiarne in tutta la vita.

Comunque, se non avete raggiunto quel punto in cui "è abbastanza" e state pensando di acquistare un nuovo telescopio, desiderando specializzarvi nello studio delle stelle variabili, allora questa sezione può fornirvi qualche idea utile. Anche se possedete già un telescopio, penso che troverete qualcosa di valido in questa parte. La cosa più importante è comprendere come lo strumento funziona. Intendo, come davvero funziona! È fondamentale per voi sfruttare per intero la potenzialità del vostro telescopio: l'osservazione di variabili ve lo richiede. È dunque essenziale che comprendiate alcuni termini e concetti.

Il fattore più importante per un variabilista è l'*apertura* del telescopio. L'apertura libera di un telescopio è il diametro della lente obiettivo o dello specchio primario, misurata in pollici, centimetri o millimetri. La funzione principale di tutti i telescopi è quella di raccogliere la luce e, a parità di tutto il resto, quanto maggiore è l'apertura tanto più luce viene raccolta dallo strumento: quindi tanto migliore e più brillante sarà l'immagine ottenuta per l'osservatore. Quando l'apertura aumenta, si rendono visibili maggiori dettagli e aumenta la qualità generale dell'immagine. Considerando il vostro bilancio e le vostre esigenze di portabilità, scegliete il telescopio con la maggiore apertura possibile. Questa è l'unica caratteristica fisica del vostro strumento di cui non sarete mai soddisfatti. Tutti gli astrofili soffrono della "febbre da apertura", un male cronico. Vorrete sempre un telescopio più grande.

La *lunghezza focale* in un sistema ottico è la distanza dalla lente, o dallo specchio primario, al punto in cui l'immagine viene messa a fuoco (*punto focale*). In generale, quanto maggiore è la lunghezza focale tanto maggiore risulta il potere di ingrandimento, più estesa l'immagine e più ridotto il campo di vista. Per esempio, un telescopio con lunghezza focale di 2000 mm ha potere doppio e campo di vista dimezzato rispetto a un telescopio di 1000 mm, se si utilizza lo stesso oculare. Le case produttrici in gran parte specificano la lunghezza focale dei loro strumenti; ma se non è esplicitata e conoscete il rapporto focale, per calcolarla potete moltiplicare quest'ultimo per l'apertura. Per esempio, la lunghezza focale di un'apertura di 203 mm (8 pollici) con un rapporto focale di $f/10$ sarà $203 \times 10 = 2030$ mm (che verrà tipicamente arrotondata a 2000 mm).

La *risoluzione* è la capacità di un telescopio di riprodurre i dettagli: quanto maggiore è la risoluzione, tanto più fini sono i dettagli visibili. A parità di tutto il resto, quanto maggiore è l'apertura di un telescopio, tanto migliore è la risoluzione. Non è il criterio più importante con cui giudicare un telescopio per l'osservazione di variabili, poiché non vedrete alcun dettaglio su alcuna stella con l'eccezione del Sole (con i filtri opportuni, naturalmente!). Questo significa che non avete bisogno di acquistare un costosissimo rifrattore quando un riflettore, con una risoluzione leggermente inferiore, è più economico. A parità di costo, il riflettore è solitamente anche più grande.

La *capacità di raccolta della luce* è la capacità teorica di un telescopio di raccogliere radiazione in confronto all'occhio pienamente dilatato. È direttamente proporzionale al quadrato dell'apertura: potete calcolarla dividendo prima l'apertura (in millimetri) per 7 – dimensione media in millimetri di un occhio dilatato – e poi elevando al quadrato il risultato. Per esempio, un telescopio con apertura di 203 mm ha un potere di raccolta della luce di $(203/7)^2 = 841$: questo significa che raccoglie 841 volte più radiazione dell'occhio nudo. Dovrebbe risultare ovvio che anche un piccolo telescopio raccoglierà molta più luce dei vostri occhi. Se capite questo, capite anche che non avete bisogno di uno strumento enorme per osservare le stelle variabili.

L'*ingrandimento*, il fattore meno importante, dipende dalla relazione tra due sistemi ottici indipendenti: il telescopio stesso e l'oculare che state utilizzando. Per determinarlo si divide la lunghezza focale del telescopio (in millimetri, per esempio) per quella dell'oculare (espressa anch'essa in millimetri). Scambiando un oculare con un altro di lunghezza focale diversa, potete aumentare o diminuire il potere di ingrandimento del vostro strumento. Per esempio, un oculare di 25 mm usato su un telescopio f/10 di 203 mm (lunghezza focale 2000 mm) darà un potere di $2000/25 = 80\times$, mentre un oculare di 12,5 mm sullo stesso strumento darà un potere di $2000/12,5 = 160\times$. Poiché gli oculari sono intercambiabili, un telescopio può essere utilizzato con una varietà di ingrandimenti per applicazioni diverse, semplicemente sostituendoli.

Esistono limiti pratici inferiori e superiori all'ingrandimento di un telescopio. Essi sono determinati dalle leggi ottiche e dalla natura dell'occhio umano. Come regola generale, il massimo ingrandimento utilizzabile è approssimativamente 20 volte l'apertura del telescopio espressa in centimetri, in condizioni osservative ideali. Ingrandimenti maggiori di questo danno origine tipicamente a immagini deboli e con basso contrasto. Per esempio, il massimo potere di ingrandimento possibile per un telescopio di 60 mm è circa 120×. Quando l'ingrandimento supera un certo limite, la nitidezza e il grado di dettaglio diminuiscono. Questo è il motivo per cui gli elevati ingrandimenti reclamizzati per certi piccoli telescopi non sono realistici; vengono pubblicizzati anche valori di 1200×: questo è assolutamente impossibile!

In ogni caso, gran parte delle vostre osservazioni sarà effettuata con bassi poteri. Le immagini saranno così molto più brillanti e nitide, e vi daranno più divertimento e soddisfazione con i campi di vista estesi. Un altro vantaggio nell'utilizzo di bassi ingrandimenti è la maggiore facilità nell'individuare stelle di confronto con un campo di vista più grande.

Esiste anche un limite inferiore all'ingrandimento, solitamente circa una volta e mezzo l'apertura del telescopio espressa in centimetri, quando lo si usa di notte. Un potere inferiore a questo è inutile con gran parte dei telescopi; inoltre al centro dell'oculare in uno strumento catadiottrico o newtoniano può apparire una macchia scura, a causa dell'ombra dello specchio secondario o diagonale.

Se siete principianti nell'osservazione astronomica, potete chiedervi quanto lontano potete vedere con un telescopio; in altre parole, se potete vedere abbastanza lontano da osservare una stella variabile. Anche i vostri amici prima o poi vi faranno questa domanda. Gli astronomi utilizzano un sistema numerico di magnitudini per indicare la brillantezza di una stella: quanto maggiore è il valore della magnitudine, tanto più debole è la stella. Una magnitudine di differenza tra due astri corrisponde a un rapporto di circa 2,5 tra le luminosità. L'oggetto più debole che potete vedere a occhio nudo (senza binocoli o telescopi) è approssimativamente di sesta magnitudine (con un cielo buio), mentre le stelle più brillanti hanno magnitudine zero (o persino negativa). Quindi, la questione non è tanto il "quanto lontano", ma il "quanto brillante".

La magnitudine della stella più debole che potete vedere con un telescopio (in eccellenti condizioni di *seeing*) è detta *magnitudine limite* dello strumento. Essa è direttamente legata all'apertura, così che aperture maggiori vi permettono di osservare stelle più deboli. Una formula approssimata per calcolare la magnitudine limite visuale è: 7,5 + 5 log (apertura in centimetri). Per esempio, la magnitudine limite di un telescopio di 203 mm è circa 7,5 + 5 log (20,3) = 14,0. Le condizioni atmosferiche e la vostra sensibilità visuale spesso ridurranno un po' questo limite; comunque non è insolito riuscire a vedere stelle leggermente più deboli del limite del vostro strumento in notti eccezionalmente buone. Quanto più tempo spendete a guardare al telescopio tanto più sarete in grado di vedere oggetti deboli.

Utilizzando una camera CCD potete estendere la magnitudine limite di 3 o 4 magnitudini.

Il *rapporto focale* è il rapporto tra la lunghezza focale del telescopio e la sua apertura (espresse nella stessa unità di misura). Per esempio, un telescopio con lunghezza focale di 2030 mm e apertura di 203 mm ha un rapporto focale di 2030/203 = 10, generalmente indicato come f/10.

Alcuni astronomi equiparano il rapporto focale con la brillantezza dell'immagine, ma a rigore questo è vero soltanto quando un telescopio viene usato fotograficamente e vengono acquisite immagini di oggetti estesi, come la Luna e le nebulose. Gli strumenti con piccoli rapporti focali sono talvolta detti *rapidi* e producono immagini più brillanti di oggetti estesi su pellicola, richiedendo brevi tempi di esposizione. Parlando in generale, il principale vantaggio di un rapporto focale rapido con un telescopio usato visualmente è che produrrà un campo di vista più ampio. Tipicamente, i telescopi da f/3,6 a f/6 sono considerati *rapidi*, quelli da f/7 a f/11 sono *medi* e quelli da f/12 in poi *lenti*. Naturalmente queste divisioni non sono rigide.

La porzione di cielo che potete vedere attraverso un telescopio è chiamata *campo di vista reale* ed è misurata in gradi (campo angolare). Esso viene calcolato dividendo il campo di vista apparente, in gradi, dell'oculare utilizzato per il potere dello strumento in quella configurazione. Per esempio, se state usando un oculare con un campo apparente di 50°, e il potere del telescopio con questo oculare è 100×, allora il campo di vista reale sarà 50°/100 = 0°,5.

Le case produttrici specificano normalmente il campo apparente (in gradi) dei loro oculari. In generale, quanto maggiore è tale campo apparente, tanto maggiore risulta quello reale, cioè più estesa è la regione di cielo che potete vedere. Inoltre, ingrandimenti più bassi usati su un certo telescopio origineranno campi di vista più ampi. Come si è detto in precedenza, nell'osservazione delle stelle variabili utilizzerete più spesso bassi poteri.

Diversi sono gli schemi ottici utilizzati per i telescopi. Ricordate che questi sono concepiti per raccogliere la luce, e gli ingegneri ottici che li progettano devono raggiungere dei compromessi nel controllare le aberrazioni per ottenere il risultato desiderato.

Le aberrazioni sono tutti gli errori che producono imperfezioni in un'immagine, e possono derivare dal progetto, dalla fabbricazione o da entrambi. È impossibile elaborare un sistema ottico assolutamente perfetto. Le varie aberrazioni associate a un particolare schema sono citate nella discussione sui tipi di telescopio. In generale, le aberrazioni con cui dovrete fare i conti sono discusse qui di seguito.

L'*aberrazione cromatica* è solitamente associata alle lenti obiettivo dei telescopi rifrattori. È l'incapacità di una lente di mettere a fuoco nello stesso punto radiazione di diverse lunghezze d'onda (colori). Questo dà origine a un alone debolmente colorato (tipicamente violetto) intorno alle stelle brillanti, ai pianeti e alla Luna. I doppietti acromatici (un tipo di sistemazioni delle lenti) nei rifrattori contribuiscono a ridurre questa aberrazione, e schemi più costosi e sofisticati, come quelli apocromatici e quelli che usano lenti alla fluorite, possono virtualmente eliminarla. Una leggera aberrazione cromatica non dovrebbe influenzare la vostra capacità di osservare stelle variabili.

L'*aberrazione sferica* fa sì che i raggi luminosi che passano attraverso una lente, o vengono riflessi da uno specchio, a distanze diverse dal centro ottico giungono a fuoco in punti diversi dell'asse ottico. A causa di ciò, una stella viene vista come un disco confuso anziché come un punto netto. I telescopi sono prevalentemente progettati per eliminare questa aberrazione, ma è meglio acquistare strumenti con specchi iperbolici anziché sferici (questo ovviamente vale solo per i riflettori).

Il *coma* è principalmente associato ai telescopi con riflettori parabolici poiché influenza le immagini fuori-asse, ed è più pronunciato vicino ai bordi del campo di vista. Le immagini stellari hanno un aspetto a forma di "V". Quanto più rapido è il rapporto focale, tanto più coma si osserva vicino al bordo, per quanto il centro del campo (approssimativamente un cerchio) risulti ancora privo di coma negli strumenti ben disegnati e fabbricati.

L'aberrazione delle lenti che allunga le immagini orizzontalmente da una parte del fuoco ottimale e verticalmente dalla parte opposta è chiamata *astigmatismo*. Si trova generalmente in ottiche di scarsa qualità e quando sono presenti errori di collimazione.

La *curvatura di campo* è originata dal fatto che i raggi luminosi non giungono tutti a fuoco nello stesso piano. Il centro del campo può essere nitidamente a fuoco ma i bordi sono sfocati o viceversa.

Collimazione è un termine usato per indicare il corretto allineamento degli elementi ottici di un telescopio, cruciale per raggiungere risultati ottimali. Una scarsa collimazione darà luogo ad aberrazioni ottiche e immagini distorte. L'allineamento degli elementi ottici è importante, ma più critico ancora è quello delle ottiche con la parte meccanica del tubo, detto allineamento ottico/meccanico. Di quando in quando è necessario dedicarvi un po' di tempo per controllarlo.

Tipi di telescopi

Hans Lippershey di Middleburg, in Olanda, ha il merito di avere inventato il telescopio *rifrattore* nel 1608. A seguito di ciò, gli eserciti europei iniziarono a utilizzare lo strumento. Galileo fu il primo a usarlo, con qualche piccola modifica, in astronomia. I disegni ottici di Lippershey e Galileo consistevano entrambi in una combinazione di lenti convesse e concave. Intorno al 1611 Keplero fece dei miglioramenti nello schema in modo da avere due lenti convesse, che producono un'immagine invertita. Il disegno di Keplero è ancora quello principalmente usato oggi per i rifrattori, naturalmente con alcuni miglioramenti nelle lenti e nel vetro.

Il rifrattore è il tipo di telescopio con cui gran parte di noi ha dimestichezza: ha un lungo tubo, fatto di metallo, plastica o legno, una combinazione di lenti di vetro all'estremità anteriore (*lente obiettivo*) e una seconda combinazione (*oculare*) là dove si pone l'occhio. Il tubo tiene le lenti al loro posto alla corretta distanza l'una dall'altra, e serve anche a tenere lontani polvere, umidità e luci parassite che interferirebbero con la formazione di una buona immagine. La lente obiettivo raccoglie la luce e la "piega" o rifrange verso un punto di fuoco vicino alla parte posteriore del tubo. L'oculare porta l'immagine al vostro occhio, ingrandendola. Gli oculari hanno lunghezze focali molto più corte delle lenti obiettivo.

I rifrattori hanno una buona risoluzione, ma è difficile fabbricare per essi grandi lenti obiettivo, maggiori di 10 cm; sono perciò strumenti relativamente dispendiosi, se considerate il costo per unità di apertura.

Sir Isaac Newton sviluppò il telescopio *riflettore* intorno al 1680, per ovviare al problema dell'aberrazione cromatica dei rifrattori. Egli sostituì la lente obiettivo impiegando uno specchio curvo di metallo per raccogliere la luce e per rifletterla poi nel fuoco. Gli specchi non soffrono infatti dei problemi di aberrazione cromatica che si riscontrano nelle lenti. Nel suo nuovo schema Newton pose il grande specchio primario sul fondo del tubo ottico.

Poiché lo specchio rifletteva la luce all'indietro nel tubo, fu costretto a utilizzare un piccolo specchio piano sul cammino focale dello specchio primario per deflettere lateralmente l'immagine all'esterno del tubo, verso l'oculare. A causa delle sue piccole dimensioni, rispetto a quelle del primario, lo specchietto piano intercetta solo una piccola frazione della luce in arrivo.

Nel 1722 John Hadley fece dei miglioramenti nello schema utilizzando specchi parabolici. Il riflettore newtoniano è considerato un sistema molto valido e rimane uno dei più utilizzati ancora oggi.

I *riflettori ad ampio campo* sono tipi di riflettori newtoniani con bassi rapporti focali e basso ingrandimento, che offrono quindi campi di vista più estesi rispetto ai telescopi con maggiore rapporto focale e brillanti viste panoramiche. Questo aumenta il numero delle stelle di confronto visibili.

Il *telescopio dobsoniano* è un tipo di riflettore newtoniano con un semplice tubo e una montatura altazimutale (le montature sono discusse nella sezione seguente): sono relativamente economici da costruire o comprare. Quelli commerciali hanno solitamente grandi aperture che vanno dai 15 ai 45 cm circa. Vedrete dobsoniani molto grandi agli *star party*, alcuni con dimensioni superiori a 90 cm (parlando di "febbre da apertura"!). Essi sono eccellenti per osservare variabili deboli, per esempio quando il vostro obiettivo principale è cercare visualmente eruzioni di variabili cataclismiche o supernovae in galassie deboli.

I *telescopi composti* o *catadiottrici* sono strumenti ibridi che hanno nel loro schema ottico una combinazione di elementi riflettori e rifrattori. Il primo fu costruito dall'astronomo tedesco Bernhard Schmidt nel 1930: il *telescopio Schmidt* aveva uno specchio primario nella parte posteriore e una lastra correttrice in vetro nella parte anteriore per rimuovere l'aberrazione sferica. Il telescopio era usato principalmente per la fotografia, perché non aveva alcuno specchio secondario né oculari. Una pellicola fotografica era posta al fuoco principale dello specchio primario. Oggi il sistema *Schmidt-Cassegrain*, inventato negli anni '60, è considerato da alcuni il più comune tipo di telescopio amatoriale: utilizza uno specchio secondario che riflette la luce verso l'oculare attraverso un foro nello specchio primario. L'Hubble Space Telescope è un telescopio Schmidt-Cassegrain.

Un secondo tipo di strumento composto viene attribuito all'astronomo russo Dmitri Dmitrievich Maksutov, per quanto l'astronomo olandese Albert Bouwers avesse elaborato un disegno simile prima di lui. Il *telescopio Maksutov* è simile allo Schmidt-Cassegrain ma utilizza una lente correttrice (sistema *Maksutov –Cassegrain*).

Le montature dei telescopi

Il vostro telescopio deve essere sostenuto da una montatura, che vi permetta di tenerlo puntato verso il cielo e di acalibrarne la posizione rispetto al movimento dello stelle causato dalla rotazione terrestre. Essa vi consente anche di avere le mani libere per altre attività come la messa a fuoco, il cambio dell'oculare e la registrazione delle osservazioni.

Esistono due tipi fondamentali di montatura: *altazimutale* ed *equatoriale*. La prima possiede due assi di rotazione, uno orizzontale e uno verticale. Per puntare lo strumento verso un oggetto, lo ruotate parallelamente all'orizzonte (intorno all'asse verticale) verso la posizione orizzontale (*azimut*) dell'astro, e poi lo inclinate (ruotando stavolta intorno all'asse azimutale) verso la posizione verticale (*altezza*) dell'astro.

Per quanto questo tipo di montatura sia semplice da usare, non insegue efficientemente il moto delle stelle: quando la calibrate per seguirle continuamente mentre si spostano sopra di voi, essa produce un movimento a zig-zag, su e giù, invece di un arco regolare attraverso il cielo.

Anche la montatura equatoriale ha due assi perpendicolari di rotazione, noti come assi di *declinazione* e di *ascensione retta*. L'asse principale (quello di ascensione retta, detto anche asse polare) non è però orientato verticalmente, ma inclinato in modo da risultare parallelo all'asse di rotazione terrestre. La montatura equatoriale ha due varianti: quella *tedesca*, a forma di "T" con l'asse lungo della "T" puntato verso il polo nord, e quella *a forcella*, una forcella a due bracci posta su una "zeppa" (detta testa equatoriale) allineata al polo; la verticale alla base della forcella è un'asse di rotazione e la congiungente le estremità dei due bracci rappresenta l'altro.

Quando sono allineate correttamente al polo, le montature equatoriali permettono al telescopio di seguire il movimento regolare ad arco delle stelle in cielo. Esse possono anche essere equipaggiate con cerchi di impostazione che vi consentono di individuare facilmente una stella con le sue coordinate celesti, e i motori di inseguimento permettono a voi o al vostro computer di spostare con continuità il telescopio per seguire un oggetto.

Oculari

Gli oculari saranno senza alcun dubbio i primi accessori che acquisterete dopo il telescopio. Senza di essi non sareste in grado di vedere niente di importante o interessante. Gli oculari aggiuntivi, oltre a quelli (uno o due) forniti insieme a gran parte dei telescopi, rendono le osservazioni visuali molto più entusiasmanti, e la maggior parte dei variabilisti ne possiede diversi. Come le lenti di una fotocamera, essi determinano il campo di vista e l'ingrandimento visto attraverso lo strumento. Possedere un'opportuna gamma di oculari aumenta notevolmente la versatilità di qualunque telescopio. Prima di comprarli vi raccomandoperò di prendervi il tempo di capire alcuni fatti fondamentali su queste piccole e costose lenti di ingrandimento che si infilano nel focheggiatore o nello specchio diagonale del vostro telescopio; questo potrebbe anche farvi risparmiare del denaro.

Oculare di Huygens. Disegnato da Christiaan Huygens (1629-95), è stato il primo oculare costruito per l'utilizzo con un telescopio. Consiste normalmente in due lenti piano-convesse con la parte piatta rivolta verso l'occhio. Oggi è usato principalmente per osservazioni solari e lunari (con i filtri opportuni, naturalmente). Ha un piccolo campo di vista apparente, tipicamente intorno a 25°-40°, non ha correzioni di colore e generalmente ha una piccola estrazione pupillare.

Oculare di Huygens-Mittenzwey. È una variante dell'oculare di Huygens in cui la lente che punta verso l'oggetto è sostituita da un menisco. Si tratta di un oculare valido per telescopi lenti (f/12 o più). Il campo di vista apparente è di circa 45°-50° e, come per tutti gli oculari di Huygens, l'estrazione pupillare è generalmente piccola.

Oculare di Ramsden. È il primo oculare acromatico, costruito con due lenti piano-convesse con le parti convesse rivolte l'una verso l'altra. Si trova ancora oggi, specialmente in piccole versioni (2,45 cm). Questo tipo di oculare soffre di aberrazioni di colore molto meno di quelli di Huygens, ma ha invece riflessioni interne e, solitamente un piccolo campo di vista apparente con breve estrazione pupillare.

Oculare di Kellner. Questo oculare a tre elementi prende il nome da Carl Kellner, che nacque il 26 marzo 1826 a Hirzenhain, in Germania. Godendo di una buona reputazione come produttore di strumenti ottici di qualità, Kellner fabbricò oculari anche per Argelander: erano fatti principalmente per l'utilizzo su telescopi, ma egli produsse anche qualche oculare per microscopi. Alla fine Kellner e i suoi 12 dipendenti giunsero a fabbricare interi telescopi. Fino alla sua morte prematura nel 1855, il suo laboratorio costruì almeno 130 microscopi, 5 grandi telescopi e un discreto numero di piccoli telescopi portatili.

Disegnato nel 1849, l'oculare noto oggi come Kellner produce immagini nitide e brillanti a poteri bassi e medi, ed è usato in modo ottimale su telescopi di dimensioni piccole o medie. Il campo di vista ottenuto è vicino a 40° con una buona estrazione pupillare. Quando il potere di ingrandimento aumenta, l'estrazione diminuisce. Questi oculari sono solitamente considerati buoni ed economici, superiori ai più semplici disegni Ramsden e Huygens. Come vedete, esistono da molto tempo e potete trovarli facilmente.

Oculare ortoscopico. Il disegno di questo oculare risale all'800, quando Ernst Abbe lo progettò per utilizzarlo nelle precise misure di distanza lineare sulle lastre dei microscopi. Il termine "ortoscopico" indica il fatto che non introduce distorsioni a barile o a cuscinetto: conseguentemente, un oggetto avrà le stesse dimensioni dovunque venga osservato nel campo di vista. Il disegno di Abbe impiega un tripletto di lenti di campo e una singola lente oculare.

Non troppi anni fa l'ortoscopico a quattro elementi era considerato il migliore oculare disponibile per gli astrofili. Oggi, a causa del suo ridotto campo di vista rispetto a nuovi schemi, ha perso parte della sua reputazione. Questi oculari hanno comunque eccellente contrasto, nitidezza e correzione di colore, oltre a una maggiore estrazione pupillare rispetto ai Kellner. Sono ritenuti ottimi per le osservazioni lunari e planetarie e piuttosto buoni per lo studio delle stelle variabili.

Il campo di vista apparente è molto spesso intorno a 45°, e nei confronti ravvicinati appare uguale o addirittura leggermente maggiore di quello dei Plössl, reclamizzato come dotati di un' ampiezza di 50°.

Oculare Plössl. Considerato da molti il disegno attualmente più utilizzato, il Plössl a quattro elementi prende il nome da Georg Simon Plössl e fornisce un'eccellente qualità dell'immagine, una buona estrazione pupillare e un campo di vista apparente di circa 50°. Plössl nacque il 19 settembre 1794 a Wieden, vicino Vienna, e morì il 30 gennaio 1868 a Vienna in seguito alla grave ferita che si procurò lasciando cadere una lastra di vetro che gli recise un'arteria vicino alla mano destra.

Questi oculari di alta qualità mostrano elevato contrasto ed estrema nitidezza fino al bordo del campo e sono considerati ideali per tutti i tipi di osservazioni ed eccellenti per lo studio di variabili. I *super-Plössl* hanno un campo di vista maggiore di quelli chiamati semplicemente Plössl.

Oculare Erfle. La lente di Erfle prende il nome da Heinrich Valentin Erfle, che nacque l'11 aprile 1884 a Duerkheim, in Germania. Il suo oculare ha uno schema ottico a cinque o sei elementi ed è ottimizzato per un grande campo apparente di 60°-70°. A bassi poteri la sua visione è stata descritta come "una finestra panoramica": una grande area di vista produce imponenti visioni di profondo cielo. A poteri elevati la nitidezza dell'immagine pare diminuire ai bordi. Si tratta di un altro oculare ottimo per osservare le stelle variabili.

Oculare ad ampio campo (wide field). Questo oculare, con vari nomi, è oggi generalmente considerato il migliore. Troverete oculari *super-wide* e *ultra-wide* che incorporano da 6 a 8 elementi ottici per generare campi di vista apparenti grandi fino a 85°. Essi sono usati in modo ottimale a poteri bassi e medi. A causa della notevole estensione del campo di vista, non è necessario spostare l'occhio per vedere tutto. Solitamente ritenuti gli oculari ideali per osservare galassie, campi stellari e altri oggetti di profondo cielo, sono eccellenti anche per le variabili poiché si possono vedere nel campo molte stelle di confronto. La qualità dell'immagine è ottima, ma il numero di elementi riduce leggermente la trasmissione luminosa. Questo non dovrebbe rappresentare realmente un ostacolo; comunque paghereste oro per il campo di vista *ultra-wide*!

Lente di Barlow. Non si tratta realmente di un oculare ma di uno degli strumenti più utili ed efficienti per un astrofilo. La lente prende il nome da Peter Barlow, che nacque a Norwich, in Inghilterra, nell'ottobre del 1776 e la sviluppò in collaborazione con George Dollond. Barlow valutò infatti una lente concava acromatica che Dollond aveva costruito nel 1833 e la adattò al montaggio su un telescopio. Dawes fu il primo a impiegarla misurando stelle doppie strette.

Una lente di Barlow inserita tra il telescopio e l'oculare può aumentare il potere di quest'ultimo di 2, 3 o anche 5 volte. Naturalmente, se per esempio si raddoppia l'ingrandimento con una tale lente, si dimezza il campo di vista. Lo scambio tuttavia è spesso vantaggioso: acquistando una lente di Barlow potete raddoppiare il numero effettivo dei vostri oculari. Per esempio, se possedete oculari di 40, 25 e 18 mm, una lente 2× vi permette di avere il rendimento anche dei 20, 12,5 e 9 mm. Un altro vantaggio è l'estrazione pupillare: guardare attraverso un bell'oculare da 25 mm è facile grazie alla grande estrazione pupillare. Potete mantenere quella stessa comoda estrazione pupillare e aumentare il potere di ingrandimento del telescopio semplicemente con una lente di

Barlow 2×. Scegliete attentamente i vostri oculari in modo che tale lente non ne replichi uno che già possedete. In altre parole, se avete un oculare da 32 mm e una lente di Barlow 2×, non comprate un oculare da 16 mm.

Cercatori

Gran parte dei telescopi viene venduta insieme a un cercatore. Si tratta di un piccolo telescopio attaccato a quello principale e utilizzato per individuare gli oggetti mediante il campo di vista più ampio. Molto spesso troverete vantaggioso sostituire il cercatore "di serie" con uno più grande: uno di 50 mm o più vi consentirà di riconoscere meglio i campi stellari mostrati sulle carte, e sarà generalmente più comodo da usare.

Usare un dispositivo ad accoppiamento di carica (CCD)

CCD sta per *charge coupled device* (dispositivo ad accoppiamento di carica). Si tratta di una camera digitale che contiene un *chip* consistente in un mosaico di microcelle elettroniche sensibili alla luce chiamate fotodiodi o *pixel*, una contrazione di *picture element*. Il *chip* ha forma rettangolare o quadrata e può avere all'incirca le dimensioni di una moneta. Il mosaico di *pixel* viene detto *array*. Come in fotografia, potete acquisire esposizioni di diversi minuti con una CCD, poiché ciascun *pixel* mantiene in memoria la quantità di radiazione ricevuta.

Gran parte dei rivelatori astronomici utilizzati attualmente negli Osservatori professionali, come pure in molti telescopi amatoriali, sono CCD. Questo fatto vi darà probabilmente l'impressione che deve esserci qualcosa di molto speciale in questi dispositivi. È stato detto, quasi troppo, che le CCD hanno rivoluzionato l'astronomia moderna. Senza dubbio avranno il loro posto nella storia dell'astronomia insieme ad altre importanti scoperte come il telescopio, le lastre fotografiche, i prismi e la spettroscopia.

A coloro tra voi che cercano le sfide delle osservazioni con CCD, farà piacere sapere che sono innumerevoli. Non tenterò di fornire una descrizione completa del funzionamento e dell'utilizzo delle CCD in queste pagine: sarebbe semplicemente troppo per un solo libro.

Vi dirò comunque qualcosa da tenere in considerazione prima di prendere la decisione finale sul fatto di procedere alle osservazioni con CCD, seguito da una breve descrizione di ciò che una CCD può fare se usata correttamente. Ritengo che il passaggio dalle osservazioni visuali a quelle strumentali sia un progresso perfettamente naturale perché gli strumenti, come le CCD, vi permettono di vedere cose che perdereste utilizzando solo i vostri occhi.

In primo luogo considerate la spesa: le CCD possono essere costose, almeno diverse centinaia di euro; qualche migliaio di euro è una cifra normale. Poi avrete probabilmente bisogno di equipaggiamento aggiuntivo come specchi ribaltabili, filtri e montature per filtri. Tutto ciò può facilmente raddoppiare il costo della sola camera CCD.

In secondo luogo, il vostro telescopio deve essere in grado di inseguire precisamente gli oggetti. Questo significa che deve essere capace di seguire una stella mantenendola centrata sul *chip* della CCD anche durante una lunga esposizione (con ciò intendo 10 secondi o più). Se il vostro telescopio non riesce a fare questo, vi costerà altro denaro risolvere il problema.

Infine, esiste una curva di apprendimento – per alcuni può essere abbastanza ripida – quando iniziate a utilizzare una CCD. Essa richiede tempo e pazienza, ma più tempo e molta più pazienza sono necessari per cominciare a usarla correttamente. La sfida è entusiasmante; non sto tentando di scoraggiarvi. Solo, siate preparati a una sfida lunga e preventivate alcune settimane per imparare bene a utilizzarla per osservare le variabili.

La rivista *Sky & Telescope* mantiene un sito web specifico per argomenti riguardanti le CCD all'indirizzo **http://www.skypub.com/imaging/ccd/ccd.shtml**. Qui scoprirete articoli come *Starting out Right in CCD Imaging*, *Optimizing a CCD Imaging System*, *Image Processing Basics* e alcuni altri. Si tratta veramente di una valida fonte per ottenere le conoscenze di base sull'acquisizione di immagini con CCD.

Fotometria fotoelettrica (FF)

Un fotometro stellare è un dispositivo elettrico che misura la quantità di luce ricevuta da una singola stella; questo processo di misura si chiama *fotometria fotoelettrica* ed è abbreviato con FF (o anche PEP, da *photo-elec-*

tric photometry: per questo i suoi utilizzatori vengono talvolta chiamati *"pepper"*).

Nella comunità amatoriale esiste molto interesse per la FF: per esempio, il gruppo *International Amateur-Professional Photoelectric Photometry* (IAPPP) si è formato nel giugno del 1980 con l'intento di facilitare la ricerca astronomica congiunta tra astrofili, studenti e astronomi professionisti. Lo IAPP fornisce un mezzo per scambiare informazioni pratiche normalmente non discusse ai convegni o pubblicate altrove. Douglas Hall, del Dyer Observatory, è il direttore ed è ben noto per la passione con cui si dedica alla collaborazione tra amatori e professionisti.

Il *Photoelectric Photometry Program* dell'AAVSO è cominciato invece nel 1983 con tre osservatori che quell'anno contribuirono con 219 osservazioni su 28 stelle. Vennero stabiliti degli standard sulle modalità di osservazione, cioè l'acquisizione di tre stime per la variabile e una per un oggetto di controllo per verificare la stabilità della stella di confronto. Questi standard non sono cambiati e il programma di riduzione usato oggi è lo stesso sviluppato all'inizio del programma.

Come per l'utilizzo delle CCD, esiste una curva di apprendimento quando si iniziano a utilizzare metodi PEP, ma questo non dovrebbe essere considerato un ostacolo. Per chi avesse interessi più avanzati, raccomando le pubblicazioni *Photoelectric Photometry of Variable Stars*, di Douglas Hall e Russell Genet, e *Astronomical Photometry*, di A. Henden e R. Kaitchuck.

CAPITOLO 10

Pianificazione dell'osservazione di variabili

Non fate piccoli progetti; essi non hanno il magico potere di rimescolare il sangue degli uomini e probabilmente non verranno realizzati. Fate grandi progetti; puntate in alto, sperando, e lavorate...

Daniel H. Burnham

"Quali variabili posso osservare nella mia particolare posizione geografica, durante ciascuna stagione e con il mio equipaggiamento?" è la domanda tipica di chi inizia a osservare le variabili.

Un progetto ben sviluppato vi aiuterà a rispondere a queste domande, e a molte altre, organizzando allo stesso tempo le vostre attività in modo che possiate prepararvi all'osservazione di variabili con sicurezza e senza perdere troppo tempo. Senza un progetto avrete difficoltà nel prepararvi e sarete facilmente sviati, distratti o perderete tempo cercando stelle che semplicemente non sono nella posizione adatta per essere osservate da voi. Se ritenete di non essere i tipi da distrarvi, immaginate di esplorare il cielo tra lo Scorpione e il Sagittario, magari in una notte limpida, di lasciare vagare il vostro sguardo sulla vicina *rho* Ophiuchi, oppure, a seconda della stagione, di attraversare Orione, "il cacciatore", nella linea di stelle della cintura e arrivare alla Grande Nebulosa. Se credete di non poter essere sedotti quando guardate il doppio ammasso del Perseo, la Nebulosa Velo nel Cigno, la Tarantola in Dorado, o la grande galassia di Andromeda, allora davvero non siete stati all'oculare di un telescopio per un po'. Queste sono tutte visioni meravigliose che, analogamente al canto delle Sirene, possono ammaliarvi al punto da indurvi a modificare il vostro cammino e da distogliervi dal raggiungimento della vostra meta originaria.

Il vostro progetto vi aiuterà a determinare i requisiti per una serata osservativa e a mantenervi concentrati sui compiti specifici necessari per raggiungere un particolare obiettivo. Se avete bisogno di un suggerimento su dove cominciare, visitate i siti web[1] del *Variable Star Network* (VSNET), della *British Astronomical Association – Variable Star Section* (BAAVSS) o della *American Association of Variable Star Observers* (AAVSO) per scoprire cosa vi aspetta. Guardate cosa stanno osservando altri variabilisti nel vostro Paese, o nel mondo. Questi siti riportano i più recenti aspetti di interesse nello studio delle variabili.

Forse è stata rivelata una nuova nova, oppure su una variabile cataclismica si è verificata un'esplosione. Magari è stata scoperta una supernova in una galassia brillante o è stato visto un *gamma-ray burst*. Naturalmente alla fine dovreste sviluppare il vostro progetto in base alle vostre preferenze personali. Per esempio, stanotte potreste volere prendere i tempi di una binaria a eclisse, completare 50 osservazioni visuali, cercare supernovae in 20 galassie, o fare 10 stime *inner sanctum*[2]. Le aspettative che avvertirete preparando il progetto possono aggiungersi all'eccitazione dell'osservazione effettiva.

Un aiuto impagabile nel pianificare è un diario delle osservazioni, un luogo ideale in cui annotare i vostri obiettivi, così che possiate farvi riferimento durante la serata, se necessario. Ricordate che non tutto andrà secondo i piani. Quando iniziate la vostra esplorazione delle stelle variabili, conoscerete successi e fallimenti. Questi ultimi sono in effetti successi se li considerate come "l'avere capito che questo non è il modo di fare qualcosa", cos' saprete fare riferimento a ogni evento come a un successo. Sarà vostra responsabilità determinare se un particolare "successo" debba essere ripetuto o evitato.

Gli appunti vi permetteranno di registrare i vostri successi (quelli che desiderate ripetere e quelli che desiderate evitare), le osservazioni, le evenienze insolite (ne sarete sorpresi!), gli eventi memorabili (ne sarete felici!) e altre cose troppo numerose da citare qui. Il vostro diario può servire non solo come registro delle osservazioni più recenti, ma anche come un documento storico vivente che vi assisterà durante gli anni a venire. Può contenere "scorciatoie" e me-

---

[1] L'indirizzo Internet di ciascuna di queste organizzazioni è fornito più avanti in questo capitolo.
[2] Le stime *inner sanctum* (termine usato dall'AAVSO nel senso di "*Sancta Sanctorum*", la parte più interna e sacra di un tempio, ovvero, in senso figurato, luogo a cui pochi privilegiati hanno accesso), sono le osservazioni visuali positive effettuate su stelle di magnitudine 13,8 o più deboli, oppure un'osservazione "più debole di" (significa che non avete potuto vedere la variabile) 14,0 magnitudini.

todi più efficienti che scoprite durante le osservazioni, annotazioni per voi stessi riguardanti i problemi che incontrate, note da una stagione alla successiva che vi permetteranno di continuare a osservare dopo una pausa stagionale di alcuni mesi, eventi che volete ricordare, idee che volete perseguire in futuro, commenti sul tempo, comportamento della strumentazione, scoperte, o una moltitudine di altre cose annotabili. Io trovo divertente rivedere i miei diari degli anni passati. Sono in grado di ricordare grandi notti, eventi interessanti, e mi piace anche solo ripercorrere la mia esplorazione dell'Universo. Non tutto ciò che scrivete deve avere un valore scientifico. I commenti della mattina presto, scritti quando ero stanchissimo, sono probabilmente meglio definibili come appunti leggeri.

Il vostro diario di osservazioni è un oggetto personale. Non esiste un formato preferenziale, quindi dovete svilupparne uno che si adatta al meglio alla vostra personalità, alle vostre necessità osservative, come pure ai vincoli scientifici e storici, se ne esistono. I contenuti possono variare in stile da informali a meticolosi; in struttura, da diretti a eleganti; in metodo, da manoscritti a stampati dal computer.

Per avere un punto di partenza, bisogna sviluppare un semplice diario e iniziare con un progetto osservativo. Un esempio di piano osservativo semplice può essere qualcosa del genere:

DIARIO STELLE VARIABILI
— 27 ottobre 2001
Piano osservativo serale. Controllato AAVSO: possibile nova rivelata in Eridano e V1159 Orionis (CV di tipo SU UMa) in outburst. VSNET riporta un aumento di luminosità di omega CMa (variabile di tipo GCAS). Oltre a osservare questi tre oggetti, controllare per eventuali outburst le seguenti novae nane: HL CMa e SU UMa, e stimare la brillantezza delle seguenti LPV: R Lep e T Lep. Individuare la variabile RU Peg per osservazioni future.

Non avete neanche bisogno di sviluppare un piano osservativo ogni notte: potete farne uno per il mese, elencando le stelle che volete osservare o le galassie che volete controllare per la presenza di supernovae. Poi, quando trovate un po' di tempo libero inaspettato, prendete semplicemente il vostro progetto: sarete pronti per andare a osservare senza perdere tempo a chiedervi cosa guardare. Io ho preparato un piano osservativo per ciascun mese, sulla base delle stelle visibili dalla mia posizione geografica. Gran parte delle stelle, con l'eccezione di quelle molto vicine all'orizzonte, è visibile per più di un mese, quindi avrete gli stessi oggetti su diversi dei vostri piani mensili. Le stelle circumpolari, quelle che non scendono mai sotto l'orizzonte, sono accessibili tutto l'anno e quindi possono trovarsi su ogni piano mensile. Come suggerimento, rivedete i vostri progetti mensili ogni anno, eliminando quelle stelle che non osservate mai e aggiungendone periodicamente di nuove. Considerate anche la Luna e il Sole durante la progettazione: osservare una variabile vicina alla Luna Piena o proprio quando il Sole inizia a sorgere può essere alquanto difficile da fare.

Non c'è bisogno che il vostro progetto sia molto complicato: prepararne uno vi aiuterà a concentrarvi su quelle osservazioni che, per un qualunque motivo, sentite importanti e che devono essere fatte durante la serata. Una volta raggiunti gli obiettivi presentati nel vostro piano per ciascuna serata, siete liberi di vagabondare per il cielo e guardare il "paesaggio". Non rendete il vostro progetto troppo complesso o restrittivo quando iniziate a osservare le variabili. Ne ho parlato prima: nell'eccitazione del momento, l'idea talvolta si perde; ricordate che la ragione per cui state facendo questo è osservare e divertirvi. Una mezza dozzina di osservazioni ben fatte vi lasceranno con un senso di soddisfazione e del raggiungimento di un risultato. Aggiungete più obiettivi quando le vostre capacità migliorano e quando arrivate a capire meglio l'impegno temporale che richiedono. Le stime effettuate di corsa o quando siete stanchi e frustrati possono risultare meno che inutili. Certamente, se siete frustrati o infelici, osservare non è divertente. È la mia opinione, quindi potrei benissimo sbagliarmi, ma credo che l'Universo con tutte le sue stelle se ne starà là fuori abbastanza a lungo perché vi prendiate il vostro tempo e apprezziate questa esperienza.

Preparate in anticipo il vostro diario di osservazione, magari in concomitanza con il piano osservativo per la notte. Etichettate le colonne dei dati e appuntate un paio di matite. Vi raccomando di usare le matite per i vostri dati, in modo da poter correggere facilmente un errore. Per le prime sessioni osservative mantenete al minimo il carico "amministrativo": la ragione principale per cui fate tutto ciò è osservare le stelle variabili. Non lasciate che il "lavoro d'ufficio" vi intralci appena iniziate: avrete tempo a sufficienza per rifinire i vostri metodi di registrazione.

Un semplice diario contiene tutte le informazioni essenziali di cui avete bisogno per registrare in modo soddisfacente le vostre osservazioni di variabili. Vorrei raccomandare un paio di cose qui. In primo luogo, qualunque formato usiate per segnare i dati, mantenetelo senza cambiarlo da una notte all'altra o da una stagione all'altra. Secondo, registrate le osservazioni utilizzando il tempo locale. Provare a convertirlo in data giuliana (JD) o Tempo Universale (TU) mentre osservate è una distrazione aggiuntiva e non necessaria: potete convertire l'ora in seguito.

Un diario come questo può essere tenuto su un piccolo blocco per appunti di carta o su un quaderno con anelli, simile a quelli usati dagli studenti per il loro lavoro scolastico. Se lo tenete sull'*hard disk* di un computer, fatene per sicurezza una copia di *back-up*, per esempio su un disco ZIP. Scoprirete che mentre i vostri diari invecchiano, il loro valore cresce: non rischiate di perderli.

Un diario con le vostre osservazioni potrebbe somigliare a questo:

DIARIO STELLE VARIABILI – 27 ottobre 2001 Piano osservativo serale. Controllato AAVSO: possibile nova rivelata in Eridano e V1159 Orionis (CV di tipo SU UMa) in outburst. VSNET riporta un aumento di luminosità di omega CMa (variabile di tipo GCAS). Oltre a osservare questi tre oggetti, controllare per eventuali outburst le seguenti novae nane: HL CMa e SU UMa, e stimare la brillantezza delle seguenti LPV: R Lep e T Lep. Individuare la variabile RU Peg per osservazioni future.

Nota dell'osservatore: RU Peg è difficile da trovare. Due deboli stelle generano confusione. Devo davvero controllare bene le carte. Non ho potuto trovare una mappa per *omega* CMa, quindi ho usato due stelle con magnitudini Tycho. Si sono formate nubi in cielo prima che potessi osservare SU UMa.

OSSERVAZIONI

Data	Ora	Stella	Mag.	Mappa	Stella di confronto
27/10/2001	22h 00m	RU Peg	13,2	Std RU Peg (d)	126, 135
27/10/2001	22h 45m	V1159 Ori	12,7	Pre V1159 Ori (d)	124, 136
27/10/2001	22h 57m	R Lep	7,7	Std R Lep (b)	75, 78
27/10/2001	23h 03m	T Lep	10,4	Std T Lep (b)	103, 106
27/10/2001	23h 09m	HL CMa	10,9	Pre hl cma (e)	104, 116
					(OUTBURST)
27/10/2001	23h 16m	Omega CMa	3,8	Tycho stars HD 65810 (4,62)	HD 57821 (4,95)

Come potete vedere, il vostro diario dovrebbe contenere informazioni che sono considerate fondamentali, come la data, l'ora, l'oggetto osservato, la magnitudine stimata e i dati sulla mappa, ma dovreste anche includere commenti per voi stessi che serviranno da promemoria. Personalizzate il vostro diario. Descrivete in dettaglio e chiaramente cosa è importante durante ogni notte di osservazioni. Note criptiche o abbreviazioni inusuali, fatte quando siete stanchi, saranno difficili da interpretare giorni, settimane o anni dopo.

Notate che in questo esempio abbiamo utilizzato il tempo locale. Quando si riportano queste stime lo si deve convertire in data giuliana o Tempo Universale (parleremo ancora di date e ore in seguito). Inoltre, i dati sulla mappa indicano se si tratta di mappe standard (Std) o preliminari (Pre) (ne discuteremo ancora in seguito) e le stelle di confronto sono segnate utilizzando solo le loro magnitudini. Noterete sulle carte che queste stelle non hanno mai un punto decimale, perché altrimenti somiglierebbero troppo a variabili da stimare.

Progettare di comunicare le vostre stime

Se volete comunicare le vostre stime di variabili, utilizzate il formato opportuno per ciascuna organizzazione: AAVSO, VSNET e BAAVSS hanno tutte diversi formati di registrazione dei dati. Consultate il loro sito *web* per conoscere quello proposto e usatelo. Fate molta attenzione e indicate quali carte state utilizzando, così che vengano registrate le corrette stelle di confronto. Dopo avere usato varie carte, probabilmente vi accorgerete che una stella di confronto può comparire con magnitudini diverse su mappe differenti. Questo accade solitamente quando guardate le carte di organizzazioni diverse come AAVSO e VSNET. Poiché questo avviene, è importante utilizzare sempre la stessa mappa, con la magnitudine indicata su di essa, e precisarne il nome. Se tutti usano gli stessi numeri i dati saranno coerenti.

Scegliere le variabili da studiare

Fin qui dovreste sentirvi sicuri della vostra crescente conoscenza delle stelle variabili e probabilmente non avrete molte difficoltà a scegliere quelle che volete iniziare a osservare. Se mi sbaglio e vi sentite ancora un po' insicuri, lasciate che vi aiuti un poco. Quando selezionate una variabile che sia adatta per essere osservata, ponetevi queste domande: quali stelle sono visibili in questa stagione? Quanto voglio sforzarmi per individuare la stella variabile? Sono disponibili mappe per gli oggetti che voglio studiare? Esiste un modo per controllare le mie stime? Quanto spesso potrò uscire e osservare?

La vostra prima preoccupazione dovrebbe probabilmente concernere la stagione: cercare nel mese di luglio una stella che sorge a dicembre sarebbe deludente... Una comprensione di quali costellazioni sono visibili durante le varie stagioni vi aiuterà a questo riguardo. È anche consigliabile un buon atlante stellare. Il tentativo di cercare una stella posta a declinazione $-75°$ mentre vi trovate nel vostro giardino in Lombardia porterà alla luce la necessità di capire il sistema di coordinate celesti. Non tutte le stelle sono visibili a tutti gli astronomi che si trovano sulla superficie della Terra. Questo è il motivo per cui gli osservatori in Australia, Nuova Zelanda o Sudafrica vedono alcune stelle che non sono visibili in Italia, Germania o Stati Uniti. Naturalmente, a seconda della vostra posizione, ci sono molte stelle che risultano visibili da entrambi gli emisferi in stagioni diverse: per gli osservatori dell'emisfero settentrionale Orione è una costellazione invernale, mentre per quelli dell'emisfero meridionale è una costellazione estiva.

Sulla stessa linea di pensiero, capire le limitazioni del vostro equipaggiamento vi permetterà di evitare la frustrazione di cercare una variabile cataclismica di magnitudine 14,0 con un telescopio di 15 cm: ricercare stelle deboli con uno strumento di dimensioni insufficienti è inutile. In ogni caso, non è necessario pensare di dovere osservare le stelle più deboli. Esistono migliaia di variabili più brillanti e poco studiate che attendono la vostra attenzione. A prescindere dalle dimensioni del vostro strumento di osservazione, avrete accesso a più stelle di quante potrete studiarne in una vita.

Pensate anche a quanto duramente volete lavorare per trovare una variabile. Questo perché alcune variabili sono facili da individuare, mentre altre sono più difficili. Dovrebbe essere ovvio che le stelle brillanti sono più semplici da localizzare rispetto a quelle deboli, ma dovreste anche considerare le stelle immerse in densi campi stellari, le variabili visibili solo durante gli *outburst*, gli oggetti all'estremo limite di visibilità del vostro equipaggiamento, o le supernovae che sembrano stelle di campo. Questi sono solo alcuni esempi di situazioni in cui le variabili possono essere difficili da localizzare. Se volete un esempio pratico, affrontate la sfida di osservare le variabili immerse nella nebulosa di Orione o negli ammassi aperti che si trovano intorno alle costellazioni dello

Scorpione e del Sagittario.

Avete pensato alle variabili per cui non esistono carte? Con più di 36.000 stelle variabili identificate nel solo *GCVS*, e tutte quelle nuove che vengono scoperte ogni anno, ne troverete molte senza alcuna mappa disponibile. Si tratta di oggetti scarsamente studiati su cui troverete poche informazioni, per esempio quanto a mappe e stelle di confronto. Naturalmente è più semplice, sicuro e rapido rimanere sulle variabili ben studiate; comunque può essere molto divertente lasciare la strada battuta. Penso che Robert Frost lo abbia detto nel modo migliore:

Due strade divergevano in un bosco,
io ho preso quella meno battuta,
e questo ha cambiato tutto.

Dopo avere effettuato le vostre prime stime sulla brillantezza di una variabile, inizierete a interrogarvi sulla vostra precisione. Dubitare è nella natura umana e in ogni caso dovreste preoccuparvi degli errori e fare ogni sforzo per assicurarvi che la vostra stima sia il più possibile accurata. Nessuno vuole registrare errori, e riferire inesattezze grossolane è imbarazzante. Il dubbio è il modo in cui l'Universo vi ricorda di controllare il vostro lavoro. Il *Variable Star Network* (VSNET) fornisce quotidianamente rapporti osservativi su centinaia di variabili, mostrando quello che stanno stimando gli altri osservatori in tutto il mondo. Quando cominciate, dovreste fare pratica su stelle ben note, e facendo questo non dovreste avere difficoltà a trovare gli ultimi rapporti osservativi per centinaia, forse migliaia, di variabili ben studiate con cui confrontare le vostre stime. Mentre sviluppate una certa esperienza avvertirete sempre meno il bisogno di controllare per vedere ciò che riferiscono gli altri. Alla lunga, la vostra fiducia in voi stessi sarà tale che, a vostro giudizio, solo la vostra stima sarà corretta; tutti gli altri vi parranno un pochino fuori.

Cominciamo a capire l'impegno temporale richiesto per osservare le stelle variabili. All'inizio non farete alcuna fatica a trovare il tempo per uscire sotto il cielo notturno e osservare. Avrete una forza sovrumana, sarete instancabili, osservare dal tramonto all'alba non sembrerà faticoso, l'aria fredda sarà rinfrescante, andare al lavoro dopo un riposino di un'ora e mezza sarà una faccenda accettabile. Un paio di settimane dopo, la realtà comincerà a farsi sentire. Sviluppate un impegno sostenibile, che vi mantenga interessati, ma che non conduca a un'impresa impossibile. Ricordate che le stelle saranno ancora lassù per anni.

Con questi pensieri in mente, siete pronti per cominciare a elaborare qualche progetto serio. È ora di preparare una lista di oggetti e marciare audacemente nell'oscurità, impossessarsi della notte e osservare le stelle variabili!

Fonti utili per pianificare

Qui sono raccolte alcune fonti basilari che potete consultare per trarne un aiuto nel pianificare. Ne esistono molte altre, e diverranno utili quando avrete maggiore esperienza. Se tutto questo vi sembra un impegno eccessivo al momento e volete solo andare fuori e guardare alcune stelle variabili, dimenticate tutto e uscite fuori. Alla fine scoprirete la necessità di una certa preparazione, ma non lasciate che ciò vi impedisca di divertirvi un po', almeno all'inizio. Tornerete per lavorare al vostro progetto.

Combined General Catalog of Variable Stars (GCVS – catalogo generale combinato delle stelle variabili). È considerato un documento essenziale per i variabilisti. Non avete bisogno di tenerne una copia stampata su uno scaffale poiché è disponibile in Internet (**http://lnfm1.sai.msu.su/GCVS/**). Il *GCVS* è la principale fonte di informazioni sulle stelle variabili; quello attuale contiene la versione elettronica combinata del *GCVS*, Volumi I-III (Kholopov *et al.*, 1985-8) e la *Name List of Variable Stars* nn. 67-78. Il numero totale di variabili classificate ha raggiunto adesso 36.064. In questo catalogo troverete le variabili elencate con il loro nome, la posizione in cielo, la brillantezza (magnitudine) al massimo e al minimo, il tipo spettrale e la classe di luminosità (se noti) e molte altre informazioni. Quando iniziate a studiare le stelle variabili questo è il catalogo da usare.

Bright Star Catalog (catalogo delle stelle brillanti – **http://cdsarc.u-strasbg.fr/viz-bin/Cat?V/50**). Questo catalogo non è molto usato come fonte di dati sulle variabili, ma è ampiamente utilizzato per dati astronomici e astrofisici di base per stelle più brillanti della magnitudine 6,5. Qui troverete 9110 oggetti dei quali 9096 sono stelle; vi compaiono molte stelle citate come variabili.

Variable Star Network (VSNET – rete sulle stelle variabili). Si tratta di un esauriente sito web mantenuto da astronomi professionisti dall'Università di Kyoto, in Giappone (**http://www.kusastro.kyoto-u.ac.jp/vsnet/-index.html**). Il sito è in inglese e vi troverete informazioni su molte variabili, insieme ai più recenti oggetti di interesse.

TA/BAAVSS *Recurrent Objects Programme* (programma sugli oggetti ricorrenti). La circolare *The Astronomer* e la *British Astronomical Association Variable Star Section* (**http://www.britastro.org/vss/**) mantengono un programma sugli oggetti ricorrenti che contiene stelle variabili ben osservate. Troverete anche un programma sulle novae nane a eclisse, sulle binarie a eclisse e sulle osservazioni con binocoli.

Information Bulletin on Variable Stars (*IBVS* – bollettino informativo sulle stelle variabili). Si tratta di una circolare (**http://www.konkoly.hu/IBVS/IBVS.html**) pubblicata dal Konkoly Observatory di Budapest, in Ungheria. Questi bollettini sono una risorsa eccellente per gli astrofili e vi troverete molte informazioni su un gran numero di variabili: un altro sito *web* che dovete visitare.

AAVSO *Bulletin* (bollettino AAVSO). La circolare dell'*American Association of Variable Star Observers* (**http://www.aavso.org/bulletin**) contiene le date previste per i massimi e i minimi delle variabili a lungo periodo in una rappresentazione schematica, e mostra quando una variabile sarà più brillante della magnitudine 11 o più debole della magnitudine 13,5. Insieme al bollettino troverete varie altre pubblicazioni che vi assisteranno nella pianificazione di una notte di osservazioni. Le seguenti sono accessibili *on-line* e possono essere scaricate dal sito AAVSO.

AAVSO *Manual for Visual Observing of Variable Stars* (manuale AAVSO per l'osservazione visuale delle stelle variabili). Questa è una buona guida all'osservazione di variabili. Include molte delle informazioni di base del *Manual for Observing of Variable Stars* che è stato pubblicato nel 1970, come pure dati attinti alle varie pubblicazioni osservative AAVSO che sono apparse da allora.

Catalog of Variable Stars Charts (catalogo di carte sulle stelle variabili). Sono disponibili molti tipi di mappe, tra cui le *constellation finder charts* (mappe per il riconoscimento delle costellazioni) presentate in grafici ad ampio campo che comprendono un'intera costellazione, *standard charts* (mappe standard) per le variabili che sono state nel programma osservativo visuale dell'AAVSO per decenni, *preliminary charts* (mappe preliminari) per le variabili che hanno sequenze di stelle di confronto che possono non essere ben definite, e *special-purpose charts* (mappe a fini speciali) come quelle utilizzate per osservare binarie a eclisse o stelle RR Lyrae, oppure per osservatori con fotometri fotoelettrici o camere CCD.

Le AAVSO *Alert Notices* (avvisi di "allerta" dell'AAVSO) sono pubblicate saltuariamente e servono ad avvertire chi è interessato sulla scoperta di novae, sulle attività inusuali di stelle variabili e sulle richieste da parte degli astronomi di osservazioni simultanee.

La pubblicazione *Eclipsing Binary Ephemeris* (effemeridi di binarie a eclisse) mostra l'epoca prevista per il centro del minimo per le binarie a eclisse del programma osservativo AAVSO *Eclipsing Binary*.

La pubblicazione *RR Lyrae Ephemeris* (effemeridi di oggetti RR Lyrae) mostra l'epoca prevista per il massimo delle variabili RR Lyrae del programma osservativo AAVSO *RR Lyrae Stars*.

Il *Supernova Search Manual* (manuale di ricerca delle supernovae), scritto nel 1933 da Robert O. Evans, di Coonabarabran, NSW, Australia, è considerato un ottimo manuale per la pattuglia dei cacciatori di supernovae.

The Catalog and Atlas of Cataclysmic Variables (il catalogo e l'atlante delle variabili cataclismiche) è una meravigliosa fonte di informazioni per gli osservatori di variabili cataclismiche (**http://archive.stsci.edu/-prepds/cvcat/index.html**); si tratta di una versione web dei cataloghi precedentemente pubblicati (Downes e Shara, 1993, PASP **105**, 127; Downes, Webbink e Shara, 1997, PASP **109**, 345), su cui sono elencate più di mille CV.

Il vostro diario di osservazioni. Mentre matura, il vostro registro osservativo diventerà una grande risorsa a cui attingere durante le vostre pianificazioni. Cercate i progetti non completati, i commenti che indicano il vostro interesse per qualcosa che non avete avuto il tempo di esplorare, oppure oggetti osservati ma non indicati su una mappa. Questi sono i motivi per cui è una buona idea scrivere tutto.

Ora è il momento di utilizzare il vostro progetto per effettuare i necessari preparativi e cominciare a osservare le stelle variabili.

CAPITOLO 11

Preparazione dell'osservazione di variabili

Qualcuno disse che non si poteva fare,
ma egli replicò con un riso soffocato
che "forse non si poteva", ma lui sarebbe stato uno
che non si sarebbe arreso finché non avesse provato.
Quindi si mise direttamente al lavoro con l'accenno di
un gran sorriso
sul volto. Se era preoccupato lo nascose.
Iniziò a cantare mentre affrontava ciò
che non si poteva fare, e lo fece.

Edgar A. Guest

"La preparazione è cosa diversa dalla pianificazione?"

Un *piano* è un metodo dettagliato o un insieme di dettagli per il completamento di un progetto. I *preparativi* sono le azioni che servono per rendersi pronti a raggiungere un fine specifico. Senza un buon piano trovereste probabilmente che i vostri preparativi sono incompleti perché non avrete un obiettivo ben definito; non saprete esattamente dove state andando, di cosa avete bisogno per arrivarci o come stabilire quando vi siete giunti. Senza gli opportuni preparativi non avrete disponibile l'equipaggiamento o gli speciali strumenti di cui avrete bisogno per mettere in pratica il piano.

Una piccola ricerca, sotto forma di un progetto per gettare le fondamenta dei vostri preparativi, e una profonda comprensione dei vostri obiettivi sono le cose più essenziali. Non avete bisogno di una laurea in astronomia o in astrofisica per apprezzare l'osservazione delle stelle variabili, più di quanto non abbiate bisogno di una laurea in ingegneria per divertirvi a guidare un'automobile ben costruita, o di una laurea in medicina sportiva per apprezzare la forma fisica. E non è necessario che spendiate una buona porzione del vostro reddito annuo per avere l'equipaggiamento necessario. Per osservare le variabili tutto ciò che è richiesto è la voglia di farlo, un binocolo o un piccolo telescopio, un buon progetto e un'adeguata preparazione.

Voglio darvi alcuni suggerimenti riguardanti la preparazione, e nel farlo spero di fare aumentare il tempo che potete spendere osservando effettivamente qualcosa di interessante. La preparazione sembra essere un serio ostacolo, dopo avere deciso quale equipaggiamento acquistare, quando si arriva a uscire fuori sotto le stelle e fare qualcosa. Riflettere su ciò di cui avrete bisogno ogni sera può diventare noioso; forse vi state chiedendo se non dovreste prendere ogni elemento della strumentazione astronomica che possedete, o lasciare qualcosa in casa o in macchina (cosa, però?), come dovreste vestirvi, se avrete bisogno di cibo o di qualcosa da bere, o di batterie aggiuntive, come trasporterete tutto, se qualcosa si potrebbe perdere nel buio, se avrete bisogno di energia elettrica. Rischiate di paralizzarvi e di non fare nulla se non affrontate il vostro impegno con un certo metodo.

Se non siete sicuri di dove iniziare, tornate a riferirvi al vostro piano come guida. Durante il processo di progettazione avete considerato quali stelle sono accessibili per voi in base alla stagione, alla vostra posizione geografica e alle possibilità del vostro equipaggiamento. Nel farlo avete identificato un certo numero di stelle variabili che è possibile osservare: dovreste quindi avere una lista di oggetti da guardare. È ora di pensare a quale strumentazione è necessaria per raggiungere gli obiettivi esposti nel vostro piano. Applicate semplicemente il buon senso.

Pensate prima di tutto all'equipaggiamento. Montare un telescopio dobsoniano di 50 kg per guardare *beta* Persei non ha molto senso, perché è una stella brillante che si vede meglio con il binocolo. D'altra parte, osservare BY CMa, una Cefeide di tredicesima magnitudine, con un binocolo 10×50 sarebbe deludente. Prendete solo la strumentazione necessaria per vedere le stelle elencate nel vostro progetto. Forse non avrete bisogno di tutti i vostri oculari: prendete solo quelli necessari. Avete bisogno di batterie o di una presa elettrica per fare funzionare il vostro telescopio? Possedete una torcia? Un filtro rosso?

Considerate attentamente il vostro abbigliamento. Se è gennaio e vivete in montagna, farete meglio a pensare ai piedi, alle mani e alla testa. Buoni stivali, calzini spessi,

guanti o muffole e un cappello sono essenziali; non sono
beni di lusso. Per contro, ad agosto nel New Mexico ci
sono ancora 25 °C a mezzanotte. Pantaloncini e una ca-
micia leggera renderanno la serata più piacevole.

Del cibo e qualcosa da bere possono rendere una lunga serata di osservazioni più godibile. Uno o due panini,
qualche biscotto o un po' di frutta vi forniranno l'energia
necessaria per diverse ore di osservazioni senza essere distratti dal fastidio dello stomaco vuoto. Naturalmente anche questo può provocare problemi. Barrette di cioccola-
to che possono sciogliersi, soprattutto quando si utilizza
la strumentazione di qualcun altro, dovrebbero essere
evitate. Le bevande alcoliche non sono una buona idea
per un certo numero di ragioni, ma l'acqua va sempre bene. È probabilmente meglio lasciare a casa patatine unte e
pollo fritto. Sono sicuro che afferrate il concetto.

Le borse per trasportare e riporre gli strumenti meritano sicuramente il loro costo. Non solo rendono un po'
più facile trasportare tutto, ma è facile sviluppare un piano di carico, designando per ciascuna cosa un posto specifico, che vi permetterà anche di controllare di non avere dimenticato niente alla fine della serata. Compilate
una "*checklist*" elencandovi tutto ciò che prendete per
una serata di osservazioni. Quando è l'ora di andare a
casa, riprendetela in mano e controllate tutto.

Inizialmente vorrete con voi tutto ciò che possedete
quando guardate il cielo. Passando sempre più tempo a
osservare, rivedrete la vostra lista di oggetti iniziando a
selezionare quelli di cui avete realmente bisogno. Risulta
più facile con il tempo.

Il sistema di coordinate celesti

Una delle cose di cui avrete assolutamente bisogno è una
carta stellare o un atlante. Prima di guardare effettivamente un atlante c'è però un concetto che dovete comprendere: il sistema di coordinate celesti. Si tratta di una
proiezione immaginaria del sistema di coordinate geo-
grafiche terrestri su quella sfera celeste che sembra girare
sopra di noi la notte. Questa griglia celeste comprende
un equatore, due poli e un insieme di latitudini e longitudini.

Come sapete, la Terra è in moto costante poiché ruota
intorno al proprio asse. Di conseguenza il sistema di coordinate celesti, che in quanto proiezione di quello della
Terra è solidale con essa, si sposta rispetto alle stelle (o, vi-

ceversa, le stelle hanno un moto apparente sulla sfera celeste). L'equatore celeste è un cerchio che divide la sfera celeste in due emisferi, quello settentrionale e quello meridionale; come quello terrestre, è il primo parallelo di latitudine e si trova per definizione a 0°.

I paralleli celesti di latitudine definiscono la coordinata *declinazione* (dec.), che proprio come la latitudine terrestre si esprime con la distanza angolare di un oggetto dall'equatore celeste misurata in gradi, primi e secondi d'arco. Vi sono 60 primi d'arco in ciascun grado e 60 secondi d'arco in ciascun minuto d'arco. Le declinazioni a nord dell'equatore celeste sono positive (segno "+") e quelle a sud sono negative (segno "–"). Il polo nord celeste si trova così a +90° e il polo sud celeste a –90°.

I meridiani celesti di longitudine definiscono la *ascensione retta* (AR), che proprio come la longitudine terrestre si esprime con la distanza angolare da un meridiano di riferimento. I meridiani si estendono da polo a polo: ne esistono 24 principali equispaziati tra loro, cioè uno ogni 15°. Come la longitudine terrestre, l'ascensione retta è anche una misura di tempo oltre che di distanza angolare: noi diciamo che i 24 principali meridiani terrestri di longitudine sono separati di un'ora perché la Terra ruota su se stessa in 24 ore (spostandosi di 15° all'ora). Lo stesso principio si applica alle longitudini celesti, poiché gli oggetti sulla sfera celeste appaiono ruotare in 24 ore (sempre in conseguenza della rotazione terrestre). Le ore di ascensione retta sono divise anch'esse in minuti e secondi, con ciascuna ora suddivisa in 60 minuti e ciascun minuto in 60 secondi.

Gli astronomi preferiscono esprimere l'ascensione retta in unità temporali anche se si tratta di una coordinata che indica una posizione sulla sfera celeste, perché questo rende più facile stabilire tra quanto tempo una particolare stella attraverserà una determinata linea nord-sud celeste. Quindi la coordinata AR è misurata in unità di tempo verso est, a partire da un punto arbitrario sull'equatore celeste (chiamato *punto vernale*) situato nella costellazione dei Pesci, che ha quindi un'ascensione retta di "0h 0m 0s". Tutte le coordinate AR esprimono quindi il ritardo temporale dell'oggetto rispetto al punto vernale nel moto quotidiano degli oggetti sulla sfera celeste da est verso ovest.

Con il sistema di coordinate celesti, diventa ora possibile individuare gli oggetti in cielo impostando le loro coordinate sul meccanismo di puntamento del telescopio. Per fare questo si utilizzano i cerchi di impostazione per AR e dec., inserendo le coordinate celesti degli astri che sono fornite sulle mappe stellari e sui testi di riferimento.

Mappe

Uno dei compiti più scoraggianti incontrati dagli osservatori principianti è localizzare le stelle variabili in cielo. Per quanto possa essere immediato individuare la regione di cielo in cui l'oggetto si trova, l'effettiva capacità di identificare la variabile è un'abilità che si apprende con pazienza, perseveranza e una buona mappa. Troverete che ne esistono di vari tipi.

In primo luogo, avrete bisogno di *finder charts* (mappe di localizzazione), che hanno lo scopo di farvi giungere approssimativamente nelle vicinanze della variabile che volete osservare. Un buon atlante stellare può servire a questo: imparate a riconoscere le stelle brillanti, quelle visibili a occhio nudo.

Per aiutare gli osservatori nell'identificazione delle stelle variabili, molte organizzazioni come AAVSO, BAAVSS, VSNET e ASSA (*Astronomical Society of South Australia*) forniscono delle carte. La Figura 11.1 è una mappa di FG Sge fornita dalla BAAVSS. Noterete che il nord e il sud sono invertiti e che diverse stelle sono indicate da numeri. In fondo alla carta vedrete elencate le

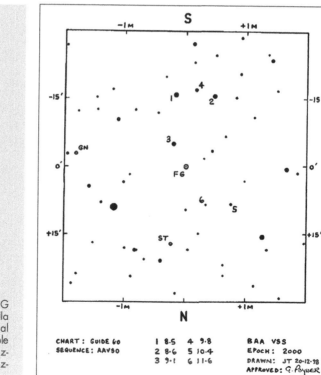

Figura 11.1.
Carta stellare di FG Sagittae. Fornita dalla British Astronomical Association – Variable Stars Section. Utilizzata dietro autorizzazione.

CHART : GUIDE 60
SEQUENCE : AAVSO

1 8·5 4 9·8
2 8·6 5 10·4
3 9·1 6 11·6

BAA VSS
EPOCH : 2000
DRAWN : JT 20·12·98
APPROVED : G. Poyner
6/1/99

magnitudini per queste stelle di confronto. Visitate vari siti *web* di organizzazioni diverse e date un'occhiata a ciò che offrono. Adesso utilizzerò l'AAVSO come esempio.

Come molte organizzazioni, l'AAVSO fornisce mappe di localizzazione sul proprio sito *web*. Esse presentano il campo della variabile, insieme ad altre informazioni rilevanti che possono essere utili durante le osservazioni. Sulla mappa vengono mostrate stelle di magnitudine nota e costante, dette *stelle di confronto*, che vengono utilizzate per effettuare le stime di brillantezza della variabile. Con più di 3000 carte, l'AAVSO è una delle fonti principali di mappe sulle stelle variabili: sono tutte attualmente disponibili *on-line* e possono essere scaricate gratuitamente, o anche acquistate attraverso l'AAVSO.

Questa organizzazione offre diversi tipi di mappe adattate per venire incontro alle esigenze, all'esperienza e ai programmi dei suoi osservatori. Quando si effettuano stime di variabili per l'AAVSO, agli osservatori è richiesto di utilizzare queste carte in modo da evitare il conflitto che può sorgere quando le magnitudini per la stessa stella di confronto derivano da mappe diverse: ciò potrebbe dare luogo a due diverse stime di variazione registrate per la stessa stella.

Le *constellation finder charts* (mappe per il riconoscimento delle costellazioni) presentano grafici a largo campo che comprendono un'intera costellazione, con la localizzazione delle stelle brillanti e di variabili scelte (Figura 11.2). Prodotte originariamente per scopi didattici (progetto *Hands-on-Astrophysics*), possono essere utili anche al principiante che tenta di orientarsi in cielo.

Le *standard charts* (mappe standard) sono state redatte per decenni per le variabili comprese nel programma osservativo visuale dell'AAVSO, e hanno sequenze di stelle di confronto ben definite e non soggette a cambiamenti. Utilizzate sempre mappe di questo tipo quando è possibile. Ogni osservatore principiante dovrebbe iniziare usando mappe standard.

Le *preliminary charts* (mappe preliminari) sono per le variabili che hanno sequenze di stelle di confronto che possono non essere ben definite, e sono quindi soggette a cambiamenti (Figura 11.3). Queste mappe sono tipicamente adatte per osservatori più esperti.

Sono disponibili anche le *reversed charts* (mappe invertite): sono fornite in formato sia standard che preliminare, e hanno il nord e il sud invertiti per l'utilizzo su telescopi con un numero dispari di riflessioni, come lo Schmidt-Cassegrain o i rifrattori con specchi diagonali. Attualmente non esistono mappe invertite per tutte le variabili presenti nel programma osservativo visuale

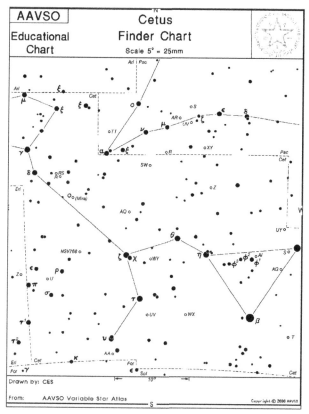

Figura 11.2.
Mappa di localizza-
zione per la costella-
zione della Balena
(Cetus).
Fornita dall'AAVSO.
Utilizzata dietro au-
torizzazione.

dell'AAVSO, ma è in corso un progetto per produrle.

Sono disponibili anche le *special-purpose charts* (mappe a fini speciali), come quelle utilizzate per osservare binarie a eclisse o stelle RR Lyrae, oppure per osservatori
con fotometri fotoelettrici o camere CCD. Avrete bisogno anche di carte per supernovae se andrete a caccia di
questi eventi. Si tratta in realtà di mappe di galassie con
indicate le stelle di campo, in modo che possiate riconoscere una supernova quando appare (Figura 11.4): sarà
una stella non presente sulla carta. Se vedete una supernova, dovete determinare la sua posizione con un buon
livello di precisione (solitamente la mappa non sarà un
buon riferimento a questo riguardo). Ricordate anche di
ottenere conferma da qualcun altro: Internet è un ottimo
luogo per annunciare la vostra scoperta e chiedere
un'osservazione di conferma da parte di un altro astronomo.

Le carte stellari variano in scala da 5 primi d'arco per
millimetro (mappe di scala "a") a 2,5 secondi d'arco
(mappe di scala "g"). La scala necessaria al vostro programma osservativo dipende dall'equipaggiamento che
state usando. La Tabella 11.1 riassume queste informa-

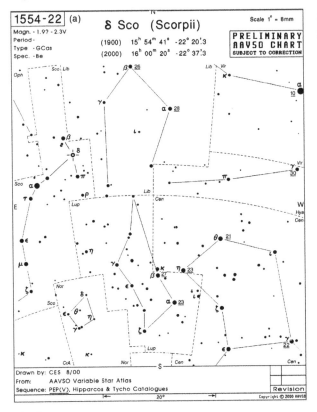

Figura 11.3.
Mappa preliminare per la *delta* Sco. Fornita dall'AAVSO. Utilizzata dietro autorizzazione.

zioni.

Di nuovo, molte organizzazioni forniscono carte. Meriterà sicuramente il vostro tempo e il vostro impegno dare un'occhiata a ciò che offrono. Troverete l'indirizzo *web* di varie organizzazioni nel seguito del libro.

Preparare le vostre carte stellari

Alcune associazioni astronomiche non approveranno questa sezione del libro (vogliono davvero che utilizziate le loro mappe), ma perché comprendiate veramente come funziona una carta stellare dovete farne e utilizzarne alcune da soli. Inoltre, in qualche caso non troverete mappe disponibili per una particolare stella o campo stellare, e quindi dovrete preparvela da voi.

Un eccellente punto di inizio per sviluppare le vostre mappe di localizzazione è il *Finder Chart Service* dello *United States Naval Observatory* (USNO: **http://ftp.nofs.navy.mil/data/FchPix/**). Questo stru-

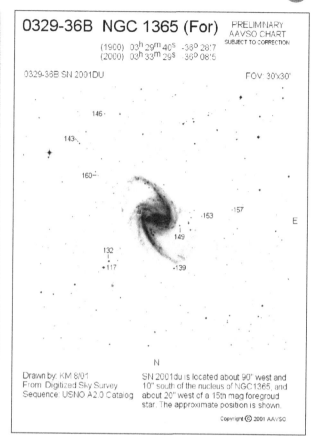

Figura 11.4.
Mappa per superno-
vae di NGC 1365.
Fornita dall'AAVSO.
Utilizzata dietro au-
torizzazione.

Tabella 11.1.

	Scala (/mm)	Area	Uso consigliato
a	5'	15°	binocolo/cercatore
ab	2',5	7°,5	binocolo/cercatore
b	1'	8°	piccolo telescopio
c	40"	2°	telescopio di 7,5-10 cm
d	20"	1°	telescopio > 10 cm
e	10"	30'	grande telescopio
f	5"	15'	grande telescopio
g	2",5	7',5	grande telescopio

mento vi permette di estrarre dati dai cataloghi USNO-
A2.0 e/o ACT (Astrographic Catalog/Tycho) e generare
le carte da queste liste di oggetti. Inoltre, potete trovare
le immagini non elaborate esplorando le principali campagne fotografiche. Potete sovrapporre i dati di catalogo
sulle immagini, come pure aggiungervi i vostri ulteriori
riferimenti.

Quando visitate questo sito *web* per la prima volta, incontrate uno schermo suddiviso in due sezioni: la parte
superiore vi fornisce istruzioni per l'utilizzo del servizio,

quella inferiore vi consente di interrogarlo. Questo è uno strumento notevole e il gruppo del Naval Observatory degli Stati Uniti offre una grande risorsa. Comunque, poiché si tratta di un servizio molto articolato, non potrete semplicemente premere un pulsante per ottenere una bella carta. Pianificate di impiegare un'ora circa per esplorare questo strumento. Non collegatevi pochi minuti prima del momento in cui avete bisogno di una mappa di localizzazione, aspettandovi di sfrecciare nel procedimento e ottenerla.

Un altro ottimo punto di inizio per costruire una mappa è *SIMBAD*, al *Centre de Données Astronomiques de Strasbourg* (CDS) (**http://simbad.u-strasbg.fr/simfid.pl**). L'archivio astronomico di *SIMBAD* fornisce dati di base, identificazioni incrociate e una bibliografia per gli oggetti astronomici fuori dal Sistema Solare. La pagina "*SIMBAD: Query by identifier, coordinates or reference code*" vi permette di inserire una stella variabile per nome o coordinate, fornendovi poi una pagina con i dati di base relativi. Da questa potete accedere allo "*ALADIN Java: Sky Atlas*": *ALADIN* è un programma interattivo che vi consente di visualizzare immagini digitalizzate di una qualunque regione di cielo, sovrapporvi oggetti tratti da cataloghi astronomici e accedere interattivamente ai dati e alle informazioni relative.

Vi suona complicato? Il CDS offre una guida ai suoi strumenti principali, tra cui l'archivio astronomico *SIMBAD* e l'atlante celeste *ALADIN*, all'indirizzo **http://cdsweb.u-strasbg.fr/Tutorial/index.gml**.

Sequenze stellari

Una *sequenza stellare* è una lista di stelle utilizzate per valutare la brillantezza di una stella variabile. Sono le stelle di confronto, e devono essere scelte molto attentamente, tenendo in considerazione diversi aspetti.

Prima di tutto, tali stelle non possono essere variabili: trovare stelle che non lo siano non è così semplice come sembra. In effetti non è insolito scoprire che una stella di confronto che è stata utilizzata per qualche tempo è in realtà variabile quando viene esaminata più attentamente. Inoltre, quando si osservano le stelle più brillanti è abbastanza difficile individuare stelle brillanti vicine non variabili.

In secondo luogo, vogliamo un certo numero di stelle costanti che comprendano l'intervallo di ampiezza della variabile, estendendosi anche su magnitudini un po' più basse e più alte di quanto sappiamo splendere la variabile stessa. In tal modo possiamo sempre interpolare ponendo la variabile *tra* una stella più brillante e una più debole quando ne stimiamo la luminosità.

In una sequenza ideale tutte le stelle hanno lo stesso tipo spettrale della variabile. Sfortunatamente questo accade di rado. Se possibile, scegliete stelle di tipo spettrale vicino a quello della vostra variabile, per quanto anche questo possa risultare difficile da fare. Per esempio, se la variabile è di tipo A provate a individuare altre stelle di tipo A da usare come confronto. Quando ciò è impossibile, provate con stelle di tipo B o F. Rimanete cioè il più vicino possibile al tipo spettrale del vostro oggetto.

Infine, vogliamo che le stelle di confronto siano abbastanza vicine alla variabile in modo da poter fare rapidi paragoni senza spostarsi molto in cielo: non solo questo fa perdere tempo, ma se la distanza supera 1 grado gli effetti diversi dell'atmosfera sulla luminosità dei due astri iniziano a diventare apprezzabili.

Come potete vedere, richiede molto impegno selezionare la sequenza stellare che fornisce le stelle di confronto. Anche l'importanza di paragonare la vostra variabile con riferimenti validi dovrebbe adesso risultare ovvia. Se centinaia, addirittura migliaia di variabilisti confrontassero tutti le loro variabili con riferimenti diversi, senza preoccuparsi delle questioni appena discusse, sarebbe impossibile paragonare le stime tra loro, controllare gli eventuali errori o standardizzare le osservazioni.

Quando è possibile, utilizzate carte approvate da VSNET, BAAVSS o AAVSO. Anche altre organizzazioni forniscono delle mappe. Quando è necessario che le facciate da soli, controllate in letteratura quali stelle sono state usate come confronto in passato. Se non ne esiste nessuna, sviluppate attentamente la vostra personale sequenza con l'assistenza di altri variabilisti. È probabile che persino per la più piccola zona di cielo qualcuno da qualche parte abbia una buona sequenza stellare da proporvi che vi fornirà le stelle di confronto.

Date e ore

Gli astronomi utilizzano un sistema orario diverso dai comuni mortali, e anche gli astrofili devono adeguarsi.

Come ho suggerito in precedenza, usate l'ora locale quando inserite i dati nel vostro diario di osservazioni. La conversione di data e ora locale in uno dei sistemi astronomici dovrebbe essere fatta dopo avere concluso le osservazioni. La vostra piena attenzione dovrebbe essere concentrata sull'ottenimento di misure accurate.

Il *Tempo Universale* (TU) è utilizzato da tutti gli astronomi: è semplicemente l'ora di Greenwich, in Inghilterra, contata su 24 ore anziché 12. Questo permette agli astronomi di tutto il mondo di avere un riferimento temporale comune: se tutti sappiamo che qualche evento astronomico avverrà alle 22h 43m TU, dobbiamo solo convertire questa ora in tempo locale. Il luogo in cui vivo in Italia, per esempio, si trova 1 o 2 ore avanti rispetto al Tempo Universale (a seconda della presenza o meno dell'ora estiva), quindi sommo semplicemente il giusto numero di ore al tempo in TU per determinare l'ora locale dell'evento per me. Quando invece converto il tempo locale in TU sottraggo quello stesso numero di ore. Dopo avere usato questo sistema per un certo tempo. diventa naturale farlo.

La *data giuliana* (JD) è utilizzata dagli osservatori di variabili e fu inventata da Joseph Justus Scaliger nel 1582. Non ha niente a che vedere con il calendario giuliano: Scaliger ha dato a questo sistema il nome di suo padre, Julius Caesar Scaliger.

Questa datazione permette ai variabilisti di confrontare più facilmente le caratteristiche delle stelle su archi temporali di anni. La data giuliana inizia al mezzogiorno di Greenwich del 1° gennaio 4713 a.C. (data scelta perché segnava l'inizio di tre particolari cicli indipendenti di fenomeni solari e lunari) e conta i giorni trascorsi da allora.

Probabilmente vi state chiedendo se avrete bisogno di calcolare il numero di giorni trascorsi dal 4713 a.C.: no, non occorre che lo facciate voi. Un elenco di date giuliane, essenzialmente un calendario, è disponibile sui siti delle principali organizzazioni di studio delle variabili. Per la vostra comodità, il mezzogiorno del 1° gennaio 2008 corrisponde alla data giuliana 2454467,0. È facile impostare un elenco di date giuliane con un foglio elettronico. Ricordate che il giorno giuliano inizia al mezzogiorno di Greenwich, cioè alle 12h 00m TU.

La data giuliana vi consente anche di indicare l'ora del giorno in cui registrate o comunicate una stima: si usa la notazione decimale. Solitamente il tipo di variabile osservata detta la precisione, cioè il numero di cifre decimali che dovete registrare. Per esempio, se state osservando una LPV, come R Lep (la "stella cremisi" di Hind) che ha un periodo di 427 giorni, basta segnare il giorno della vostra stima: un giorno su 427 corrisponde a una precisione dello 0,2%. Per contro, la vicina S Eri, una variabile RRc con un periodo di 0,273 giorni (6 ore,

33 minuti e 6 secondi) ha bisogno di essere osservata molto più frequentemente e ciascuna stima deve essere registrata con una precisione maggiore di quanto richiesto per R Lep. Poiché il periodo di S Eri è accurato al millesimo di giorno (3 cifre decimali), dovete registrare le vostre osservazioni almeno con la stessa precisione.

Potrà aiutarvi una calcolatrice, oppure potete impostare opportunamente un foglio elettronico. Io trovo semplice lavorare con i secondi quando si tratta di brevi intervalli di tempo. Se moltiplicate il numero di ore in un giorno per 60 avrete il numero di minuti in un giorno: la risposta è 1440. Se adesso moltiplicate questa cifra per 60 avrete il numero di secondi in un giorno: la risposta è 86.400. Ora potete trovare che il periodo di S Eri è 0,273 per 86.400, cioè 23.587,2 secondi. Potete convertire facilmente questo numero in ore e minuti.

Quando arriva il momento di calcolare la frazione decimale della data giuliana, relativa al momento della vostra osservazione, seguite poche semplici procedure. Per esempio, se la vostra stima è avvenuta alle 23h 34m, prima convertite l'ora in TU. Diciamo che il Tempo Universale sia 2 ore indietro (in estate): sottraete semplicemente 2 ore al vostro tempo locale. L'epoca della vostra osservazione, 23h 34m in tempo locale, è 21h 34m TU.

Assumiamo che la vostra stima sia stata effettuata il 2 gennaio 2008: la data giuliana sarebbe quindi 2454468,0. Ricordate però che il giorno giuliano inizia e finisce al mezzogiorno TU, quindi questa cifra si riferisce al mezzogiorno TU del 2 gennaio: si devono perciò sottrarre 12 ore all'epoca TU della vostra osservazione (23h 34m TU del 2 gennaio) per calcolare il tempo trascorso dal mezzogiorno. Quindi, 23h 34m meno 12h 00m dà 11h 34m. Convertiamo questi numeri in secondi moltiplicando le 11 ore per 60 e poi nuovamente per 60: il risultato è 39.600 secondi. Poi moltiplichiamo i 34 minuti per 60: il risultato è 2040 secondi. Sommando le due cifre si trova il numero totale di secondi trascorsi, 41.640. Dividendo questo numero per 86.400 (il numero di secondi in un giorno) si determina la frazione di giorno a cui questo intervallo corrisponde: il risultato è 0,48194. Arrotondando questa cifra in modo opportuno e sommandola alla data giuliana del 2 gennaio si trova la data giuliana dell'osservazione: 2454468,482

Adesso è chiaro perché vi si consiglia di fare tutto ciò solo dopo avere finito di osservare?

Internet

Internet rappresenta per voi un ingresso all'Universo virtuale. I siti *web* che seguono sono consigliati come aiuto per i vostri preparativi. Uno degli aspetti veramente fantastici di Internet è che potete vedere il cielo in giorni nuvolosi, ventosi o piovosi. Guardate questi siti e sarete sorpresi.

La *Digitized Sky Survey* dello STScI (**http://archive.stsci.edu/dss/**) comprende un insieme di fotografie di tutto il cielo effettuate con i telescopi Palomar e UK Schmidt. La sezione *Catalogs and Surveys Branch* (CASB) ha digitalizzato le lastre fotografiche come supporto per i programmi osservativi dell'HST, ma anche come servizio alla comunità astronomica, tra cui gli astrofili. Dalla *DSS* possono essere estratte immagini di ogni parte del cielo, in formato FITS o GIF.

Il *Centre de Données Astronomiques de Strasbourg* (*CDS*) (**http://cdsweb.u-strasbg.fr/**) è dedicato alla raccolta e distribuzione mondiale di dati astronomici e informazioni correlate. È situato allo Strasbourg Astronomical Observatory, in Francia, e ospita l'archivio astronomico *SIMBAD*, il riferimento mondiale per l'identificazione di oggetti astronomici.

Gli scopi del *CDS* sono: raccogliere tutte le informazioni utili sugli oggetti astronomici che siano disponibili in forma elettronica (dati osservativi prodotti da Osservatori di tutto il mondo, terrestri e spaziali); elaborare questi dati con valutazioni e confronti critici; distribuire i risultati alla comunità astronomica; condurre infine ricerche utilizzando tali dati.

Allo *United States Naval Observatory, Flagstaff Station* (USNOFS) (**http://www.nofs.navy.mil/**) lavora uno degli astronomi professionisti più generosi e appassionati, quando si tratta di spendere il suo tempo con i dilettanti: Arne Henden collabora con gli astrofili da molti anni.

Questa struttura vi permette di estrarre dati dai cataloghi *USNO-A2.0* e/o *ACT* e generare carte stellari da queste liste di oggetti. Inoltre, potete trovare le immagini non elaborate raccolte dalle principali campagne fotografiche. Potete sovrapporre i dati di catalogo alle immagini, come pure aggiungervi i vostri ulteriori riferimenti.

L'*USNO-A2.0* contiene dati per oltre mezzo miliardo di stelle (526.230.881 per la precisione) che sono state individuate nelle immagini digitalizzate di tre campagne fotografiche del cielo. L'*USNO-SA2.0* è un sottoinsieme dell'*USNO-A2.0*, molto più semplice da gestire su un piccolo computer poiché contiene solo un decimo degli oggetti (54.787.642 stelle in tutto).

Il sito HIPPARCOS/TYCHO (**http://www.rssd.esa.-int/index.php?project=HIPPARCOS**) può senza dubbio essere considerato una miniera d'oro per i dati recuperabili sulle stelle variabili. Hipparcos è stata una missione spaziale pionieristica dedicata alla misura precisa delle posizioni, delle parallassi e dei moti propri delle stelle. Il fine era la misura dei cinque parametri astrometrici delle 120.000 stelle circa del programma principale con una precisione di 2-4 millisecondi d'arco, durante la vita di 2,5 anni progettata per la missione, e delle proprietà astrometriche e di fotometria a due colori di circa 400.000 stelle aggiuntive (l'esperimento Tycho) con una precisione astrometrica un po' inferiore.

I cataloghi Hipparcos e Tycho contengono una ricca messe di informazioni in formato semplice: disponibili sia in forma stampata che in forma elettronica, possono essere sfruttati sia dagli astronomi professionisti che dagli astrofili.

L'*Astrophysics Data System* (*ADS*) (**http://adswww.-harvard.edu/ads_articles.html**) può essere considerato la vostra biblioteca privata di pubblicazioni professionali. Questo servizio dà accesso libero e gratuito alle immagini scannerizzate di riviste, atti di convegni e libri di astronomia e astrofisica.

Il servizio di *pre-print* del *Los Alamos National Laboratory* (LANL) (**http://xxx.lanl.gov/**) vi permetterà di leggere articoli di ricerca professionali prima che vengano effettivamente pubblicati sulle varie riviste come *The Astrophysical Journal, Publications of the Astronomical Society of Pacific, The Astronomical Journal* e molte altre. Questo è un ottimo servizio e non dovrebbe essere ignorato, ma gli articoli sono scritti nel linguaggio tecnico della ricerca professionale.

CAPITOLO 12

Tecniche di osservazione delle variabili

Conquistate, le cose son finite. L'essenza del piacere
consiste in ciò che si fa per perseguirlo.

William Shakespeare

Prendete il vostro binocolo o telescopio, il vostro diario di osservazioni, come pure le vostre carte o atlanti stellari e spostatevi fuori, sotto le stelle. Come dice Shakespeare, l'essenza del piacere sta nel prepararci a perseguirlo.

Trovate un luogo comodo che vi dia accesso visuale al cielo: provate a individuarne uno che protegga gli occhi da luci abbaglianti. I lampioni stradali, le luci di sicurezza del vicino e quelle delle case che provengono dalle finestre sono solitamente i tipi di illuminazione che vi provocheranno qualche frustrazione. Se poteste spostarvi in un luogo remoto, lontano dalle luci cittadine, sarebbe perfetto. Se non potete, sfruttate un albero o un edificio per bloccare la luce. Non è necessario che sia completamente buio perché possiate divertirvi: può esserci persino qualche nuvola in cielo.

Mettetevi comodi: stendete una coperta per terra, accomodatevi su una morbida sedia da veranda o usate un sofisticato sedile osservativo acquistato specificamente per le osservazioni. Utilizzate un cuscino, se necessario. La cosa importante è avere la testa e gli occhi orientati verso il cielo, in modo da non stare scomodi o affaticarvi. Parlerò ancora di questo aspetto.

Dopo avere consultato un atlante o una carta stellare, guardate in alto e localizzate il campo o la regione di cielo in cui è situata la variabile che vi interessa. Nuovamente, come durante il processo di pianificazione, conoscere le costellazioni vi sarà molto utile. Tirate fuori la vostra mappa ad ampio campo e orientatela in modo che corrisponda a ciò che vedete in cielo. Concentratevi prima sulle stelle brillanti. Ricordate, mentre guardate la carta che avete davanti, che est e ovest sono invertiti rispetto a dove normalmente li identificate. Inoltre su alcune carte nord e sud sono invertiti. Quando iniziate, tenete la mappa sopra la testa, contro il cielo: rende l'orientamento più facile.

La vostra prima sorpresa sarà notare che le stelle in cielo appaiono diverse da ciò che vi aspettate in base alla mappa. Suppongo che quando iniziate a usare una carta e i vostri occhi la lasciano e si sollevano lentamente verso il cielo…vi perderete! Non vi allarmate: è solo una questione di prospettiva. Non passerà molto tempo prima che facciate automaticamente i necessari aggiustamenti mentali e sembrerà normale. Datevi tempo.

Una volta usciti fuori sotto il cielo, spendete circa un quarto d'ora guardandovi semplicemente intorno. Lasciate che il vostro sguardo vaghi attraverso la Via Lattea vicino allo Scorpione e al Sagittario, al Centauro, a Orione o al Leone, a seconda della stagione e della latitudine. Prendersi qualche minuto per guardarsi intorno consentirà anche ai vostri occhi di adattarsi all'oscurità notturna. In brevissimo tempo vedrete molte più stelle di quando eravate appena usciti. Il punto è non avere fretta. Prendetevi il tempo necessario per imparare le posizioni delle costellazioni e delle stelle. E non dimenticate di godervi il cielo; questo dopo tutto è un *hobby* e state facendo tutto ciò per divertimento. Gli astronomi professionisti non godono della libertà che voi avete in quanto amatori. Non sottovalutate questo aspetto.

Osservare le stelle variabili con il binocolo

A prescindere dall'equipaggiamento che avete, molti variabilisti raccomandano di iniziare a osservare le variabili con un binocolo. Questo mi sembra un consiglio piuttosto valido. Se avete un telescopio, però, non vorreste seguirlo: lo capisco, ma ecco perché gran parte degli osservatori dà questa raccomandazione.

In primo luogo, quando si usa un binocolo è facile montarlo rapidamente e iniziare a osservare con la minima quantità di impegno. Avrete velocemente un ritorno positivo con un piccolissimo sforzo. Tutto ciò che vi sarà richiesto di fare è distendervi, tenere gli occhi aperti, respirare e guardare.

In secondo luogo, quando arriva il momento avrete molte più stelle di confronto, perché il campo di vista di un binocolo è maggiore di quello di un telescopio; perciò naturalmente vedrete una più ampia regione di cielo, il che significa più stelle.

La preparazione per l'osservazione con il binocolo è semplice e immediata. Avrete bisogno, oltre che del binocolo, di carte o atlanti stellari, di un diario per le misure, di una matita e di una torcia con filtro rosso. È importante essere comodi quando si osservano le variabili. La vostra attenzione deve essere concentrata sulle stelle e non sul collo o la schiena dolorante. Sdraiatevi a terra su una coperta o sedetevi su una poltrona da giardino di qualche genere. Di nuovo, il punto cruciale è che dovete orientare la testa in modo che sia naturalmente inclinata verso il cielo. Se non fate questo vi stancherete facilmente o, nel peggiore dei casi, vi verrà un crampo o un mal di testa. Quasi nessuno coltiverebbe un *hobby* nella speranza che gli venga un crampo o un mal di testa.

Scandagliate il cielo con il vostro binocolo. Individuate le stelle brillanti, notate i colori. Sarà un'esperienza davvero straordinaria. Pensate a ciò che state vedendo: è l'Universo che state osservando!

Se guardare in alto non vi piace, guardate in basso: esistono in commercio dispositivi in cui si guarda verso il basso, in un grande specchio che riflette il cielo. Questo vi darà una bella vista del cielo sovrastante senza affaticare il collo. Gli svantaggi sono che lo specchio non rifletterà il 100% della luce stellare, quindi perderete una certa luminosità e lo specchio stesso, comunque sia posizionato, sarà soggetto ad oscillazioni. State già utilizzando un binocolo che vibra per la sua stessa natura, per cui ogni ulteriore fluttuazione può risultare fastidiosa. Attaccate un puntatore laser economico al vostro binocolo, con dell'elastico, e potrete utilizzarlo per dirigere il vostro puntamento. All'inizio sarà necessario qualche piccolo aggiustamento per centrare il laser con il vostro campo di vista.

Potete spendere mesi o anni osservando con il binocolo; forse persino una vita. Con il passare del tempo acquisterete molta esperienza nell'osservazione di variabili con questo strumento. Imparerete a riconoscere le costellazioni e gli asterismi, le stelle brillanti, le nebulose e gli ammassi stellari che vi permetteranno di spostarvi in cielo con sicurezza. La conoscenza che sviluppate vi tornerà utile negli anni a venire. E non dimenticate di godervi il viaggio: non esiste una destinazione finale.

Osservare le stelle variabili con il telescopio

Anche quando il telescopio è il vostro strumento principale, dovreste avere vicino un binocolo e usarlo: è più facile infatti scandagliare il cielo e cercare un particolare campo stellare, e passare poi al telescopio quando si è trovato qualcosa di interessante. Il binocolo vi darà un campo di vista più ampio, così sarà più facile capire dove state guardando.

Di nuovo, la comodità è importante: assumete una posizione di osservazione confortevole, con la testa e gli occhi allineati con l'oculare. Accertatevi di potere raggiungere i controlli del telescopio in modo da essere in grado di effettuare piccoli aggiustamenti. Tenete a portata di mano le carte e il diario delle osservazioni.

La grande differenza nell'utilizzare il telescopio invece del binocolo è che osserverete con un occhio solo. Questo può essere impegnativo poiché normalmente usate entrambi gli occhi per vedere. Se trovate difficile tenere un occhio chiuso mentre osservate, può aiutarvi l'utilizzo di una benda posta sull'occhio che non osserva, in modo che non dobbiate preoccuparvi di cosa fa. Solitamente è un po' più comodo tenere entrambi gli occhi aperti, e la benda vi permette di farlo.

A seconda del tipo di montatura che sostiene il vostro telescopio, alcune posizioni saranno più difficili da raggiungere di altre. Per esempio, quando si usa una montatura equatoriale tedesca, specialmente se supporta un rifrattore, osservare direttamente sulla verticale può risultare difficile perché l'oculare si troverà più vicino a terra che in qualunque altra orientazione. Incontrerete la stessa difficoltà se avete una montatura a forcella e non state utilizzando una testa equatoriale. Essa permette di trasformare una montatura alto-azimutale in una equatoriale. Cambiamenti notevoli nella posizione del telescopio possono richiedervi di ribilanciarlo, e non è insolito che questo avvenga diverse volte in una serata. I telescopi dobsoniani non hanno questi problemi: sono semplici da spostare in nuovi orientamenti e l'oculare è generalmente in una buona posizione.

Tutti questi preparativi, sia con un binocolo che con un telescopio, sono eseguiti allo scopo di fare infine una cosa: stimare accuratamente la magnitudine di una stella variabile. Esaminiamo i diversi metodi per farlo. Avete ancora altre decisioni da prendere, quindi vi fornirò abbastanza informazioni per aiutarvi. Quando iniziate, provate alcune di queste tecniche e valutate quale funziona meglio per voi. Poi, quando vi sentite sicuri, sceglietene una e quindi attenetevi ad essa. Con il passare del tempo, forse alcune settimane, troverete che il vostro metodo è diventato naturale e fare le stime diventerà più facile.

Stima delle magnitudini

Con un piccolo sforzo, troverete alla fine una stella variabile e a questo punto probabilmente dovreste stimarne la luminosità, poiché questo è al centro dell'osservazione di variabili. La vostra stima precisa sarà importante, e dovete prendervi il tempo di effettuarla correttamente. Inizialmente, fare stime accurate può richiedere un po' di tempo. Man mano che acquisite esperienza le farete abbastanza rapidamente.

Esaminate prima attentamente la vostra carta. Mentre state guardando attraverso il binocolo o il telescopio, identificate la variabile e verificate la brillantezza relativa di tutte le stelle di confronto. Le prime volte che lo fate impiegherete qualche tempo. Dopo 5 o 10 minuti potreste cominciare a chiedervi se state facendo qualcosa di sbagliato o se c'è qualcosa che non capite. Non preoccupatevi troppo: questo è normale. Seguire la vostra variabile e trovare le stelle di confronto può essere complicato all'inizio. Non passerà molto tempo prima che cominciate a riconoscere i diversi campi stellari.

Per stimare la magnitudine di una variabile determinate semplicemente quali stelle di confronto le sono più vicine in brillantezza. A meno che la variabile non abbia esattamente la stessa luminosità di una delle stelle di confronto, dovrete interpolare tra una stella che è più brillante e una che è più debole di essa. Questo sembra semplice, e in effetti lo è, ma diventare esperti richiede pratica, che a sua volta richiede tempo e impegno, e tutto ciò può essere fatto solo di notte. Questi sono i motivi per cui probabilmentesiete il solo variabilista in tutta la vostra provincia.

Non è necessario che condividiate con qualcuno le vostre prime stime di magnitudine; tenetele segrete in modo da potervi sottrarre alla pressione di fare una stima quasi perfetta. Alla fine, con un po' di pratica, svilupperete più fiducia nelle vostre osservazioni e allora vi sentirete a vostro agio nel comunicarle. Analizziamo come concretamente si effettua una stima.

Stima delle magnitudini con l'interpolazione

Il potere risolutivo di ogni strumento ottico è massimo al centro del campo, cioè quando la stella è centrata nell'oculare. Di conseguenza, quando la variabile e la stella di confronto sono molto separate non dovrebbero essere guardate simultaneamente: dovrebbero invece essere portate in successione al centro del campo di vista. Farete questo con leggeri aggiustamenti, muovendo cioè il tubo ottico del telescopio. Talvolta dovrete ripeterli finché non siete sicuri della vostra stima. Prendete tutto il tempo che occorre per farlo: è importante.

Se invece la variabile e la stella di confronto sono vicine, possono essere poste equidistanti dal centro del campo. Per farlo, tracciate prima mentalmente una linea immaginaria tra le due stelle; essa dovrebbe essere parallela al vostro sistema di riferimento visuale per prevenire il cosiddetto *errore di angolo di posizione*. Girate la testa o il prisma raddrizzatore per migliorare questo allineamento. Nel peggiore dei casi l'effetto di angolo di posizione può generare inesattezze fino a 0,5 magnitudini, quindi è importante eliminare questo potenziale errore.

Ripeterò il concetto diverse volte perché è cruciale: tutte le osservazioni devono essere fatte vicino al centro del campo di vista dell'oculare. Solitamente si verifica una distorsione dell'immagine tanto maggiore quanto più lontana essa si trova dal centro del campo. Mantenere la stella centrata o quasi contribuisce quindi a tenerla nella regione dell'oculare priva di distorsione.

Utilizzate almeno due stelle di confronto, e se possibile di più. Se l'intervallo di brillantezza tra di esse è molto grande, diciamo 0,5 magnitudini o più, prestate molta attenzione nel valutare la differenza tra la stella di confronto più brillante e la variabile rispetto alla differenza tra quest'ultima e la stella di confronto più debole.

Registrate esattamente ciò che vedete, a prescindere dalle discrepanze percepite nelle vostre misure. Dovreste iniziare ogni sessione osservativa senza alcuna aspettativa riguardo alla brillantezza della variabile: non lasciate che le vostre stime vengano pregiudicate da quelle fatte in precedenza o da come pensate che la stella debba essere. Questo diventa più difficile mentre vi affaticate nel corso di una lunga serata di osservazioni. È meglio fermarsi quando si è molto stanchi. O almeno passare a osservazioni casuali e andare a guardare gli oggetti più belli del cielo.

Se la variabile non si vede perché è molto debole, oppure a causa del chiarore lunare o della foschia, notate le stelle di confronto più deboli visibili in quella zona di cielo. Se la più debole è di magnitudine 12,0, registrate la vostra osservazione come "<12,0" (cioè "più debole di 12,0 magnitudini"): questo significa che la variabile è invisibile e doveva essere più debole della magnitudine 12.

Quando osservate variabili di colore inequivocabilmente rosso, effettuate la vostra stima con il cosiddetto metodo della *rapida occhiata* anziché con uno sguardo fisso prolungato. Ricordate che a causa dell'*effetto Purkinje* le stelle rosse tendono a eccitare la retina dell'occhio se osservate per un certo periodo di tempo, quindi appaiono eccessivamente brillanti in confronto a quelle blu se guardate troppo a lungo. Questa può essere una fonte di errore quando si valutano le luminosità relative.

Un'altra tecnica per stimare la magnitudine delle stelle rosse è chiamata *metodo fuori-fuoco*: ponete la stella al centro del campo e poi portate l'oculare fuori fuoco finché essa non diventa visibile come un disco privo di colore; questo accadrà anche per la stella di confronto. In tal modo si può evitare l'errore sistematico dovuto all'effetto Purkinje. Se invece il colore della variabile rimane visibile anche fuori fuoco, potete avere bisogno di utilizzare un telescopio più piccolo o di una *maschera di apertura*, o persino di un binocolo per stelle brillanti. Un'altra buona ragione per tenere un binocolo a portata di mano.

Una maschera di apertura è semplicemente un rivestimento forato posto davanti al telescopio. Il foro, più piccolo dell'apertura dello strumento, dovrebbe essere tagliato fuori centro per i telescopi newtoniani o Schmidt-Cassegrain, per evitare le strutture di supporto dello specchio centrale. Per esempio, se avete un'apertura di 20 cm potete usare una maschera di 10 cm che riduca la quantità di luce che entra nel telescopio. Tale maschera può essere fatta di cartone robusto, o qualcosa di simile. Attaccatela semplicemente alla parte anteriore dello strumento, facendo attenzione a non toccare alcuna lente o lastra correttrice. Non mettete nastro adesivo sulla lente o sulla lastra correttrice!

L'uso di una maschera di apertura modificherà il rapporto focale del vostro telescopio. Non c'è da preoccuparsi di questo se state osservando visualmente. Se però state utilizzando una camera, sarà importante tenerlo presente. Esaminiamo questo concetto per un momento.

Consideriamo il vostro telescopio di 20 cm, con una lunghezza focale di 2000 mm e un rapporto focale f/10 (ricordate che il rapporto focale è il rapporto tra la lunghezza focale e il diametro dell'apertura, espressi nella stessa unità di misura). Quando ponete la maschera di apertura di 10 cm davanti allo strumento ne modificate l'apertura dimezzandola: il nuovo rapporto focale sarà quindi 2000/100 = 20, cioè f/20.

Per stelle deboli potreste voler provare a fare la vostra stima con la visione distolta. Per farlo, mantenete la stella di confronto e la variabile vicine al centro del campo mentre concentrate il vostro sguardo su un lato. Quando fate questo utilizzate la visione periferica. Muovete l'occhio intorno: se state esplorando il limite estremo di magnitudine consentito dal vostro equipaggiamento, le stelle deboli sembrano saltare fuori di colpo dal fondo cielo. Talvolta toccando leggermente il lato dello strumento la stella apparirà visibile per un attimo. Potete pure mettere sulla testa e sull'oculare un grande telo nero per bloccare tutta la luce ambientale. Noterete che in alcune notti potete riuscire a vedere stelle più deboli che in altre occasioni. State attenti a non "voler" vedere la stella a tutti i costi. Una buona regola è guardare l'oggetto almeno tre volte prima di registrare la misura. Talvolta aiuta sospendere l'osservazione di una stella molto debole e tornare a guardarla dopo pochi minuti.

Il metodo di Argelander di stima della luminosità

Ecco il metodo sviluppato da Friedrich Wilhelm August Argelander nel 1840. Dovete selezionare due stelle di confronto che siano vicine in brillantezza alla variabile. Le carte stellari per variabilisti ne contengono molte tra cui potere scegliere, quindi dovrebbe risultare abbastanza facile. Una dovrebbe essere leggermente più brillante e l'altra leggermente più debole rispetto alla variabile. Per convenzione, quando si usa questo metodo la prima viene denominata "A" e la seconda "B", mentre la variabile è chiamata "V". Con un metodo detto *interpolazione* valuterete la luminosità della varabile rispetto alle due stelle di confronto.

Prima si stima la differenza in luminosità tra la stella più brillante e la variabile, esprimendola in "gradini": il significato dei gradini è presto detto:

– *un gradino*: se al momento dell'osservazione A e V sembrano uguali, ma dopo un attimo di attento esame A ap-

pare leggermente più brillante di V, allora viene considerata di un gradino più brillante di V e l'osservazione
viene registrata come A(1)V;
- *due gradini*: se A e V sembrano uguali a una prima osservazione, ma poi quasi subito diviene ovvio che A è
più brillante di V, l'osservazione viene registrata come
A(2)V;
- *tre gradini*: se una leggera differenza in luminosità è
subito evidente al momento dell'osservazione, allora A
è tre gradini più brillante di V e l'osservazione viene
registrata come A(3)V;
- *quattro gradini*: se una distinta differenza in luminosità è immediatamente percepibile, sono considerati
quattro i gradini di differenza e l'osservazione viene
registrata come A(4)V;
- *cinque gradini*: una notevole differenza in luminosità
tra A e V viene registrata come A(5)V.
Dovreste fare attenzione a scegliere stelle di confronto
tali che siano necessari meno di cinque gradini per fare
un buon paragone. Se si superano i cinque gradini, infatti, questo metodo perde rapidamente precisione.
Una buona mappa vi aiuterà a selezionare la stelle di
confronto adatte.

Dopo avere paragonato la variabile con la stella di
confronto più brillante (A), utilizzate lo stesso metodo
per paragonarla con quella più debole (B). Per esempio,
se la variabile è due gradini più luminosa di B registrerete l'osservazione come V(2)B.
A questo punto avrete una relazione che può somigliare a qualcosa del genere: A(3)V(2)B, e siete pronti a
stimare la brillantezza della stella variabile:

- *primo*, trovate sulla mappa la luminosità della stella A.
Supporremo che sia di 11,4 magnitudini per questo
esercizio. Ricordate che sulle carte stellari il punto decimale per le stelle di confronto viene omesso (troverete scritto 114 in questo caso specifico).
- *secondo*, determinate la differenza in magnitudine tra
le due stelle di confronto. Diciamo che la stella B abbia
magnitudine 12,3 (su una carta stellare sarà indicata
come "123"), quindi 12,3-11,4 = 0,9.
- *terzo*, dividete il numero di gradini tra A e V (in questo caso 3) per il numero totale di gradini tra A e B (in
questo caso 3+2 = 5), quindi 3/5.
- *quarto*, moltiplicate la differenza in magnitudine tra A
e B (0,9) per la frazione numerica determinata al punto precedente (3/5), cioè 0,9×3/5 = 0,54.
- *quinto*, aggiungete ora semplicemente tale risultato al-

la magnitudine della stella di confronto più brillante (A), ottenendo 11,4+0,54 = 11,94. Questa è la luminosità stimata per la variabile e dovrebbe essere arrotondata a 11,9 magnitudini. Facendo paragoni con più di due stelle migliorerete la precisione di questo metodo.

La cosa importante di questa tecnica è che non esiste un valore specifico attribuito alla dimensione di un particolare gradino. Ciascun gradino è definito come la più piccola differenza in brillantezza che il vostro occhio è in grado di distinguere: il suo valore espresso in magnitudini dipenderà dalle condizioni osservative locali e dalla vostra esperienza. Il gradino di un principiante è spesso vicino a 0,3 magnitudini, ma osservatori esperti possono essere in grado di distinguere gradini un ordine di grandezza più piccoli, fino a 0,04 magnitudini. Confrontate i vostri risultati con quelli di altri variabilisti. Non siate delusi se le vostre stime non corrispondono esattamente con le loro. In breve tempo esse saranno esattamente in linea con quelle di gran parte degli altri osservatori.

Il metodo di Pogson di stima della luminosità

Norman Pogson, un ben noto osservatore di variabili del XIX secolo, elaborò una procedura che differisce da quella di Argelander nel fatto che ciascun gradino è definito precisamente di dimensione 0,1 magnitudini. Questo metodo richiede che paragoniate la variabile con una singola stella di confronto utilizzando un intervallo precedentemente memorizzato di 0,1 magnitudini. Osservate poi di nuovo la variabile usando una diversa stella di confronto. La magnitudine della variabile viene calcolata in seguito. La vostra prima osservazione potrebbe essere registrata, per esempio, come "A–5", indicando che la variabile è cinque gradini (cioè 0,5 magnitudini) più debole della stella di confronto più brillante (A). Poiché avete già memorizzato l'entità di un decimo di magnitudine (un gradino), questa osservazione è indipendente dalla successiva, in cui considerate la stella di confronto più debole. Nella seconda osservazione potreste dire "B+4", indicando che la variabile è quattro gradini (cioè 0,4 magnitudini) più brillante della stella di confronto più debole (B). In seguito troveremo che A=11,4, quindi A–5 corrisponde a 11,4+0,5 = 11,9. Se B avesse magnitudine 12,3, anche B+4 corrisponderebbe a 11,9 (12,3–0,4). Ricordate ovviamente che una stella più debole ha magnitudine numericamente maggiore.

La difficoltà di questo metodo è memorizzare esattamente gli incrementi di 0,1 magnitudini per le stelle di
confronto.

Il metodo frazionario di stima della luminosità

Con questo metodo non avete bisogno inizialmente di
magnitudini predeterminate per le stelle di confronto.
Scegliete semplicemente due stelle, con "A" più brillante
di "B", assicurandovi che la brillantezza della variabile
sia compresa tra quelle delle due stelle di confronto.
Diciamo che la variabile si trova a 3/4 tra le luminosità
di A e B, cioè che è più vicina alla stella debole che a
quella brillante. Registrerete la vostra stima come
A(3)V(1)B.

Riduciamo adesso queste stime. Supponiamo che A
sia 9,8 magnitudini e B sia 10,3 magnitudini; la differenza tra le due stelle di confronto è quindi 0,5 magnitudini. Dividendo adesso questa differenza per la somma di
3 e 1 si ottiene 0,5/4 = 0,125 magnitudini. Partendo dalla stella più brillante, calcoliamo:

$$9,80 + (3 \times 0,125) = 9,80 + 0,375 = 10,175$$

Oppure, partendo dalla stella più debole, calcoliamo:

$$10,30 - (1 \times 0,125) = 10,30 - 0,125 = 10,175$$

Naturalmente arrotonderemo a 10,2 magnitudinim,
poiché la precisione delle nostre stelle di confronto limiterà quella della nostra stima.

Questi tre metodi vi permetteranno di sperimentare
il processo di stima delle variabili. Magari potreste decidere di utilizzare ciascun metodo sulla stessa osservazione di variabile, per confrontarli tra loro. Poi potreste
paragonare le vostre stime con quelle di altri variabilisti
usando i dati VSNET, AAVSO o BAAVSS. In breve
tempo acquisterete confidenza con una certa tecnica e
sarà quella che utilizzerete sempre.

Diamo adesso un'occhiata a come viene stimata la luminosità con gli strumenti.

Programmi fotometrici

Vari programmi per computer che effettuano misure fotometriche sono accessibili agli astrofili. Essenzialmente, caricate un'immagine dalla vostra CCD e scegliete la variabile, insieme a una stella di confronto e una di controllo. Il programma confronterà le luminosità delle stelle dando come risultato le differenze in magnitudine. Programmi come questo sono assolutamente necessari quando si utilizza una CCD. Se invece si usa un fotometro si può elaborare un foglio elettronico che quantifichi le misure.

Entrambe queste possibilità esulano dagli scopi di questo libro, ma esistono varie pubblicazioni disponibili per assistervi se doveste iniziare a osservare con CCD o fotometri. Alcuni libri che consiglierei sono *The Handbook of Astronomical Image Processing*, di Richard Berry e James Burnell, *Photoelectric Photometry of Variable Stars*, di Douglas Hall e Russell Genet, e *Astronomical Photometry*, di Arne Henden e Ronald Kaitchuck, tutti pubblicati da Willmann-Bell.

Raccolta dei dati

Come adesso sapete, avete varie opzioni in merito a come osservare le stelle variabili. Potete usare i vostri occhi facendo confronti visuali con altre stelle viste al binocolo o all'oculare del telescopio; potete utilizzare una CCD e fare paragoni con altre stelle nell'immagine acquisita usando un programma apposito; oppure potete utilizzare un metodo fotoelettrico e fare confronti con altre stelle con l'interpolazione matematica.

L'osservazione visuale delle variabili è il metodo più rapido. È in effetti l'unico metodo accessibile agli astrofili che desiderano fare diverse dozzine di osservazioni o più in una notte, e per chi effettua il monitoraggio di variabili cataclismiche desiderando solo di rivelare l'evento di *outburst*. A tal fine avete solo bisogno di usare i vostri occhi per percepire l'aumento di luminosità della stella. Quando su una variabile cataclismica avviene un'esplosione, ciò risulta ben evidente e, purché il vostro telescopio sia in grado di vedere abbastanza in profondità, potrete rivelare senza difficoltà questi interessanti fenomeni. Anche per monitorare adeguatamente variabili di grande ampiezza e di lungo periodo, come le stelle Mira, la precisione dei vostri occhi è totalmente soddisfacente. Farete generalmente un'osservazione di questi oggetti lentamente variabili ogni due settimane circa, e una variazione di alcuni decimi di magnitudine sarà piuttosto evidente a un osservatore attento. L'osservazione visuale è probabilmente il modo più veloce anche per la ricerca di supernovae. Non pensate quindi di dover passare alla strumentazione per apprezzare completamente l'osservazione di variabili. Comunque, se doveste desiderare una nuova sfida, i metodi CCD e FF attendono la vostra attenzione.

Essi vi permetteranno di osservare e studiare le variabili di piccola ampiezza, con variazioni inapprezzabili a occhio nudo, o di scoprire oscillazioni deboli e molto rapide nella luminosità di una stella, come le oscillazioni quasi-periodiche nelle novae nane. L'utilizzo di filtri scientifici è fortemente consigliato quando si usano gli strumenti. Probabilmente la cosa più importante nella raccolta di dati strumentali, specialmente quando si utilizzano dei filtri, è che si deve essere in grado di convertirli in qualche forma standard. In altre parole, quando acquisite dati con uno strumento, per esempio una camera CCD o un fotometro stellare, tali dati sono dipendenti da quello strumento e quel filtro, e devono essere trasformati in uno standard universalmente accettato. Pensatela in questo modo: tutti gli esseri umani vedranno lo stesso evento in modo leggermente diverso, proprio come tutte le macchine riveleranno lo stesso evento in modo leggermente diverso. Questo deriva, tra le altre cose, dalle imperfezioni nelle tecniche di fabbricazione, dalla non-uniformità degli standard qualitativi, forse persino dalle piccole differenze nelle condizioni ambientali in cui la strumentazione viene usata, e naturalmente saranno sempre presenti incertezze introdotte dall'osservatore.

A prescindere dal modo in cui osservate, ogni metodo vi farà acquisire i dati in modo leggermente diverso e non si dovrebbe ritenere una tecnica migliore di un'altra: ciascuna ha vantaggi e svantaggi rispetto alle altre. Non c'è posto per lo snobismo nella comunità dei variabilisti, e nessun osservatore dovrebbe sentirsi obbligato a difendere il proprio metodo di misura.

La ricerca di supernovae

La ricerca di supernovae è un po' diversa dalla normale osservazione di variabili: invece di guardare una stella locale, quando si cerca una supernova si vanno a esplorare galassie distanti, per cui si utilizza una tecnica leggermente diversa. Le galassie in cui cercare devono essere scelte in base alla loro distanza. Un errore comune a questo riguardo è selezionarle in base alla luminosità, e assumere quindi che quelle più brillanti siano anche le più vicine. Per quanto questo possa essere vero in molti casi, esistono molte galassie vicine poco luminose, come pure galassie lontane e brillanti.

Un altro criterio è la necessità di scegliere le galassie in base al loro tipo. Riferendoci al capitolo 5, ricorderete che le supernovae di tipo I richiedono una nana bianca con una compagna. Poiché le nane bianche sono stelle evolute, potete dedurne che questo tipo di supernova appare solo nelle popolazioni stellari più vecchie, per esempio nel rigonfiamento centrale di una galassia a spirale, e naturalmente nelle popolazioni stellari vecchie delle galassie ellittiche. Per contro, le supernovae di tipo II sono il risultato della rapida evoluzione di stelle massicce e giovani, e appaiono quindi solo in galassie in cui la formazione stellare è ancora in corso, per esempio nelle più giovani galassie a spirale.

Quando si conduce una ricerca di supernovae, prima di iniziare è necessario un certo lavoro preparatorio. Una piccola ricerca ottimizzerà il vostro metodo di esplorazione e aumenterà le vostre probabilità di scoprire uno di questi rari eventi.

Registrazione dei dati

Le informazioni seguenti dovrebbero essere registrate nel vostro diario di osservazioni il prima possibile dopo ciascuna misura:

– nome e designazione della variabile;
– data e ora dell'osservazione;
– stima di magnitudine della variabile;
– magnitudini delle stelle di confronto usate per la stima;
– identificazione della carta e della scala utilizzate;
– note su qualunque condizione possa influenzato il *seeing*.

Ho letto di osservatori che memorizzano dozzine, persino centinaia di stime da una notte di osservazioni, e poi registrano le loro informazioni in seguito o persino il giorno dopo. Io vi raccomando di segnare le vostre misure mentre le fate. Sviluppate buone abitudini fin dall'inizio, in modo da non dover interrompere le cattive abitudini in seguito.

Dopo avere registrato le vostre stime di variabili, potreste volerle comunicare a una delle organizzazioni di raccolta come VSNET, BAAVSS o AAVSO. Dovrete in tal caso riferirle nel formato opportuno. Ogni organizzazione ne utilizza uno leggermente diverso, ed è importante usare quello corretto. Sono generalmente semplici e immediati. Visitate il sito *web* di ciascuna organizzazione e acquistate familiarità con le loro procedure di registrazione dei dati. Consultate nel Capitolo 14 la lista di alcune organizzazioni con i relativi indirizzi Internet.

Comunicare nuove scoperte

Una notte, farete una scoperta. Dopo avere registrato i dati, se pensate di avere fatto una scoperta è importante che riferiate i vostri sospetti precisamente e rapidamente. È importante anche non fare perdere tempo ad altre persone con falsi annunci.

Prima di tutto, se dopo un rigoroso esame siete convinti di avere rilevato qualcosa di nuovo, è importante determinarne la posizione il più precisamente possibile. Potreste avere bisogno di aiuto nel fare questo. Comunicare una presunta scoperta dicendo che è un po' a sinistra e in basso dalla grande stella brillante non funzionerà. Dovrete determinare la declinazione e l'ascensione retta con un'accuratezza abbastanza buona: entro un paio di secondi d'arco, almeno!

In secondo luogo, dovete assicurarvi che sia una vera scoperta! Fate estrema attenzione: occorre una verifica indipendente. Chiamate un amico, o usate Internet per richiedere assistenza. La vostra scoperta rimarrà tale solo se è veramente una scoperta: è importante chiedere aiuto ad altri astronomi per verificare che lo sia. Troverete molti osservatori pronti ad aiutarvi.

La verifica della vostra osservazione può richiedere un giorno o più, quindi siate pazienti. Molte scoperte si rivelano poi essere fenomeni già noti ma non ben osservati, per cui siate preparati anche a questo. A lungo andare finirete certo con l'osservare qualcosa che si possa definire una scoperta, quindi non mollate.

CAPITOLO 13

Gestione, elaborazione e analisi dei dati osservativi di variabili

> Esistono tre tipi di bugie: le bugie, le maledette bugie e la statistica.
>
> *Benjamin Disraeli*

"Che tipo di storia stanno raccontando le mie osservazioni?"

Senza dubbio le vostre misure di variabili forniranno qualche informazione sulle caratteristiche specifiche di ciascuna di esse e la qualità delle vostre osservazioni determinerà quanto profonda risulti la comprensione di ciascun astro. In ogni caso, in breve tempo vi troverete depositari di una grande quantità di dati che possono avere valore scientifico. Saranno certamente preziosi per voi. La vostra abilità nell'analizzare correttamente la crescente montagna di informazioni e nell'estrarre da esse i più reconditi segreti aumenterà il loro valore. Imparando i fondamenti dell'analisi dei dati, l'interpretazione dei segreti nascosti nelle vostre osservazioni può rivelarsi gratificante ed è una parte importante dello studio di variabili. Tale analisi vi eleverà al di sopra del livello di un astrofilo medio.

In seguito alle vostre attività osservative sulle variabili, presumibilmente inizierete presto a soffrire di un sovraccarico di dati. Immaginate di osservare solo 20 o 30 stelle, una volta alla settimana, nel corso di un anno: da questo ritmo modesto scaturiranno oltre 1500 misure. Se osservate più stelle o più spesso, questo numero aumenterà drasticamente. Ci sono osservatori che non tornano mai a riconsiderare le loro stime, una volta che le abbiano acquisite e comunicate, perché sono interessati solo a questo. La storia contenuta nei loro dati viene letta solo da altri.

A molti variabilisti piace invece condurre analisi temporali a lungo termine delle stelle del loro programma, e poi riprendere in mano le osservazioni passate nel tentativo di confermare una caratteristica prevista o evidenziare un comportamento anomalo. L'analisi dei vostri dati può risultare affascinante quando esaminate il trasferimento di massa tra binarie a eclisse profondamente legate, le stelle RV Tauri che mostrano l'interessante fenomeno RVb, le RR Lyrae che presentano l'effetto Blazhko, le variabili Mira a lungo periodo che mostrano periodi e ampiezze fluttuanti in risposta alle dinamiche stellari interne, oppure quando seguite l'evoluzione delle super-protuberanze nelle stelle SU UMa. Questi sono solo alcuni degli interessanti fenomeni che potete studiare, ed esistono molte altre caratteristiche affascinanti delle variabili che verranno evidenziate da una semplice analisi di base.

Molti osservatori visuali dedicano due o tre ore, un paio di notti alla settimana, alle osservazioni, specialmente durante i mesi invernali in cui diventa buio presto, l'aria è limpida e le stelle si vedono molto nitidamente. In serate eccezionali sarete in grado fare una stima visuale ogni minuto o due (tenendo in considerazione le pause per le tazze di cioccolata calda, le chiacchiere con i colleghi, la registrazione delle misure, il vagare per i campi stellari ecc.). Una grande serata osservativa può facilmente produrre oltre cento stime visuali. Utilizzando una CCD e le capacità automatiche di molti telescopi disponibili attualmente, in una breve notte di otto ore è relativamente semplice acquisire 500 o più immagini digitali. In ogni caso, già dopo poche notti osservative non avrete abbastanza ore durante il giorno per analizzare adeguatamente i vostri dati. Inizierete ad augurarvi una notte nuvolosa, solo per potervi rimettere in pari. In casi estremi, dovrete trascurare il vostro lavoro!

A questo ritmo modesto, in pochi anni potreste trovarvi in difficoltà nel reperire osservazioni fatte una o due stagioni prima, tra le molte migliaia che avete effettuato e registrato nel corso del tempo. Come osservatori visuale potreste possedere diari di dati, e se state usando una CCD migliaia di immagini finiranno per riempire il vostro disco rigido. Con un fotometro stellare, poiché avrete bisogno di fare misure sul cielo per la vostra stella di confronto e per quella di controllo, come pure per la variabile, i vostri dati risultanti cresceranno a un ritmo ancora maggiore. Come gestire quella che diverrà infine un'enorme mole di informazioni in modo tale da essere in grado di ritrovare singole osservazioni quando necessarie?

A questo punto vi starete chiedendo: "In ogni caso, perché mi servono le vecchie osservazioni?"

Bene, le vecchie osservazioni saranno necessarie per confrontarle con altre più recenti quando si cerca conferma di presunti cambiamenti di periodo e ampiezza. Oppure quando si verificano le stelle di confronto e controllo di una o due stagioni prima. Per gli osservatori CCD e FF può essere importante controllare i precedenti tempi di integrazione, la temperatura della camera e i filtri utilizzati. Forse vi arriverà la richiesta di condividere i vostri dati con un altro osservatore. O magari vorrete controllare un campo stellare in un'immagine CCD vecchia perché una recente mostra una stella "nuova". Le osservazioni passate hanno un valore. In virtù di una bizzarra legge universale, le vostre informazioni sono più preziose quando non riuscite a trovarle. Ritrovare i dati delle stagioni osservative passate può essere frustrante senza un metodo formale di immagazzinamento e recupero.

Gestione dell'archivio di dati

Nella maggior parte dei casi sarete in grado di utilizzare un programma di gestione di archivi su computer, o persino su un foglio elettronico, per organizzare le vostre informazioni. Un semplice *database* relazionale come *Microsoft Access* può dare risultati soddisfacenti. Esistono molti programmi del genere, e cito *Access* solo perché è quello che uso.

Un *database* è una raccolta di informazioni, come le stime di stelle variabili, e una sistema di gestione di un *database* è uno strumento progettato per aiutarvi a gestire i dati dell'archivio. Una tabella di informazioni organizzate chiaramente in righe e colonne è chiamata "relazione", e un sistema di gestione di un *database* relazionale è studiato specificamente per gestire i dati memorizzati in una o più tabelle. Generalmente i dati sulle stelle variabili sono organizzati in modo ottimale in formato tabellare, e sono quindi abbastanza semplici da immagazzinare in un *database* relazionale.

Utilizzerò il mio metodo come esempio: non è perfetto, può non essere adatto a tutti e sono sicuro che non a tutti piacerà, ma è solo un esempio. Senza dubbio svilup-

Tabella 13.1.

Oggetto	Tipo	Metodo	Data	N. osserv.	Posizione dei dati
R Vir	Mira	V	1/4/2000	1	Log oss. 1/4/2000, p. 147
S Vir	Mira	V	1/4/2000	1	Log oss. 1/4/2000, p. 148
W Vir	W Vir	C	1/4/2000	6	Immagini CCD (W Vir), disco ZIP m.31
ST Vir	RR Lyrae	P	1/4/2000	120	Log oss. 1/4/2000, pp. 149-53

perete il vostro personale metodo che continuerà a evolversi negli anni. Io uso un *database* relazionale con solo pochi campi. I campi sono le categorie contenenti le informazioni in base alle quali volete ordinare i dati. Per esempio, potreste volere ordinare i dati per oggetto, per vedere tutte le osservazioni che avete fatto su una particolare variabile, o per data, in modo da poter trovare tutte le misure a partire da una data particolare o in un certo giorno. Forse desiderate ordinare i dati per tipo di variabile, per vedere quante diverse categorie avete osservato. O magari per tipo di osservazioni, cioè distinguendo tra visuali, con CCD o FF. Un esempio di tavola del mio archivio è mostrato nella Tabella 13.1.

Con questo semplice metodo posso trovare la stima o la misura fotometrica di una particolare variabile nel mio archivio osservativo personale, oppure localizzare una o più immagini CCD memorizzate su un disco ZIP del computer o su un CD. Io tengo un diario osservativo dettagliato, quindi in gran parte dei casi faccio riferimento semplicemente a una particolare data per trovare i dati osservativi di una certa stella. Quando cerco dati acquisiti nell'arco di mesi o anni, un *ordinamento del database* mi dirà quali diari osservativi devo prendere e quale data e pagina cercare. Quando ho bisogno di trovare un'immagine CCD immagazzinata su un disco ZIP o su un CD, per esempio, il sistema mi indicherà su quale disco essa si trova.

Quando memorizzo i dati CCD, etichetto ciascuna immagine digitale con la variabile più brillante che vi si trova, a prescindere dal fatto che tale stella sia l'oggetto del mio interesse (come accade generalmente) o meno. Questo criterio è simile a quello delle carte stellari AAVSO, etichettate con la variabile più brillante, per quanto non l'unica, del campo. Se nella mia immagine non vi sono variabili, la classifico con il nome della stella più brillante presente. Le immagini di una galassia utilizzate per la ricerca di supernovae hanno il nome di catalogo della galassia.

Sulle singole immagini CCD, oltre al nome di un oggetto astronomico vengono segnate la data dell'osservazione, il numero della serie e il tipo di filtro usato seguito da un numero progressivo. Per esempio, un gruppo di 6 immagini di W Vir acquisite il 1° aprile 2007 nella prima serie della giornata, con un filtro V, verrà etichettato come: WVIR20070401-1V_000, WVIR20070401-1V_001, WVIR20070401-1V_002, WVIR20070401-1V_003, WVIR20000401-1V_004, WVIR20000401-1V_005. Ricordate che gli astronomi usano il numero zero quando registrano le sequenze, quindi non iniziate da 1 ma da 0 per conformarvi con gli altri osservatori. Questo metodo mi consente di ordinare le immagini per oggetto, data, serie, filtro e sequenza.

Io tengo anche un foglio di lavorazione, preparato con un foglio elettronico, per ogni stella che osservo. Così facendo posso controllare rapidamente tutte le osservazioni nel corso degli anni e costruire velocemente una curva di luce o un diagramma di fase. Questo foglio contiene il nome dell'oggetto, la classe di variabilità, la data e l'ora dell'osservazione, la magnitudine stimata (se visuale) o differenziale (se misurata con la strumentazione), l'identificazione delle stelle di confronto e controllo e ogni eventuale nota rilevante sul tempo, il vento, la Luna o qualunque altra cosa io ritenga importante. Quando effettuo misure fotometriche registro anche la luminosità di fondo del cielo. Può sembrare che ciò rappresenti un gran lavoro, ma non è così. Una volta acquisito come abitudine, è facile, rapido, e apprezzerete davvero qualunque sistema abbiate deciso di utilizzare quando inizierete a cercare vecchie osservazioni. Bastano pochi secondi per inserire le informazioni di ciascuna misura. Nell'esempio fatto, la data o il nome della stella vengono ripetuti più volte, quindi usando una semplice operazione di "copia e incolla" sul computer si evita di riscrivere le stesse cose più di una volta. È utile anche personalizzare un menu specificamente per le proprie necessità astronomiche e utilizzare delle macro: programmare il proprio sistema computerizzato in vista di future esigenze fa risparmiare molto tempo. Il reale valore di tutto ciò è la possibilità di trovare un'osservazione o una sequenza di misure, anche fatte anni fa, in circa 30 secondi.

Sviluppate il vostro metodo personale con i vostri requisiti in mente, ma provate a definirlo entro il primo anno di attività: dopo avere usato un certo sistema per circa un anno, cambiarlo è una vera fatica!

Riduzione dei dati

Dopo avere raccolto i vostri dati osservativi, il primo passo che dovete fare per analizzarli è organizzarli. Per farlo sono necessarie la data dell'osservazione, la magnitudine stimata della variabile e la stella con cui è stata confrontata, unite magari a un commento sulla eventuale presenza di condizioni particolari. In alcuni casi vengono registrate altre informazioni, ma per un'analisi basilare delle osservazioni su variabili useremo data e magnitudine della stella osservata. Provate a configurare il vostro archivio in modo che le voci corrispondano alle necessità dell'analisi. Considerando ciò, potete spostare rapidamente blocchi di dati con operazioni di "copia e incolla".

Ecco un esempio di voce del diario osservativo di un variabilista:

Diario di osservazioni sulle stelle variabili

Data	Stella	Ora	Magnit. stimata	Note
27/9	R Vir	21h 30m	10,1	Limpido con la Luna
	Carta xxxx, stelle di confronto		10,5 e 9,8	
27/9	R Per	21h 33m	12,1	Limpido con la Luna
	Carta xxxx, stelle di confronto		12,5 e 11,5	
27/9	R Psc	21h 37m	9,2	Limpido con la Luna
	Carta xxxx, stelle di confronto		9,7 e 8,8	
27/9	R Ari	21h 41m	11,4	Nuvoloso con la Luna
	Carta xxxx, stelle di confronto		11,9 e 10,9	

Come potete vedere, è tutto molto semplice. Qui l'osservatore registra il nome della stella, la data e l'ora dell'osservazione, la magnitudine stimata, la carta e le stelle di confronto usate. Provate inizialmente questa semplice modalità: potreste non avere bisogno di informazioni aggiuntive rispetto a queste. Non lasciate che mantenere un diario diventi un peso che interferisce con le vostre osservazioni.

Dopo una notte al telescopio dovreste avere un registro del vostro lavoro. Il prossimo impegno sarà probabilmente quello di ridurre i dati, cioè semplicemente convertirli in una forma che consente di analizzarli opportunamente. Nella gran parte dei casi non dovrete fare molto sulle vostre stime prima di iniziare a svilupparne una corretta analisi. Comunque, se avete usato della strumentazione le procedure di riduzione possono richiedere un po' di tempo. Sarebbe impossibile descriverle tutte in questo libro, perciò suggerisco un paio di buoni testi scritti specificamente per gli osservatori CCD e FF: *Photoelectric Photometry*, di A. Henden e R. Kaitchuck, e *Photoelectric Photometry of Variable Stars*, di D. Hall e R. Genet, pubblicati da Willmann-Bell; entrambi forniscono descrizioni eccellenti della riduzione dati per chi utilizzi CCD e FF.

Se non condurrete alcuna analisi di persona ma comunicherete semplicemente i vostri dati, tutto ciò che dovete fare è mettere le osservazioni nel formato opportuno. Come abbiamo già detto, ogni organizzazione di raccolta, come VSNET, AAVSO o BAAVSS, ha il suo formato. Visitate i rispettivi siti *web* per conoscere i requisiti specifici al riguardo.

Analisi

Se avete deciso di condurre qualche analisi sui vostri dati, è ora di leggere la storia che le stelle stanno tentando di raccontarvi. La statistica sarà lo strumento che userete per comprenderla. Generalmente lo studio della statistica è diviso in due parti, quella descrittiva e quella inferenziale. La *statistica descrittiva* analizza gli insiemi di valori, calcolando quanti sono e come sono distribuiti (media, dispersione ecc.). La *statistica inferenziale* utilizza alcune di queste descrizioni per fare delle deduzioni o ipotesi su un'intera popolazione sulla base di un campione di dati. Voi le userete entrambe per analizzare i dati che producete osservando le stelle variabili.

Negli studi statistici possono essere raccolti due tipi di informazioni, *qualitative* e *quantitative*. I dati quantitativi consistono in misure o quantità che possono essere ordinate in qualche modo, come le stime di luminosità o l'intervallo tra gli *outburst*. I dati qualitativi possono essere trattati con relazioni aritmetiche: per esempio, quanto vi divertite osservando le variabili o quanto siete stanchi alle 3h di mattina.

Esiste una distinzione ulteriore tra i dati quantitativi: essi possono essere *discreti* o *continui*. I primi sono misurati in numeri esatti, mentre i secondi possono assumere ogni valore, compreso, per esempio, in un certo intervallo. Le singole stime di magnitudine sono considerate dati discreti, e infatti sono espresse da un numero, ma la luminosità delle variabili, che può assumere un qualunque valore tra il massimo e il minimo, viene considerata continua.

Il vostro scopo come osservatore di variabili è stimare la brillantezza di una stella in un momento particolare e descrivere quella stima con una precisa misura discreta. In seguito, usando molte di tali valutazioni effettuate lungo un certo periodo di tempo, sarete in grado di costruire un modello dei dati continui che rappresentano le variazioni della stella nel tempo. In altre parole, sarete capaci di sviluppare un modello predittivo di alcune caratteristiche dell'oggetto, in questo caso

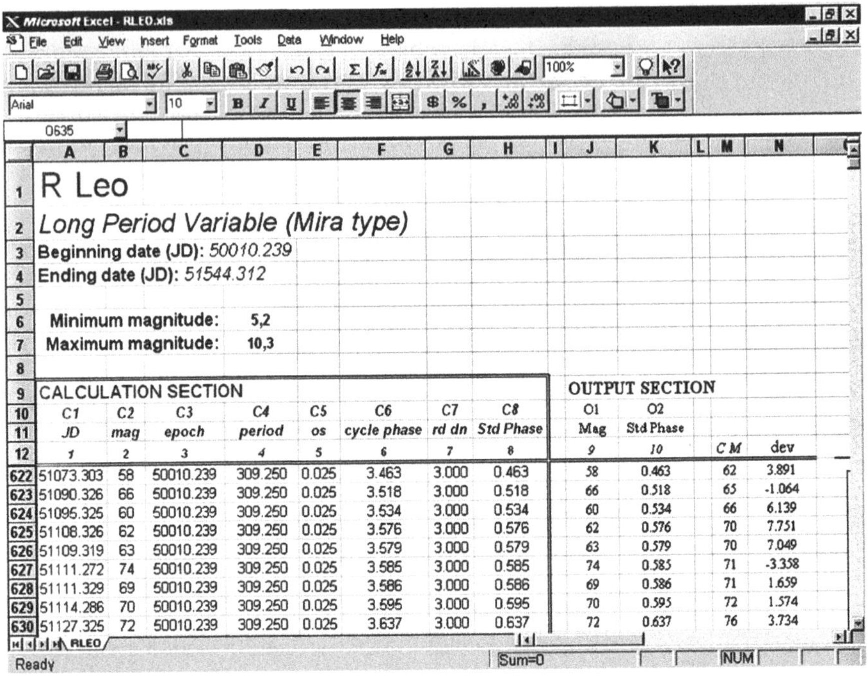

	A	B	C	D	E	F	G	H	I	J	K	L M	N
1	R Leo												
2	Long Period Variable (Mira type)												
3	Beginning date (JD): 50010.239												
4	Ending date (JD): 51544.312												
5													
6	Minimum magnitude:		5,2										
7	Maximum magnitude:		10,3										
8													
9	CALCULATION SECTION								OUTPUT SECTION				
10	C1	C2	C3	C4	C5	C6	C7	C8	O1	O2			
11	JD	mag	epoch	period	os	cycle phase	rd dn	Std Phase	Mag	Std Phase			
12	1	2	3	4	5	6	7	8	9	10	C M	dev	
622	51073.303	58	50010.239	309.250	0.025	3.463	3.000	0.463	58	0.463	62	3.891
623	51090.326	66	50010.239	309.250	0.025	3.518	3.000	0.518	66	0.518	65	-1.064
624	51095.325	60	50010.239	309.250	0.025	3.534	3.000	0.534	60	0.534	66	6.139
625	51108.326	62	50010.239	309.250	0.025	3.576	3.000	0.576	62	0.576	70	7.751
626	51109.319	63	50010.239	309.250	0.025	3.579	3.000	0.579	63	0.579	70	7.049
627	51111.272	74	50010.239	309.250	0.025	3.585	3.000	0.585	74	0.585	71	-3.358
628	51111.329	69	50010.239	309.250	0.025	3.586	3.000	0.586	69	0.586	71	1.659
629	51114.286	70	50010.239	309.250	0.025	3.595	3.000	0.595	70	0.595	72	1.574
630	51127.325	72	50010.239	309.250	0.025	3.637	3.000	0.637	72	0.637	76	3.734

la variabilità della luminosità di una stella, e la previsione è uno dei fini fondamentali della scienza.

Guardate bene la Figura 13.1: i dati mostrati provengono da VSNET e si riferiscono alla variabile R Leo, di tipo Mira. Questa tabella è un esempio di dati raccolti da un variabilista o da un gruppo di osservatori. La prima colonna contiene la data giuliana e la seconda le stime di magnitudine. La parte decimale della data rappresenta l'ora. Noterete che la data sembra troncata: in effetti, è stata ridotta (sottraendovi il numero 2.400.000) per visualizzarne solo le ultime cinque cifre: la data giuliana completa per l'inizio di queste osservazioni è pertanto 2.451.073,303. È una pratica comune tra i variabilisti ridurre la data giuliana usandone solo le ultime quattro o cinque cifre.

Questa tabella di dati può apparire interessante e ordinata, ma leggere la storia che vi si nasconde richiederà un certo lavoro da parte vostra. Avrete bisogno di usare un linguaggio diverso rispetto a quello di questo libro: è il momento in cui diventa importante il linguaggio della matematica, e in particolare della statistica.

Se volessimo costruire un grafico con i dati[1] esposti in Figura 13.1, dovremmo considerare ogni punto come

Figura 13.1.
Dati osservativi per la variabile Mira R Leo. Dati forniti da VSNET.
Utilizzati dietro autorizzazione.

---

[1]Per imparare a costruire un grafico, fate riferimento all'Appendice C, "Analisi mediante fogli elettronici".

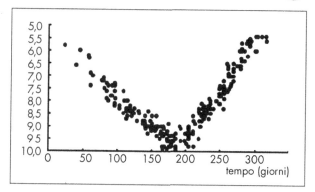

Figura 13.2.
Curva di luce di R Leo costruita in base alle osservazioni. Dati forniti da VSNET. Utilizzati dietro autorizzazione.

rappresentativo di una singola stima di magnitudine posta in sequenza cronologica. Nella Figura 13.2 potete vedere che in un arco temporale di circa 300 giorni questa stella è cambiata in luminosità di poco meno di cinque magnitudini.

Supponendo che i dati siano corretti, è evidente che la stella sta variando la propria brillantezza. Questa informazione è valida di per sé, ma qui esiste una storia più profonda e interessante. Prima di imparare a interpretarla, esaminiamo alcune delle cose che nascondono o alterano la vera storia che state tentando di leggere.

Errori

Come per ogni storia, ci saranno alcune inesattezze, alcuni errori. In parte ne sarete responsabili, mentre altri si verificheranno per ragioni al di là della vostra capacità di controllo. In effetti, se non vi fate attenzione potreste persino non accorgervi che gli errori si stanno insinuando nelle vostre osservazioni. È importante eliminare quelli di cui avete la colpa e prendere provvedimenti per identificare quelli che non potete controllare, in modo da poterli considerare opportunamente. Non rimaneteci male: tutte le misure comportano errori, persino quelle professionali. Dovete solo tenerne conto.

Il primo passo che potete fare per ridurre gli errori è prestare molta attenzione. Siate vigili e prendete sul serio voi stessi e il vostro lavoro. Formalizzate il vostro processo di osservazione e analisi in modo da seguire le stesse procedure ogni volta; appunti, un foglio di lavoro o una *checklist* vi aiuteranno. Inoltre, aspettate di esservi riposati per condurre analisi dettagliate sui dati: la precisione è più importante della rapidità!

Gli errori che non sarete in grado di controllare completamente ma che potete ridurre in qualche misura includono l'estinzione atmosferica e le condizioni ambientali. La prima è un fenomeno che raggiunge livelli apprezzabili (e diventa quindi fonte di inesattezze) quando si effettuano stime attraverso un fitto strato di atmosfera, come quando si osserva una stella molto bassa sull'orizzonte. L'atmosfera modifica infatti la radiazione che raggiunge i vostri occhi o gli strumenti: è meglio pertanto osservare le stelle quando sono alte in cielo. Pensate all'atmosfera come a un oceano di aria, attraverso cui state guardando standovene seduti sul fondo.

Naturalmente ci saranno delle eccezioni, per esempio oggetti che non salgono mai molto alla vostra latitudine. In questi casi, è particolarmente importante una pianificazione corretta: progettate di osservare le stelle quando sono alla loro massima altezza in cielo, cioè vicino al loro passaggio (o *transito*) al meridiano. Il *meridiano*, una linea immaginaria che va da un polo all'altro della sfera celeste, vi sarà di riferimento.

Le condizioni ambientali includono il tempo, il sito osservativo e le posizioni di Sole e Luna. Per esempio, provate a non osservare attraverso veli di nubi oppure, se possibile, da località cittadine con elevato inquinamento luminoso. State attenti quando osservate stelle vicine alla Luna brillante. Anche osservare al tramonto o appena prima dell'alba può influenzare le vostre stime. Anche in questo caso ci saranno delle eccezioni. In generale, comunque, cercate il migliore sito osservativo, le migliori condizioni e la migliore orientazione rispetto alla stella che state osservando. Quando le vostre misure sono influenzate in qualche modo che possa diminuire la loro accuratezza, accertatevi di indicarlo sul vostro diario osservativo.

Esclusione di dati

In qualche momento della storia che state registrando con le vostre osservazioni, inizierete a dubitare dei vostri dati per ragioni impossibili da prevedere qui adesso. Potete giungere a ritenere che le vostre misure non debbano essere usate, comunicate, o persino che debbano essere gettate via.

Resistete alla tentazione di gettare via delle osservazioni! Tenetele tutte. Ricordate però che non siete obbligati a comunicare quelle delle quali non siete del tutto sicuri. Potrebbe essersi verificato qualche tipo di errore per cui le vostre misure sono sbagliate, ma potrebbe anche essere accaduto qualcosa di straordinario che avete accuratamente registrato. Quando avete ragione di dubitare dei vostri dati, indicatelo nel vostro diario di osservazioni ma non gettatele via. Come per gran parte delle cose della vita, potete imparare dai vostri errori quando osservate le stelle variabili.

Se davvero avete commesso un errore durante le osservazioni, provate a capire di cosa si tratta guardando le stime, ripensando a ciò che avete fatto e riguardando il vostro registro. Se riuscite a individuare l'errore potete evitarlo in futuro, altrimenti potete benissimo commetterlo ancora.

Fogli elettronici

Un foglio elettronico è uno strumento eccellente per analizzare i vostri dati sulle variabili. Imparate a conoscerne le possibilità e il modo in cui le vostre osservazioni possono essere presentate al meglio. Carte e grafici vi permettono di visualizzare i dati e renderli molto più semplici da capire. Una colonna di numeri può apparire ordinata e organizzata, ma un diagramma può raccontarvi una storia interessante.

I fogli elettronici vi consentono di visualizzare le vostre informazioni in molti modi, dai grafici bidimensionali a linea alle mappe di livello tridimensionali. Selezionare la presentazione opportuna è importante. Se avete già utilizzato dei fogli elettronici e avete dimestichezza con la statistica, allora sapete che è possibile sostenere o rigettare quasi ogni ipotesi utilizzando gli stessi dati, quindi dovete fare attenzione. Usate metodi che siano noti e accettati; se non siete sicuri di qualcosa, chiedete. Presentate le vostre osservazioni con l'onesto intento di mostrarle accuratamente.

Detto tutto ciò, vi state probabilmente chiedendo cosa potete fare con i vostri dati e un foglio elettronico. Sarete molto contenti delle possibilità che avete! Questo è il momento in cui le fredde e solitarie notti di osservazione avranno come risultato qualcosa che potete mostrare a qualcuno. Sarete in grado di quantificare il valore del vostro lavoro e produrre qualcosa che potete vedere e toccare, qualcosa di più di una serie di numeri scritti su una pagina.

Curve di luce

Le curve di luce vi permettono di portare in grafico la luminosità variabile di una stella nel tempo. Tutto ciò che dovete fare è inserire l'epoca di ogni vostra osservazione (in data giuliana) in una colonna e la vostra stima in un'altra, accertandovi che sia sulla riga corrispondente.

Normalmente, avrete diverse opzioni sul tipo di grafico che volete costruire, per esempio con una linea continua, a punti o a tratteggio. Nella maggior parte dei casi i punti, ciascuno corrispondente a una stima, sono la scelta migliore. Nei programmi dei fogli elettronici questi grafici sono talvolta chiamati "carte (di dispersione) XY".

Poiché volete mostrare l'andamento di una grandezza in un certo arco temporale, è importante decidere l'aspetto che volete per il vostro grafico. Generalmente il tempo viene riportato sull'asse orizzontale (asse X) e la luminosità sull'asse verticale (asse Y). Inoltre, poiché state confrontando osservazioni effettuate a intervalli irregolari (anche una differenza di pochi secondi può essere importante) la carta XY è quella ottimale, perché si riferisce a dati in cui la *variabile indipendente* (il tempo) è registrata a intervalli non uniformi. La vostra stima di brillantezza è la *variabile dipendente,* perché il suo valore dipende dall'epoca della misura.

Le curve di luce vi consentono di analizzare le variazioni evidenti di luminosità subite da una stella, nell'arco di secondi, minuti, ore, giorni, un mese, un anno o vari decenni. Ora è il momento di imparare ad analizzare le sottili fluttuazioni a cui vanno soggette le variabili.

Diagrammi di fase

Quando lo stesso ciclo si ripete indefinitamente, parliamo di comportamento periodico, ma non tutte le variabili sono periodiche. Se volete sapere cosa sta accadendo in un certo momento durante il ciclo di una variabile periodica, non importa quale ciclo state osservando perché sono tutti esattamente uguali: conta solo la parte del ciclo che state osservando. Le variazioni di una stella strettamente periodica dipendono quindi soltanto dalla cosiddetta *fase* del ciclo.

La fase è misurata in cicli ed è quindi 0 all'inizio di un singolo ciclo e 1 (100%) alla fine: vale, per esempio, 0,5 (50%) a metà ciclo e 0,2 (20%) a 1/5 di esso. Dopo la conclusione di un ciclo la fase riparte da 0.

Per calcolare la fase in termini di cicli dovete conoscere la lunghezza di ciascun ciclo in una qualche unità di tempo (per esempio secondi, minuti, ore o giorni), cioè il *periodo.* Di seguito utilizzeremo il programma per computer TS11 per calcolare il periodo di una variabile; lo illustreremo tra poco. Vi indicherò dove ottenerne una copia gratuita e potrete iniziare a usarlo immediatamente.

Per calcolare la fase dovete anche sapere la data di inizio del ciclo, chiamata *epoca*. Questi possono essere termini nuovi per voi, ma non lasciatevi intimidire. Li userete spesso, quindi in breve tempo vi diverranno familiari.

Queste due quantità, periodo ed epoca, vi metteranno in grado di calcolare la fase in un certo istante.

Supponiamo che l'epoca sia t_0 e il periodo P e che vogliate calcolare la fase a un certo tempo t. Prima troviamo quanto siamo "addentro" al ciclo, semplicemente sottraendo il tempo iniziale:

$$t - t_0$$

Per esempio, se in data giuliana (ridotta) t_0 è 4500 e t 4600, ci troviamo a 100 giorni dall'inizio del ciclo; per calcolare la fase in unità di ciclo, dividete semplicemente questa quantità $(t - t_0)$ per il periodo:

$$\phi = (t - t_0)/P$$

Il simbolo ϕ è la lettera greca *fi* ed è utilizzata per rappresentare la fase in cicli. Supponiamo che il periodo sia di 500 giorni: dividendo 100 per 500 troverete che siamo al 20% del ciclo, o alla fase 0,2. Quando calcolate una fase in tal modo, siete interessati alla cosiddetta *fase standard*.

Programmi per computer di analisi dati

Oggi sono disponibili programmi per computer che vi assisteranno nell'effettuare analisi matematiche sofisticate dei vostri dati, come la ricerca e l'interpolazione di andamenti sinusoidali nei dati della serie temporale, l'analisi discreta di Fourier e la minimizzazione della dispersione di fase. Pur senza possedere una laurea in matematica sarete in grado di utilizzare questi potenti strumenti di calcolo per comprendere le stelle variabili. Ovviamente una conoscenza dei metodi matematici che vada oltre il livello elementare aumenterà la comprensione e l'apprezzamento dell'analisi. Tale più profonda conoscenza della matematica giungerà a fronte di un piccolo impegno, quando inizierete a usare questi vari metodi e sentirete il bisogno di capire davvero ciò che i dati vi stanno dicendo. Non la-

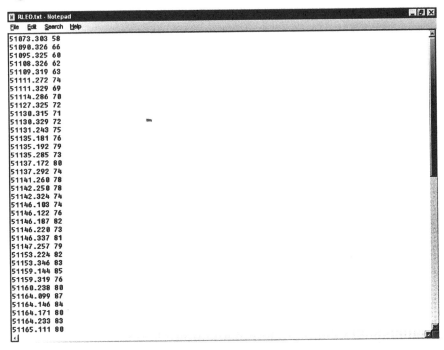

Figura 13.3.
Dati di R Leo organizzati per l'applicazione del programma TS. Notate che è presente uno spazio tra la data giuliana e la magnitudine stimata. Dati forniti da VSNET. Utilizzati dietro autorizzazione.

sciate che la matematica vi intimidisca.

Con ogni probabilità, una delle prime attività per cui avrete bisogno di una sofisticata analisi al computer sarà la determinazione del periodo di una variabile. Ci sono vari aspetti da ricordare a tale riguardo: non tutte le variabili sono strettamente periodiche (può cioè non esistere un periodo rivelabile), molte hanno più di un periodo, e infine nei vostri dati saranno presenti delle lacune.

Un programma rapido e semplice per trovare il periodo di una variabile che è reso disponibile dall'AAVSO al suo sito *web* (**www.aavso.org**) è *TS11* (TS). Esistono altri programmi, alcuni più complessi di *TS11*, ma noi utilizzeremo questo. Quando sentite la necessità di usare programmi più avanzati, fatelo: non è insolito usarne più di uno per condurre analisi di periodo.

TS ha bisogno di due informazioni: tempo e magnitudine. Il programma si aspetta che il vostro *file* di dati sia in formato "testo" (*nome.txt*) o "dati" (*nome.dat*) e che consista di colonne separate da uno spazio vuoto. Per esempio, i dati in Figura 13.1 erano stati memorizzati nel file RLEO.txt e consistevano nelle due colonne mostrate in Figura 13.3. Il massimo numero di punti che possono essere caricati in una sessione è 4000. Se volete analizzare più di 4000 osservazioni dovete eseguire più lanci del programma.

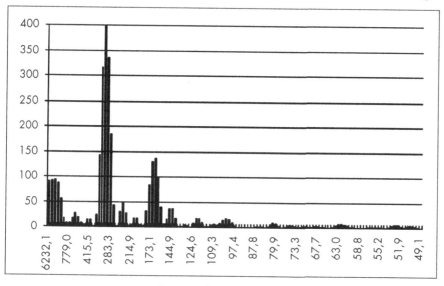

Figura 13.4.
Spettro di potenza prodotto con TS11 utilizzando i dati di R Leo. Dati forniti da VSNET. Utilizzati dietro autorizzazione.

Durante la sessione di analisi, TS memorizza i dati elaborati in un secondo file (*nome.ts*) che potete analizzare ulteriormente con un foglio elettronico. Di seguito utilizzeremo *Microsoft Excel*, ma un qualunque foglio elettronico fornisce gli strumenti di base necessari per un'analisi fondamentale.

TS vi dà la possibilità di effettuare le seguenti operazioni matematiche: media dei dati, interpolazione polinomiale (con il metodo dei minimi quadrati), calcolo dei residui, analisi discreta di Fourier (per frequenza e periodo), modello dei dati. Le istruzioni sono incluse nel materiale che scaricate dal sito AAVSO. Prevedete di spendere un'ora per imparare come utilizzare questo programma.

La Figura 13.4 mostra lo spettro di potenza, sotto forma di un grafico bidimensionale, che rappresenta l'analisi discreta di Fourier dei dati di Figura 13.3. Questo grafico è stato prodotto con il *file* RLEO.ts generato dal programma (Figura 13.5).

I periodi (mostrati lungo l'asse X in giorni) a cui corrispondono i livelli di potenza (mostrati lungo l'asse Y) più alti sono i candidati più probabili per quello reale della fluttuazione ciclica presente nei vostri dati. Un esame critico dei dati tabulati e memorizzati nel *file* (*nome.ts*) generato da TS vi permette di selezionare precisamente il migliore candidato per la frequenza (o il periodo). Il grafico infatti è uno strumento impreciso che vi consente solo di visualizzare la vostra analisi: quindi dovete esaminare attentamente il *file nome.ts* (vedi Figura 13.5). Niente sostituirà l'esperienza pratica

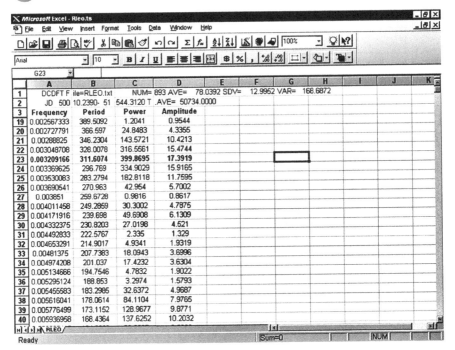

	A	B	C	D	E	F	G	H	I	J	K
1	DCDFT F	ile=RLEO.txt		NUM= 893 AVE=	78.0392 SDV=	12.9952 VAR=	168.6872				
2	JD 500	10.2390- 51	544.3120 T	.AVE= 50734.0000							
3	Frequency	Period	Power	Amplitude							
19	0.002567333	389.5092	1.2041	0.9544							
20	0.002727791	366.597	24.8483	4.3355							
21	0.00288825	346.2304	143.5721	10.4213							
22	0.003048708	328.0078	316.5561	15.4744							
23	0.003209166	311.6074	399.8695	17.3919							
24	0.003369625	296.769	334.9029	15.9165							
25	0.003530083	283.2794	182.8118	11.7595							
26	0.003690541	270.963	42.954	5.7002							
27	0.003851	259.6728	0.9816	0.8617							
28	0.004011458	249.2859	30.3002	4.7875							
29	0.004171916	239.698	49.6908	6.1309							
30	0.004332375	230.8203	27.0198	4.521							
31	0.004492833	222.5767	2.335	1.329							
32	0.004653291	214.9017	4.9341	1.9319							
33	0.00481375	207.7383	18.0943	3.6996							
34	0.004974208	201.037	17.4232	3.6304							
35	0.005134666	194.7546	4.7832	1.9022							
36	0.005295124	188.853	3.2974	1.5793							
37	0.005455583	183.2985	32.6372	4.9687							
38	0.005616041	178.0614	84.1104	7.9765							
39	0.005776499	173.1152	128.9677	9.8771							
40	0.005936958	168.4364	137.6252	10.2032							

Figura 13.5.
File della serie temporale prodotto da TS11 analizzando i dati di R Leo.

nell'acquistare dimestichezza con questo programma.

Potete vedere che la frequenza 0,003209166 (pari all'inverso del periodo, espressa in giorni^{-1}) corrisponde alla potenza massima di 399,8695; questa potenza è un indicatore numerico. Ovviamente, per essere assolutamente sicuri sarà necessaria un'analisi ulteriore prima di poter concludere con certezza che la massima potenza è legata al valore corretto di periodo e frequenza: a volte, infatti, questo non accade. Controllate e ricontrollate il vostro lavoro.

Questi dati sono stati controllati nella ricerca del periodo a partire da 12 ore: se questa particolare stella, in seguito al proprio comportamento intrinseco, possedesse un periodo inferiore a 12 ore (come avviene, per esempio, per una variabile di tipo *delta* Scuti), con questa risoluzione temporale lo perderemmo. D'altra parte, cercare con una risoluzione di 0,0001 giorni nell'arco di tempo di 300 giorni richiederebbe una quantità notevole di tempo di calcolo, che potrebbe essere spesa meglio. Qui la vostra conoscenza delle variabili e dell'evoluzione stellare diventa importante. Dovreste avere almeno un fondato sospetto riguardo al tipo di variabilità della stella o delle stelle che studierete. Talvolta non ne avrete idea, ma questo tipo di situazione dovrebbe essere relativamente raro. Un buon lavoro preliminare da parte vostra dovrebbe ridurre le perdite di tempo e migliorare la vostra capacità di condurre una buona analisi. Controllate in letteratura e guardate altri bollettini osservativi.

Le domande che vi porrete potrebbero per esempio somigliare alle seguenti:

– Qual è la migliore risoluzione temporale in base al tipo spettrale della stella?
– Esiste la possibilità di periodi multipli? Esiste la possibilità che la stella non sia strettamente periodica?
– L'arco temporale dei miei dati è troppo breve per rivelare lunghi periodi?

L'analisi di Fourier appena discussa è uno strumento valido per rivelare e quantificare fluttuazioni periodiche in serie temporali, se per fluttuazione periodica intendiamo la presenza di un periodo, di un'ampiezza e di una fase veramente costanti. I sistemi astrofisici reali mostrano raramente una tale regolarità nelle fluttuazioni. Spesso le variazioni periodiche sorgono in modo intermittente come fenomeni transienti. Anche per una serie storica con periodicità notevole vedrete generalmente un'evoluzione temporale dei parametri della fluttuazione. L'analisi discreta di Fourier può rivelare, e in una certa misura quantificare, tale comportamento, ma è lontana dall'essere lo strumento ideale per questi scopi.

Quindi, "Cos'è l'analisi di Fourier?".

Jean Baptiste Joseph, barone di Fourier, nacque il 21 marzo 1768. Era un fisico che studiava come il calore fluisce attraverso un oggetto durante il riscaldamento. Avendo intuito che la propagazione del calore si comporta come un'onda, dopo uno studio approfondito scoprì che, benché in modo molto complesso, le onde di calore sono periodiche, consistono cioè nella ripetizione indefinita della stessa struttura, o forma d'onda. Scoprì anche che, a prescindere dal grado di complessità, un'onda periodica consiste nella somma di più onde semplici: il suo metodo è noto come *analisi di Fourier*.

Si tratta di uno strumento potente usato dai variabilisti per determinare il periodo di alcune stelle variabili. Ovviamente, il presupposto importante è il comportamento periodico: la variabile da analizzare deve essere

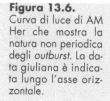

Figura 13.6.
Curva di luce di AM Her che mostra la natura non periodica degli *outburst*. La data giuliana è indicata lungo l'asse orizzontale.

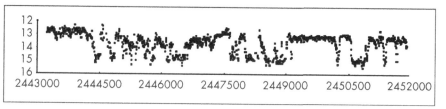

strettamente, o almeno approssimativamente, periodica. Come adesso sapete, non tutte le variabili lo sono: per esempio, le variabili cataclismiche come le novae nane non sono periodiche. Quello che in questo caso chiamiamo periodo, cioè l'intervallo tra gli *outburst*, è una media approssimata. La curva di luce della variabile cataclismica AM Her è mostrata come esempio in Figura 13.6.

CAPITOLO 14

Organizzazioni di raccolta e registrazione di osservazioni di variabili

È quindi necessario che le cose memorabili siano messe per iscritto…

Sir Edward Coke

"Ogni osservazione è unica e irripetibile."

Questa affermazione esprime il significato basilare di ogni misura che effettuate. Comunque non è solo l'osservazione reale ad essere unica: lo è anche la vostra personale esperienza ogni notte. Ciascuna serata osservativa sarà un evento memorabile. Potete trovarvi con amici o familiari, in un sito nuovo, assistere in solitudine alla caduta di una meteora dal cielo oppure a un'aurora risultante dall'attività solare di due giorni prima. Ciascuna di queste situazioni, e una miriade di altre, caratterizzeranno molte notti osservative che vi farà piacere ricordare. Non perdete qualcosa di importante per non avere registrato l'avvenimento! Prendete l'abitudine di segnare sul vostro diario osservativo tutto ciò che non è ordinario. Non ve ne pentirete.

Utilizzando Internet è possibile comunicare immediatamente e riferire le vostre osservazioni di variabili a singoli, gruppi e organizzazioni di tutto il mondo. Uno dei vantaggi più preziosi dell'uso di Internet sarà la possibilità di confrontare le vostre misure con altri per vedere come ve la state cavando nella stima delle luminosità o per conoscere le misure fatte nei periodi in cui non avete potuto osservare.

Qui sono elencate alcune organizzazioni che forniscono assistenza, guida, pubblicazioni e supporto agli osservatori di variabili non professionisti. Certamente ne esistono più di quante sia possibile citarne in questo capitolo e non ne ho omessa nessuna intenzionalmente. Una delle gioie dell'astronomia amatoriale è la scoperta dei tesori nascosti nell'Universo (tra cui Internet).

Contattate una o più di queste organizzazioni non appena vi sentite a vostro agio con l'osservazione di variabili, magari dopo una settimana circa. Acquistate almeno familiarità con alcune delle procedure di comunicazione dei dati. Non avete bisogno di aspettare fino a quando non vi sentite totalmente competenti, ma capire i metodi di base, la nomenclatura e vari altri aspetti del vostro passatempo renderà la comunicazione più semplice. Vi sentirete anche meno intimiditi.

Non posso raccomandare un'organizzazione rispetto alle altre: sono tutte valide e tutte vi accoglieranno come partecipante o membro. Non vi preoccupate del numero di osservazioni che avete fatto (o non avete fatto), dell'equipaggiamento che avete (o non avete) o del tempo che avete speso osservando stelle variabili. In ognuna troverete molti osservatori, vecchi e nuovi, che avranno domande e preoccupazioni simili alle vostre. Consultatele. Non vorranno solo i vostri dati: sono costituite da centinaia di altri variabilisti. Ciascuno ha iniziato il proprio studio delle variabili analogamente a voi. Troverete moltissimi partecipanti più che disponibili ad aiutarvi, a rispondere alle vostre domande, a condividere le loro idee e assistervi in molti modi.

British Astronomical Association – Variable Star Section (BAAVSS), Burlington House, Piccadilly, Londra, W1V 9AG (**http://www.britastro.org/vss/**). La British Astronomical Association (BAA) è stata costituita nel 1890 e la Variable Star Section (VSS) è stata creata l'anno seguente con lo scopo di raccogliere e analizzare osservazioni di variabili.

Le misure vengono comunicate mediante la rivista mensile *The Astronomer*, che pubblica nuove osservazioni in ogni campo dell'astronomia. Oltre ad assistere gli astrofili nel monitoraggio dell'attività di centinaia di variabili e nella costruzione delle curve di luce, il loro archivio consente alla sezione di fornire ad astronomi professionisti e dilettanti il materiale necessario all'analisi. Si tratta di un'eccellente organizzazione composta da astrofili molto seri.

Variable Star Network, Kyoto University (VSNET), Kitashirakawa-Oiwake-cho, Sakyo-ku, Kyoto 606-8502, Giappone (**http://www.kusastro.kyoto-u.ac.jp/vsnet/**). Il Variable Star Network (VSNET) dovrebbe essere considerato una delle migliori risorse degli astrofili per quanto riguarda lo studio delle variabili, semplicemente per il volume di attività. Questo gruppo di astronomi professionisti produce elenchi giornalieri di osservazioni di variabili, resoconti mensili, avvisi e richieste di collaborazione, come pure risposte alle domande della comunità astronomica amatoriale. Il VSNET si trova nel dipartimento di astronomia dell'Università di Kyoto e consiste in moltissime *"mailing list"* utilizzate per distribuire varie comunicazioni riguardanti le stelle variabili, in particolare le variabili cataclismiche e gli oggetti correlati. Distribuisce dati osservativi e *preprint* sulla scoperta di supernovae, novae, *outburst* rari, nuove stelle variabili e cambiamenti notevoli di variabili note. Vi si svolgono anche discussioni legate in vario modo alle stelle variabili e alla loro osservazione. Vengono fornite mappe di localizzazione e offerte discussioni e scambi di dati sugli oggetti Mira e sulle binarie a eclisse. Vi si trovano informazioni sulle variabili scoperte recentemente e circolari per le variabili cataclismiche e a lungo periodo. Un'altra ottima organizzazione.

Astronomical Society of South Australia (ASSA), Honorary Secretary, Astronomical Society of South Australia Inc. GPO Box 199, Adelaide, SA 5001, Australia (**http://www.assa.org.au/info/**).
L'Astronomical Society of South Australia è stata fondata nel 1892 ed è la più antica associazione di questo tipo in Australia. È il solo ente rappresentativo dell'astronomia amatoriale nello stato del South Australia. La partecipazione è aperta a persone di ogni età e professione – il solo prerequisito è l'interesse per l'astronomia. Gli obiettivi della società sono promuovere tutti i campi della scienza astronomica. Qui troverete carte e informazioni su molte stelle dell'emisfero meridionale. Si tratta di astrofili molto seri con preparazione eccellente.

American Association of Variable Star Observers (AAVSO), 49 Bay State Road, Cambridge, MA 02138 USA (**http://www.aavso.org/**). L'AAVSO coordina e raccoglie le osservazioni di circa 600 variabilisti di tutto il mondo mediante una varietà di programmi osservativi. Dalla sua fondazione, nel 1922, circa 10 milioni di misure di variabili da parte di circa 6000 osservatori hanno contribuito a formare l'*AAVSO International Database*. Le osservazioni sono raccolte, uniformate e inviate mensilmente. Esiste un formato molto specifico per comunicare le misure e ci sono molti modi di mandare i resoconti al quartier generale dell'AAVSO. Diversi programmi osservativi che incoraggiano la partecipazione amatoriale vengono condotti sotto gli auspici di questa organizzazione. Il monitoraggio fotoelettrico delle stelle B[e] brillanti, l'osservazione di variabili rosse di piccola ampiezza e le misure FF degli oggetti RR Lyrae sono solo alcuni dei programmi. Ottima risorsa per gli astrofili, poiché anche vari astronomi professionisti sono associati all'AAVSO e sono disponibili ad assistere gli astrofili che ne hanno bisogno.

Bundesdeutsche Arbeitsgemeinschaft für Veränderliche Sterne (BAV), Munsterdamm 90, 12169 Berlino (**http://www.bav-astro.de/index.html**). Fondata nel marzo 1950 da astrofili berlinesi con lo scopo di raccogliere, valutare e registrare le osservazioni effettuate in Germania, la BAV produce anche effemeridi, mappe e pubblicazioni. È organizzata nelle sezioni seguenti: 1) valutazione e pubblicazione, 2) binarie a eclisse, 3) variabili a breve periodo, 4) stelle Mira, 5) variabili pulsanti, 6) variabili eruttive e cataclismiche, 7) osservazioni fotoelettriche e con CCD, 8) carte. Gran parte del sito *web* è in inglese, ma anche se non lo fosse sarebbe un'altra valida risorsa che merita ampiamente il vostro tempo.

Association Française des Observateurs d'Etoiles Variables (AFOEV), Observatoire Astronomique de Strasbourg, 11 rue de l'Université, 67000 Strasburgo (**http://cdsweb.u-strasbg.fr/afoev/**). L'Associazione Francese degli Osservatori di Stelle Variabili è stata fondata nel 1921 e il suo quartier generale si trova all'Osservatorio di Strasburgo. Attualmente l'associazione conta circa 100 osservatori di 15 Paesi. Le misure fatte o ricevute dall'associazione sono pubblicate interamente nel *Bulletin de l'AFOEV – II serie* (BAFOEV). Memorizzate sul computer del Centre de Données Astronomiques all'Osservatorio di Strasburgo, sono ora oltre 1.500.000, con la prima stima registrata risalente al 1896. Questo archivio include anche osservazioni effettuate da altre associazioni, tra cui la BAV (Germania), la HAA (Ungheria), la NHK (Giappone), la NVVW (Paesi Bassi) e gruppi in Belgio, Norvegia, Svezia, Ucraina e Spagna. Le osservazioni sono distribuite gratuitamente. Come per la BAV, gran parte del sito *web* è in inglese e merita il tempo di una visita.

Variable Star Section of the Royal Astronomical Society of New Zealand (RASNZ), PO Box 3181, Wellington, Nuova Zelanda (**http://www.rasnz.org.nz/**). La Royal Astronomical Society of New Zealand confronta e coordina le osservazioni fatte nell'emisfero meridionale. In base a un accordo reciproco di lunga data, la RASNZ e la BAAVSS si scambiano dati osservativi su alcune variabili di ciascun emisfero. Scopi della società neo-zelandese sono la promozione e l'estensione della conoscenza riguardo all'astronomia e ad altri campi della scienza a essa collegati. La RASNZ incoraggia l'interesse per l'astronomia, e come tale è un'associazione di osservatori e appassionati che promuovono l'assistenza reciproca e l'avanzamento della scienza. È stata fondata nel 1920 come New Zealand Astronomical Society e ha assunto la denominazione attuale dopo avere ricevuto il Royal Charter nel 1946. Nel 1947 è divenuta membro della Royal Society of New Zealand. Una grande fonte di mappe, dati e altre informazioni sulle stelle dell'emisfero meridionale. Un sito eccellente che dovreste visitare.

Bulletin der Bedeckungsveränderlichen-Beobachter der Schweizerischen Astronomischen Gesellschaft (BBSAG), M. Kohl, Im Brand 8, CH-8637 Laupen ZH (**mike.kohl@astroinfo.org**). Il gruppo di osservatori di binarie a eclisse della Swiss Astronomical Society (curatori della pubblicazione *BBSAG*) acquisisce dati delle epoche dei minimi per le binarie a eclisse. La stima della magnitudine generalmente non è richiesta. Lo scopo è tentare di determinare molto precisamente l'epoca della massima eclisse, cioè della minima luminosità. Le osservazioni a lungo termine consentono ai ricercatori di fare certe asserzioni sull'evoluzione di tali sistemi. Le misure richiedono diverse ore per notte per coprire un'intera eclisse. Una risorsa davvero eccellente per questo tipo di variabili.

International Supernova Network (ISN) (**http://www.supernovae.net/isn.htm**). L'ISN è un sito *web* che ha lo scopo di fare condividere le informazioni tra appassionati di supernovae di tutto il mondo, sia dilettanti che professionisti. La *mailing list* è utilizzata dai membri dell'ISN per informare sulla recente scoperta di una supernova, condividere osservazioni e discutere argomenti riguardanti la ricerca e l'osservazione di questi oggetti. Essa contiene solo pochi messaggi a settimana, ma d'altra parte le supernovae sono rare. Su questo sito troverete tutto ciò di cui avete bisogno per la caccia alle supernovae.

IAU: Central Bureau for Astronomical Telegrams (**http://www.cfa.harvard.edu/iau/cbat.html**). Il Central Bureau for Astronomical Telegrams (CBAT) opera presso lo Smithsonian Astrophysical Observatory sotto gli auspici della Commissione 6 della International Astronomical Union (IAU), ed è un'organizzazione senza fini di lucro. Il CBAT è responsabile della distribuzione delle informazioni sugli eventi astronomici transienti mediante le circolari IAU (IAUC), una serie di annunci formato cartolina inviati a intervalli irregolari, secondo la necessità, in forma sia stampata che elettronica. Questo sito *web* può apparire smisurato alla prima visita. Prendetevi tempo e consultatelo varie volte: vi troverete molte informazioni di grande valore.

The Astronomer's Telegram (ATEL) (**http://atel.caltech.edu/**): è utilizzato per comunicare e commentare nuove osservazioni astronomiche di sorgenti transienti. Il contenuto è limitato a 4000 caratteri.

CAPITOLO 15

Osservazioni
di variabili e astrofili

Non è il critico che conta; non chi fa notare come in-
ciampa un uomo forte, o dove chi fa qualcosa potrebbe
farlo meglio. Il credito va all'uomo che si trova realmente nell'arena, il cui volto è imbrattato di polvere, sudore
e sangue; che si batte con valore; che sbaglia, e si mostra
inadeguato ancora e ancora, perché non esiste impegno
senza errore e fallimento; ma che lotta davvero per fare
le cose; che conosce i grandi entusiasmi, le grandi dedi-
zioni; che si dedica a una degna causa; che nel migliore
dei casi conosce alla fine il trionfo di un grande risultato, e nel peggiore, se fallisce, almeno fallisce avendo osa-
to molto, cosicché il suo posto non debba mai essere tra
quelle anime timide e fredde che non conoscono la vit-
toria né la sconfitta.

Theodore Roosevelt

Tra gli astrofili è sempre esistito il dubbio sull'effettivo
contributo che essi possono dare alla scienza dell'astronomia. Naturalmente il vostro equipaggiamento non
può competere con quelli professionali; non siete in
grado di costruire un grande telescopio su qualche alta
cima montana e, se siete come la grande maggioranza
degli astrofili, vi mancano la formazione specialistica e
l'esperienza dell'astronomo professionista; quindi si
pone la questione della qualità. Potreste chiedervi
"Sono necessari i miei contributi oggi?", quando i professionisti usano telescopi in orbita e specchi di 10 me-
tri. La loro superiorità e quella dei loro strumenti sembra non lasciare il più piccolo spazio a voi e a me.
   In realtà abbiamo molti vantaggi sulle nostre con-

troparti professionali: abbiamo accesso a un telescopio quando vogliamo, con la dovuta considerazione per il tempo, la famiglia e gli impegni sociali. Conosciamo a menadito strumenti sofisticati che fino a poco tempo fa erano accessibili solo agli astronomi professionisti. Conseguentemente possiamo produrre dati di qualità con pochissimo preavviso e quindi siamo in grado di fornire seri contributi alla scienza. Come i professionisti, possiamo avere un'instancabile risoluzione, determinazione e dedizione per la scienza astronomica. Comunque la questione posta all'inizio, la preoccupazione generale sulla validità dei contributi, è di rilievo.

In realtà le nostre opportunità sono in crescita, specialmente per quanto riguarda le stelle variabili. Quindi, per placare la vostra apprensione, non sto tentando di costringervi a dare contributi alla scienza. Il vostro desiderio di farlo verrà naturalmente, oppure no. La mia convinzione è che la vostra voglia di farlo evolverà rapidamente quando la vostra mente verrà attratta dalla meraviglia e dallo stupore sempre maggiori che quasi sicuramente proverete, e quando crescerà in voi il desiderio di condividere questa nuova esperienza.

Senza dubbio la strada che state per percorrere vi presenterà paesaggi sorprendenti, ma può essere accidentata e difficile; a volte può anche apparire impraticabile. Comunque gli osservatori di variabili sono un gruppo forte e tenace. Come tributo all'astronomo dilettante, nel 1916 George Ellery Hale scrisse:

Ostacolato come può essere dalla mancanza di equipaggiamento, situato dove le condizioni per la ricerca non sono ideali, e spesso costretto a dedicare le ore migliori ad altre attività, l'astrofilo, elevandosi al di sopra di ogni sfiducia, ha continuato a versare un flusso di nuove idee e significative osservazioni nel crescente mare della conoscenza scientifica.

Una testimonianza più emozionante della devozione, determinazione e passione dell'astrofilo sarà difficile da trovare.

La storia dell'astronomia amatoriale, e in particolare dell'osservazione di stelle variabili, rivendica una solida tradizione di contributi. La definizione attualmente in voga per "astrofilo" è "colui che coltiva l'astronomia per la passione o il piacere che trova in essa, anziché per professione o guadagno". Questa definizione, in particolare per quanto riguarda perseguire qualcosa "per la passione o il piacere" di essa, vale certamente per i variabilisti. Non farete mai del denaro osservando stelle variabili, quindi se lo fate deve essere per pura passione.

Il titolo di questo capitolo si riferisce essenzialmente a voi e me. Dopo averlo letto, probabilmente avete immaginato con l'occhio della mente liste di stelle variabili, tabelle di dati, programmi osservativi dettagliati e ogni genere di esercizi complessi, elaborati per tenervi occupati e interessati. Lascio a voi il compito di sviluppare tutto questo. Davvero, molto del divertimento che sperimenterete sta nel mettere insieme tutto questo da soli. Non avete bisogno di me, o di nessun altro, che vi imponga la propria agenda. Fate riferimento ai Capitoli 10 e 11 come guida. Vi ho fornito le minime informazioni sufficienti perché possiate elaborare i vostri personali progetti osservativi o, se lo desiderate, per contattare una delle organizzazioni di variabilisti e richiedere assistenza. Il Capitolo 12 fornisce le istruzioni sufficienti per iniziare a osservare le variabili. Non otterrete nulla se io continuo a dirvi cosa osservare e quando, o come gestire la vostra strumentazione. Tutto ciò che dovete fare adesso è uscire sotto le stelle e cominciare. Iniziate piano, spingetevi oltre la vostra comprensione, vacillate, lottate, riprendetevi e andate avanti poco alla volta. Non esiste in realtà alcuna meta; è tutto un viaggio.

A questo riguardo, quindi, vi propongo una manciata di suggerimenti che vi aiutino nelle vostre esplorazioni, alcuni strumenti che vi renderanno un migliore osservatore di variabili, un migliore astrofilo e scienziato. State sorridendo? Io non uso la parola "scienziato" alla leggera.

La definizione a cui mi riferisco, "ricercatore scientifico", pone su di voi un pesante fardello. Dovete decidere se rimarrete semplicemente un osservatore, un umile spettatore, uno che guarda da bordo campo, eccitato occasionalmente da altri in brevi momenti di entusiasmo ma senza avere un reale impatto sull'avventura complessiva. O se invece diventare un giocatore, uno dei membri della squadra che si trova sul campo di gioco con una possibilità di fare la differenza, o almeno di divertirsi tentando imprese difficili. In ogni caso, se siete seri starete investigando con criteri scientifici. Sarete, in effetti, scienziati. Come tali, mentre vi divertite siate coscienziosi su quanto state facendo: è importante.

Sviluppate le vostre liste di oggetti e tabelle di dati, e preparate programmi osservativi dettagliati. Leggete la letteratura attuale e fate progetti ambiziosi. E mentre lo fate, specialmente durante il vostro serio studio delle stelle variabili, sforzatevi di considerare i seguenti suggerimenti.

Registrate fedelmente i dati importanti e prendete appunti meticolosi. Entrambe queste attività sono abilità che si acquisiscono e sono diverse tra loro. Imparate a riconoscere ciò che è importante e registratelo. Migliorerete le vostre capacità facendo entrambe le cose e con il passare del tempo. Anche la differenza tra meticoloso e verboso vi diverrà chiara con il tempo. Capirete ben presto quali sono le informazioni rilevanti. E non dimenticate che non tutte le cose importanti saranno quelle viste attraverso l'oculare.

Seguite il metodo scientifico. Se siete seri, prendetevi sul serio affinché lo facciano anche gli altri. Così fanno i dilettanti paracadutisti, ciclisti, subacquei, osservatori di uccelli, giardinieri e cuochi. Come astronomo dilettante avete l'obbligo di essere coscienziosi sul vostro lavoro. Il metodo scientifico non è perfetto, ma ha funzionato bene per coloro che l'hanno utilizzato. Imparate bene di cosa si tratta, come funziona, e applicatelo. Sarete sorpresi dai vostri risultati. Abbiate fiducia nel fatto che il vostro lavoro farà la differenza.

Non saltate alle conclusioni. Applicate l'intuito, la logica e i principi scientifici per descrivere le vostre osservazioni e l'analisi successiva. Non calpestate la "legge della parsimonia" nel proporre o nel difendere una vostra conclusione. La coerenza logica e l'evidenza empirica sono i dati assoluti. Cercate sempre la risposta più semplice, anche per le circostanze più complesse. Usando il principio noto come "rasoio di Occam", gli scienziati trovano che, a parità di tutte le altre circostanze, la spiegazione più semplice è solitamente quella corretta. Albert Einstein diceva: "Tutto dovrebbe essere reso il più semplice possibile, ma non più semplice del dovuto".

Sottoponete proposte e risultati alla revisione da parte dei colleghi. Dovete imparare a cercare e ad accettare l'esame e la critica dei vostri "pari" (professionisti e astrofili) ai vostri programmi, metodi osservativi e risultati. Questo sarà un passo importante nel vostro continuo impegno nel produrre risultati della massima qualità in tutti gli aspetti della vostra attività. Tale revisione assicura che la vostra scienza è solida e coerente con le precedenti conoscenze trovate in letteratura, e che il vostro metodo e i vostri risultati sono ripetibili da altri individui competenti. Francamente, pochi astrofili sono disposti a fare ciò senza discussione. D'altra parte, pochi astronomi professionisti sono disponibili a prendere gli astrofili abbastanza sul serio da fornire loro la necessaria attenzione e guida, con buone spiegazioni e cortese pazienza.

Fortunatamente nella comunità astronomica professionale esiste chi contribuisce disinteressatamente a organizzare e guidare l'impegno amatoriale: mi vengono in mente Arne Henden, dello US Naval Observatory a Flagstaff, in Arizona, Joe Patterson, della Columbia University, John Percy, dell'Università di Toronto, Douglas Hall, del Dyer Observatory, e Taichi Kato, dell'Università di Kyoto. Ne esistono anche alcuni altri, ma dovete interpellarli con il dovuto rispetto e cortesia.

Anche le organizzazioni e i gruppi di variabilisti vi aiuteranno. Strutture come il Variable Star Network (VSNET), la British Astronomical Association – Variable Star Section (BAAVSS), l'American Association of Variable Star Observers (AAVSO), l'International Amateur-Professional Photoelectric Photometry (IAPPP) e il Center for Backyard Astrophysics (CBA) esistono tutte per promuovere le relazioni tra amatori e professionisti. Rivolgetevi a loro per assistenza e guida.

La maggiore iniziativa deve comunque provenire da voi. Siete voi che potete investire migliaia di euro in strumenti, in ausili per l'osservazione e libri con l'aspettativa di servire la scienza, e sarete voi a spendere probabilmente centinaia di ore osservando ogni anno nella speranza che i vostri risultati diano un reale contributo all'astronomia. Perché tutto ciò sia produttivo voi, gli astronomi dilettanti, dovete lottare per una nuova e più profonda collaborazione con la comunità professionale.

Leggere un libro ha raramente come risultato una comprensione profonda di un qualsiasi argomento. Non mi aspetto che questo libro risponda a tutte le vostre domande o anticipi tutte le vostre necessità e desideri sull'osservazione delle stelle variabili. Ora dovete fare pratica. Affrontando le sfide che vi aspettano svilupperete l'esperienza di cui avete bisogno per sentirvi sicuri nell'osservazione di variabili. Nel farlo, non credo che proverete niente di diverso da ciò che hanno sperimentato tutti i variabilisti. In altre parole, non sentitevi intimiditi. Nello spirito di Tycho Brahe, William Herschel, F.W.A. Argelander, Enjar Hertzsprung, Norman Pogson e molti altri, prendete il vostro equipaggiamento e iniziate la vostra ricerca! Concentrate il vostro desiderio, le vostre capacità e la vostra determinazione. La cosa peggiore in assoluto che può accadere è il fallimento . In effetti, io vi garantisco che in qualcosa fallirete. Superare il fallimento è una parte della sfida globale dell'osservazione di variabili, e questo è in realtà un successo, se interpretato opportunamente. Quando siete confusi, fate domande e cercate assistenza; lottate per ciò che si trova appena oltre le vostre capacità di comprensione e tentate imprese difficili; prendetevi il tempo di capire ciò che state realmente facendo e imparate.

Cieli sereni e buona fortuna!

Gestione
del *database*

Alcuni tipi di archivio vi permetteranno di classificare, ordinare e recuperare le osservazioni che acquisirete nel corso degli anni. Forse all'inizio potrete non sentire il bisogno di un metodo computerizzato, ma con il passare del tempo sarete sorpresi dalla quantità di informazioni che accumulate.

In ogni *database* i nomi dei campi vengono utilizzati per etichettare ogni categoria di informazioni, come la data, la stima di luminosità, il tipo di osservazione ecc. Pensate bene alle necessità della vostra analisi e sviluppate i vostri campi con tali requisiti in mente. Così facendo potrete spostare blocchi di informazioni dall'archivio al foglio elettronico per analizzarli, semplicemente con il "copia e incolla". È vero anche l'inverso: con il "copia e incolla" sarete in grado di spostare dati dal foglio elettronico al *database*.

Selezionando opportunamente i nomi dei campi dell'archivio, potrete anche effettuare varie utili operazioni di ordinamento. Vi raccomando di preparare sempre un *database master* in cui inserire i vostri dati, e magari di farne una copia di *backup* periodicamente. Dall'archivio *master* preparate una copia di lavoro con cui effettuare le operazioni di accesso e ordinamento. In tal modo, se fate un errore potete sempre tornare all'archivio *master* e cominciare da capo senza perdere alcun dato.

Un semplice *database* con indicati i nomi dei campi può somigliare a questo:

Data/Ora Oggetto Tipo Magnitudine stimata Stella di confronto Mappa

Naturalmente potete costruire un archivio con molti più campi, ma questo semplice esempio può servire come inizio. La data e l'ora dovrebbero essere quelle locali. Quando riferite le vostre stime di variabili potete convertirle in tempo giuliano. Viene usato il più generico nome "Oggetto" anziché "Stella", perché quel campo possa applicarsi anche ad altri oggetti, per esempio se si osservano galassie durante una ricerca di supernovae. Il campo "Tipo" vi permette di indicare la classe di variabilità, come per esempio *delta* Scuti o CV. La stima di magnitudine dovrebbe essere effettuata in base alla stella di confronto indicata nel campo apposito, tratta dalla carta corrispondente.

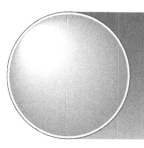

Analisi delle serie temporali con *TS11*

L'analisi delle serie temporali vi consente di cercare la presenza di una variabilità periodica. Si parla di variabilità periodica quando la luminosità di una stella cambia seguendo una forma ripetibile con un buon grado di precisione. È importante ricordare che non tutte le variabili sono strettamente periodiche. Per esempio, solitamente si parla impropriamente di "periodo" per le variabili cataclismiche riferendosi all'intervallo medio tra gli *outburst*, anche se possono esservi grandi differenze negli intervalli reali tra gli eventi.

Il programma *TS11*, fornito dall'AAVSO, vi consentirà di effettuare un'analisi di base delle serie storiche relative ai vostri dati, e solitamente vi guiderà nel determinare il periodo di alcune variabili. In gran parte dei casi le stelle pulsanti sono i migliori candidati per ottenere risultati ottimali da questo programma.

La cosa più importante da ricordare nell'utilizzo di *TS11* è che i dati devono trovarsi in colonne separate da uno spazio, non un "tab" o un altro tipo di separatore. Generalmente la prima colonna contiene la data giuliana, la seconda la magnitudine stimata. Un esempio di *file* di dati pronto per *TS11* è il seguente:

3456,123 6,5
3456,124 6,6
3456,125 6,7
3456,126 6,8

Come vedete c'è un solo spazio tra la data giuliana (ridotta) e la stima. Poiché *TS11* è un programma DOS, il nome del *file* deve essere al massimo di 8 caratteri: state quindi attenti quando denominate i *file*, specialmente se ne avete molti contenenti dati per la stessa stella.

Quando scaricate la vostra copia di *TS11* dal sito *web* dell'AAVSO, uno dei *file* sarà quello di istruzioni. Spendete un paio d'ore analizzando insiemi diversi di dati in modo da acquisire familiarità con le possibilità e i limiti di questo programma.

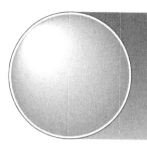

Analisi mediante fogli elettronici

I grafici vi permetteranno di visualizzare meglio i vostri dati sulle stelle variabili. Quando usate un computer per analizzare colonne di numeri, potete certamente scoprire informazioni importanti, ma a volte l'uso di metodi diversi per visualizzare i dati può rivelare dettagli fini o criptici. In alcuni casi, questo può suggerire un approccio alternativo per una ricerca significativa. In ogni caso utilizzare i grafici come strumenti per l'analisi dei dati espanderà la vostra capacità di estrarre informazioni utili dalle osservazioni.

Un buon modo per iniziare l'analisi con un foglio elettronico è importare i dati direttamente dal vostro archivio con le operazioni di "copia e incolla" disponibili in quasi tutti i programmi; in tal modo, dovrete immettere i dati solo una volta, solitamente nel *database*, e poi potrete spostarne grandi blocchi nei fogli elettronici.

Vi raccomando di mantenere uguali i nomi dei campi nell'archivio e nel foglio elettronico: vi farà risparmiare tempo e ridurrà la confusione. In alcuni casi vorrete espandere il vostro foglio elettronico per includere colonne sulle quantità calcolate che non desiderate aggiungere al *database*. Un buon metodo per tenere il foglio elettronico pulito e in ordine è quello di preparare una o più sezioni: una, per esempio, in cui importare le informazioni dell'archivio, e un'altra separata da una colonna vuota in cui eseguire i vostri calcoli analitici; un'altra sezione, leggermente staccata dalle precedenti, può essere predisposta per presentare i vostri grafici.

Ricordate di scegliere attentamente il tipo di grafico, poiché i vostri dati non sono spaziati uniformemente. Anche la differenza di un secondo o due, quando si analizzano variabili rapide come le RR Lyrae, le *delta* Scuti e le binarie a eclisse, può incidere pesantemente sulla vostra analisi. Generalmente un grafico (di dispersione) XY è il migliore da utilizzare per i dati sulle variabili. Normalmente la variabile tempo è mostrata lungo l'asse orizzontale (X) e la luminosità (magnitudine) della stella lungo quello verticale (Y).

Sperimentate con la visualizzazione dei dati usando metodi leggermente diversi, in modo da verificare come ne scaturiscano diversi effetti visivi.

Indice

Indice

Finito di stampare nel mese di febbraio 2008

Printed in the United States
By Bookmasters